普通高等教育新工科电子信息类课改系列教材

安徽省"十三五"规划教材

U0169670

基于 ARM 的嵌入式 Linux 开发与应用

(第二版)

马小陆　王兵　王磊　编著

西安电子科技大学出版社

内 容 简 介

本书从实际嵌入式系统开发人才需求出发，着重讲述嵌入式 Linux 应用程序开发、基于 ARM 嵌入式硬件接口开发和嵌入式 Linux 驱动程序这三个方面的内容。全书分为四部分，第一部分为嵌入式 Linux 开发基础，由第 1～3 章组成，包括 Linux 系统安装、操作的 Shell 命令和开发环境等；第二部分为嵌入式 Linux 应用程序开发，由第 4～5 章组成，包括嵌入式 Linux 应用程序开发和嵌入式 Linux 系统程序开发；第三部分为基于 ARM 的嵌入式硬件接口开发，由第 6～7 章组成，主要讲述 ARM 基础知识和 ARM 平台的接口开发；第四部分为嵌入式 Linux 驱动程序开发，由第 8～9 章组成，主要讲述内核的框架、机制和 ARM 平台接口驱动程序开发。

本书为"安徽省'十三五'规划教材"。全书内容丰富、实用易懂，系统架构和知识点原理叙述清晰，实例过程详尽，且有配套的教学课件、讲解视频、源代码和习题。

本书既可作为各高等院校嵌入式 Linux 相关专业的教学用书，也可作为从事嵌入式 Linux 系统开发的技术人员的参考书。

图书在版编目 (CIP) 数据

基于 ARM 的嵌入式 Linux 开发与应用 / 马小陆，王兵，王磊编著. —2 版. —西安：西安电子科技大学出版社，2022.12
ISBN 978-7-5606-6667-9

Ⅰ. ①基… Ⅱ. ①马… Ⅲ. ①微处理器—系统设计—高等学校—教材 ②Linux 操作系统—系统设计—高等学校—教材 Ⅳ. ①TP332 ②TP316.85

中国版本图书馆 CIP 数据核字(2022)第 169457 号

策 划	毛红兵
责任编辑	刘玉芳
出版发行	西安电子科技大学出版社(西安市太白南路 2 号)
电 话	(029)88202421 88201467 邮 编 710071
网 址	www.xduph.com 电子邮箱 xdupfxb001@163.com
经 销	新华书店
印刷单位	咸阳华盛印务有限责任公司
版 次	2022 年 12 月第 2 版 2022 年 12 月第 1 次印刷
开 本	787 毫米×1092 毫米 1/16 印 张 24.5
字 数	584 千字
印 数	1～3000 册
定 价	69.00 元

ISBN 978-7-5606-6667-9/TP

XDUP 6969002-1

如有印装问题可调换

前　言

嵌入式 Linux 系统的发展前景不言而喻。我们经常使用的消费类电子产品，如手机和平板电脑等设备，都集成了多点触摸、重力传感、WiFi 等各种功能，它们的硬件大多都是用高性能的 ARM 处理器和嵌入式 Linux 操作系统来实现的。嵌入式 Linux 系统在其他领域的应用也非常多，如信息家电、远程通信、医疗电子、智能交通、工业控制、汽车电子和航空航天等。尤其是随着物联网技术的发展，只要物与物之间形成对话，就需要用到嵌入式技术，因此越来越多的企业和研发机构都转向嵌入式 Linux 的开发和研究上。也正是由于基于 ARM 的嵌入式 Linux 系统有着更加广阔的发展前景，越来越多的开发人员开始从单片机和 DSP 系统开发转向基于 ARM 处理器的嵌入式 Linux 系统开发。

在当前图书市场上，缺少一本引导读者一步一步深入学习基于 ARM 的嵌入式 Linux 系统的教材。有些教材偏重于理论，所讲述的嵌入式 Linux 相关理论由浅入深，编排结构合理，但对实践方面的实例讲述较少。有些教材偏重于实践，对于嵌入式 Linux 实例方面的讲述非常贴近于当前新技术的发展，但很多只是针对代码进行简单分析，具体操作过程讲述不详细，缺乏对嵌入式 Linux 知识点的总结。因此，我们需要一本理论与实践紧密结合的教材，使读者在牢固掌握嵌入式 Linux 基础知识的基础上，熟练进行具体的硬件开发，在进行项目开发时，能够运用所学理论知识解决实际问题。

本书为“安徽省‘十三五’规划教材”。编者结合多年嵌入式项目开发和教学经验，立足于将原理和实践内容相结合，书中每个知识点都是编者对理论与实践的总结。知识点讲述思路为：嵌入式系统开发中为何要用它，怎样用，然后以实例展示和总结。

全书分为四部分，第一部分为嵌入式 Linux 开发基础，由第 1～3 章组成，涉及 Linux 系统安装、Shell 命令和开发环境等内容；第二部分为嵌入式 Linux 应用程序开发，由第 4～5 章组成，涉及嵌入式 Linux C 程序开发和系统程序开发；第三部分为基于 ARM 的嵌入式硬件接口开发，由第 6～7 章组成，主要讲述 ARM 基础知识和基于 ARM 的接口开发；第四部分为嵌入式 Linux 驱动程序开发，由第 8～9 章组成，主要讲述内核的框架、机制和 ARM 平台接口驱动程序开发。

第 1 章主要是让没有接触或没有进行过嵌入式系统开发的读者了解嵌入式开发相关的概念，如嵌入式系统的定义、嵌入式系统的发展历史、Linux 的特性、嵌入式 Linux 系统的结构。

第 2 章介绍了发行版 Linux 操作系统的安装方法，主要讲述 Linux 的一些基本知识，包括 Linux 的目录结构、文件属性和文件类型，以及一些 Shell 基本知识；重点介绍了 Shell 命令。

第 3 章主要对发行版 Linux 上常用的编程工具，如编辑器 vi、编译器 gcc、调试器 gdb、Makefile、编程库及 Shell 编程基础等进行了具体的讲述。

第 4 章介绍嵌入式 Linux C 程序开发编程的基础知识，以 C 语言中的地址为核心展开讲述，涉及变量、数组、指针、函数、二维数组、数组指针、指针数组、指针函数、函数指针、结构体等 C 语言编程知识，最后以实现数据结构中的链表为例，将 C 语言中各个知识点进行了综合应用。

第 5 章主要讲述系统编程相关知识，包括 I/O、进程、网络编程和数据库编程四部分内容。其中 I/O 部分文件 I/O、标准 I/O 和目录 I/O；进程部分介绍进程相关的命令、进程控制相关函数、线程、进程通信；网络编程部分介绍 C/S 模式、socket 编程简介、socket 编程相关函数、服务器功能扩展及 I/O 处理方式等；数据库编程部分介绍数据库语言和数据库函数及其使用方法。

第 6 章主要介绍 ARM 基础知识，包括 ARM 简介、ARM 开发工具 RealView 和 ARM 编程模型。

第 7 章首先介绍 ARM 汇编，针对 ARM 汇编、S3C2440 和硬件原理图设计了基于 ARM 汇编的 GPIO 接口编程；其次介绍 ARM C 语言编程中的 ATPCS 规则、C 语言内联汇编、C 语言内嵌汇编和汇编调用 C 函数，并针对 ARM 汇编、S3C2440 和硬件原理图设计了基于 ARM C 语言的 GPIO 接口编程；接着介绍 ARM 的异常处理流程，针对 ARM 软中断异常讲述了软中断指令 SWI、软中断编程框架及软中断实例编程；然后介绍中断异常以及 S3C2440 中断控制器的原理，针对按键中断原理图编写了按键中断程序；最后介绍工程中常用的串口接口编程原理和使用实例。

第 8 章首先讲述 Linux 设备驱动的基本原理，接着逐层讲述驱动相关的命令、驱动程序框架、字符设备的框架、字符设备的主体、驱动程序并发机制、驱动阻塞机制、驱动异步 I/O 机制、驱动多路复用 I/O 机制、驱动中断机制和驱动定时器机制等内容。

第 9 章主要讲述工程中常用的 GPIO、IIC、看门狗、ADC 和按键中断等接口的原理，依据原理和前面章节对应用层、硬件层和内核知识的讲解设计了接口驱动，并进行了应用程序的测试。

本书适合于下列人员阅读：刚刚开始嵌入式 Linux 系统学习的学生或开发人员；熟悉单片机或 DSP 的开发，拟转到嵌入式 Linux 系统开发的技术人员；接触过嵌入式 Linux 系统开发，但对其本质原理不是很清楚的学生或开发人员；想深入学习嵌入式 Linux 系统的学生或开发人员。

本书在编写过程中得到了许多人的帮助，在此向他们表示诚挚的感谢。感谢安徽工业大学电气与信息工程学院的领导和电子信息工程系的老师，本书的编写得到了他们的支持和帮助。特别感谢本书的责任编辑刘玉芳老师，没有她的努力，本书是不可能与读者见面的。

由于时间仓促，加之作者的编写水平有限，书中不当之处在所难免，恳请广大读者批评指正。

马小陆

2022 年 6 月

目　　录

第 1 章　嵌入式 Linux 系统概述

1.1　计算机的发展与嵌入式系统定义

嵌入式系统概述

电子数字计算机诞生于 1946 年，在其后漫长的历史进程中，计算机始终存在于专门的机房中，它是实现数值计算的大型昂贵设备。直到 20 世纪 70 年代微处理器出现，计算机才出现了历史性的变化。以微处理器为核心的微型计算机因其小型、价廉、高可靠性等特点，迅速走出机房。基于高速数值计算能力的微型机，表现出的智能化水平引起了控制专业人员的兴趣，他们逐步将微型机嵌入到一个对象体系中，以实现对对象体系的智能化控制。例如，将微型计算机进行电气加固、机械加固，并配置各种外围接口电路安装到大型舰船中构成自动驾驶仪或轮机状态监测系统。这样计算机亦逐步失去了原来的形态与通用的计算功能。为了区别于原有的通用计算机系统，把嵌入到对象体系中，实现对对象体系智能化控制的计算机，称作嵌入式计算机系统。可见，嵌入式系统诞生于微型机时代，其嵌入性本质是将一个计算机嵌入到一个对象体系中去，这是理解嵌入式系统的基本出发点。

由于嵌入式计算机系统要嵌入到对象体系中，实现的是对象的智能化控制，因此，它有着与通用计算机系统完全不同的技术要求与技术发展方向。通用计算机系统的技术要求是高速、海量的数值计算；技术发展方向是总线速度的无限提升，存储容量的无限扩大。而嵌入式计算机系统的技术要求则是对象的智能化控制能力；技术发展方向是与对象系统密切相关的嵌入性能、控制能力与控制的可靠性。

早期，人们对通用计算机系统进行改装，在大型设备中实现嵌入式应用。然而，对于众多的对象系统，如家用电器、仪器仪表、工控单元等，无法嵌入通用计算机系统，且嵌入式系统与通用计算机系统的技术发展方向完全不同，因此，必须独立地发展通用计算机系统与嵌入式计算机系统，这就形成了现代计算机技术发展的两大分支。电子数字计算机的出现，使计算机进入到现代计算机发展阶段，而嵌入式计算机系统的诞生，则标志着计算机进入了通用计算机系统与嵌入式(专用)计算机系统两大分支并行发展的时代。

通用计算机专业领域集中精力发展通用计算机系统的软、硬件技术，而不必兼顾嵌入式应用要求，通用微处理器迅速从 286、386、486 系列发展到奔腾系列；操作系统则迅速扩张基于高速海量的数据文件处理能力，使通用计算机系统进入尽善尽美阶段。而嵌入式计算机系统的发展走上了一条完全不同的道路，这条独立发展的道路就是单芯片化道路。它动员了原有的传统电子系统领域的厂家与专业人士，迅速地将传统的电子系统发展到智能化的现代电子系统时代。

因此，现代计算机技术发展的两大分支的意义在于：它不仅形成了计算机发展的专业化分工，而且将发展计算机技术的任务扩展到了传统的电子系统领域，使计算机成为进入人类社会全面智能化时代的有力工具。

只有了解了嵌入式(计算机)系统的由来与发展，才不会对嵌入式系统的定义产生过多的误解。按照历史性、本质性、普遍性的要求，嵌入式系统应定义为："以应用为中心，以计算机技术为基础，软件硬件可裁剪，对功能、可靠性、成本、体积、功耗等有严格要求的专用计算机系统。"

由定义可见，嵌入式系统首先是一个计算机系统，但它是应用于特定场合的专用计算机系统；因为它的专用，它对功能、可靠性、成本、体积、功耗等有严格的要求，所以它的硬件系统需要依据应用的需求进行定制设计，例如视频监控系统、车载中控系统等。由于不同的嵌入式系统的硬件不同，导致软件也不同，因此嵌入式系统软件一般使用可裁剪的 Linux 系统。

注意：在理解嵌入式系统的定义时，不要与嵌入式设备相混淆。嵌入式设备是指内部有嵌入式系统的产品或设备，例如，内含单片机的家用电器、仪器仪表、工控单元、机器人、手机、PDA 等。

1.2　嵌入式系统发展历史

嵌入式系统的发展历史可划分以下三个阶段。

1．2005 年以前

2005 年以前没有嵌入式系统的概念，与嵌入式系统定义有关的则是单片机开发技术。

2．2005 年—2009 年

2005 年以后，嵌入式技术开始被各个行业所认识，因为单片机开发技术存在两个缺点，一个是对多任务的处理，另一个是人机界面不友好。而嵌入式系统可以使用多线程或多进程实现多任务的处理，同时支持人机界面语言(QT、Android)的编程，可以实现友好人机界面。该阶段是嵌入式系统的缓慢发展阶段。

3．2010 年到现在

自 2010 年至今，是嵌入式系统快速发展阶段，其原因是国家提出了物联网战略。2009年 8 月温家宝总理提出"感知中国"以来，物联网被正式列为国家五大新兴战略性产业之一，写入"政府工作报告"，物联网在中国受到了全社会极大的关注。

物联网战略的提出何以推动了嵌入式技术的发展呢？这要从物联网的架构说起。物联网技术架构如图 1-1 所示。

图 1-1 中，传感或控制终端一般使用单片机技术即可以实现；网关要求与云服务器之间通过网络通信，单片机技术实现较困难，而嵌入式系统因含有操作系统，操作系统可实现网络通信中的大部分通信协议，网络通信实现简单；移动终端(平板电脑或智能手机等)不仅要求与云平台进行网络通信，还要求实现友好的人机界面，因此其开发与嵌入式系统紧密相关。可见，在物联网技术架构中，嵌入式系统技术贯穿前后，物联网的发展推动了嵌入式技术的发展和应用。

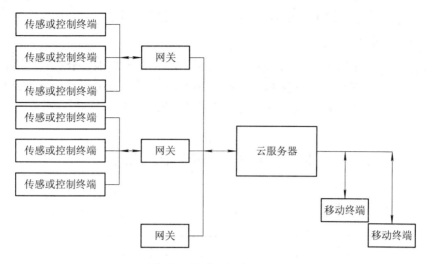

图 1-1　物联网技术架构图

1.3　Linux 特性

通常所说的 Linux 是指 Linus Torvald 所写的 Linux 操作系统内核。从诞生开始，Linux 就遵循着开源的原则，免费供人们学习和使用。通过网络，更多的爱好者与开发者加入到 Linux 内核的开发工作当中，他们共同遵守 GPL(General Public License)协议，该协议规定源码可以无偿获取并且修改，这使得 Linux 快速发展壮大起来。Linux 系统并不是为嵌入式系统专门定制的，但是它独特的特性使它在嵌入式领域占有举足轻重的地位。其具体的特性可以归纳如下。

1．开源系统

相比商业专用的嵌入式操作系统而言，Linux 内核完全免费，这为开发特别是一些低成本项目节省了一笔不小的费用；而且其内核源码是公开的，更易于开发者掌握和使用。

2．支持多种硬件平台

Linux 内核支持 X86、PowerPC、ARM、XSCALE、MIPS、SH、68K、Alpha、SPARC 等多种体系结构，并已经成功移植到多种硬件平台上，这对于经费、时间受限制的研究与开发项目是很有吸引力的。Linux 内核采用一个统一的框架对硬件进行管理，同时从一个硬件平台到另一个硬件平台的改动与上层应用无关。

3．可定制的内核

Linux 内核具有独特的模块机制，可以根据用户的需要，实时将某些模块插入到内核中或者从内核中移走；可以根据嵌入式设备的个性需要进行量身裁定。裁减后的内核最小可达 150 KB 以下，尤其适合于嵌入式领域资源受限的实际情况。

4．性能优异

Linux 内核高效、稳定，且能充分发挥硬件的功能，因此它比其他操作系统的运行效率更高。在个人计算机上使用 Linux，可以将它作为工作站，但它更适合应用于嵌入式领域。

5．良好的网络支持

Linux 是率先实现 TCP/IP 协议栈的操作系统，它的内核结构在网络方面非常完整，并提供了对十兆位、百兆位、千兆位的以太网，以及无线网络、Token ring(令牌环网)，光纤甚至卫星的支持。这对现在依赖于网络的嵌入式设备来说，是很好的选择。

1.4　嵌入式 Linux 系统结构

嵌入式 Linux 系统结构如图 1-2 所示。

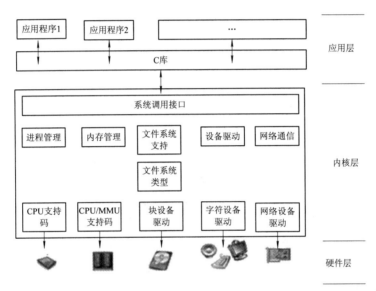

图 1-2　嵌入式 Linux 系统结构

由图 1-2 可知，嵌入式 Linux 系统分三层：应用层、内核层、硬件层。应用层是一些应用程序和库，是面向用户的，如命令、QQ 和微信等应用程序；内核层的主要功能包括设备驱动、进程管理、内存管理、文件系统和网络通信；硬件层主要包括处理器、存储器和串口等外设电路。

内核与应用程序之间是系统调用接口(System Call Interface)，它为应用程序提供内核的强大功能，同时也保护了内核的安全和稳定性；内核层与硬件层之间的接口是驱动程序，驱动程序负责操作硬件，内核提供了驱动程序的框架和机制，便于开发人员更好地开发驱动代码。

本书的第 4 章和第 5 章讲述嵌入式 Linux 应用层相关的内容，其中第 5 章讲述内核空间和用户空间的系统调用接口，也称为嵌入式 Linux 系统编程。第 6 章和第 7 章讲述的是基于 ARM 处理器硬件相关的内容，属于硬件层内容。第 8 章和第 9 章讲述的是 Linux 内核和 Linux 内核中设备驱动相关的内容，属于内核层内容。

本 章 小 结

　　本章的目的是让没有接触或没有进行过嵌入式系统开发的读者了解嵌入式开发相关的概念，如嵌入式系统的定义、嵌入式系统的发展历史、Linux 的特点、嵌入式 Linux 系统的结构。通过本章的学习，读者能对嵌入式 Linux 系统有一个整体的认识，并能理解嵌入式 Linux 开发涉及的三层知识，对后面的学习内容有一个宏观的思考，树立独立思考的科学精神。

习　　题

　　1．PC 与嵌入式系统有哪些相同点与不同点？

　　2．在实际的开发中，选择嵌入式系统平台的依据是什么？选择单片机平台的依据是什么？

　　3．嵌入式 Linux 系统结构分为哪三层？

第 2 章　嵌入式 Linux 基础知识

2.1　Linux 操作系统安装

Linux 系统安装

学习嵌入式 Linux 系统，首先要在 PC 上安装一个 Linux 操作系统，然后熟悉它。在 PC 上安装 Linux 操作系统有以下两种方案：

(1) 在 Windows 系统下安装虚拟机后，再在虚拟机中安装 Linux 操作系统。

(2) 直接安装 Linux 操作系统。

第一种方案适合于对 Linux 操作不熟悉的初学者，第二种方案适合于已经对 Linux 较熟悉的开发者。本书选择第一种方案：先在 PC 上安装 VMware 虚拟机，再在 VMware 虚拟机中安装 ubuntu11.04 系统。所需的软件有虚拟机软件 VMware-Workstation-6.5.1-126130.exe 和安装文件 ubuntu-11.04- alternate-i386.iso。

1. 安装虚拟机 VMware

下载完整版 VMware-Workstation-6.5.1，双击安装程序后进入 VMware-Workstation-6.5.1 安装向导界面，如图 2-1 所示，后面依次选择默认设置即可完成虚拟机的安装。

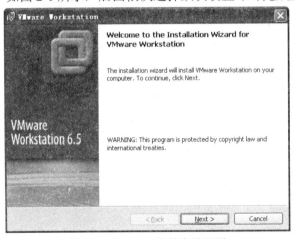

图 2-1　VMware 安装向导界面

2. 在虚拟机 VMware 中安装 ubuntu11.04 操作系统

在 ubuntu 官网上下载系统镜像文件 ubuntu-11.04-alternate-i386.iso。打开虚拟机选择"新建虚拟机"，然后选择系统镜像文件所在的路径和安装目录。设置完成后点击"完成"即可生成虚拟目标文件。点击"启动电源"按钮，虚拟机会默认读取镜像文件并进行安装，安装过程中可以选择默认设置，安装完成后，输入登录密码即可使用。

3. 安装 VMware Tools

VMware 模拟的硬件包括主板、内存、硬盘(IDE 或 SCSI)、DVD/CD-ROM、软驱、网卡、声卡、串口、并口和 USB 口，但 VMware 没有模拟显卡。VMware 为每一种客户操作系统提供了一个 VMware Tools 软件包，可以增强 VMware 中所安装的操作系统的显示和鼠标功能。它的另外一个重要功能是：可以使 Windows 系统与 VMware 下的 Linux 系统之间进行文件共享，这个功能方便习惯使用 Windows 系统的开发人员进行嵌入式软件的开发。下面介绍 VMware-tools 软件包的安装过程。

(1) 启动 Linux 系统，点击菜单栏 VM 下的 Install VMware Tools 子菜单，可以看到 VMware Tools 软件包，如图 2-2 所示。

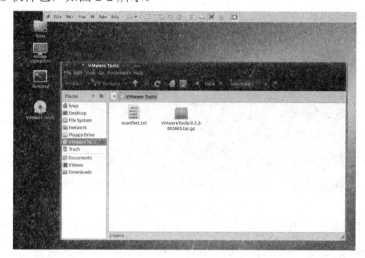

图 2-2 点击 Install VMware Tools 子菜单弹出的界面

(2) 将该软件包拷贝到 Linux 的 tmp 目录下，如图 2-3 所示。

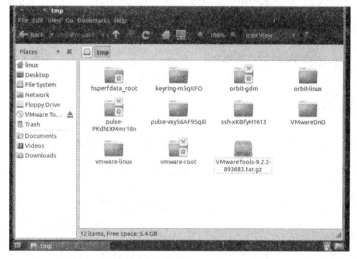

图 2-3 将 VMware Tools 软件包拷贝到 Linux 的 tmp 目录下

(3) 打开终端，进入 tmp 目录，解压缩该软件包，其命令为 tar-zxf VMwareTools-9.2.2-893683.tar.gz，然后默认解压到 vmware-tools-distrib 目录下，如图 2-4 所示。

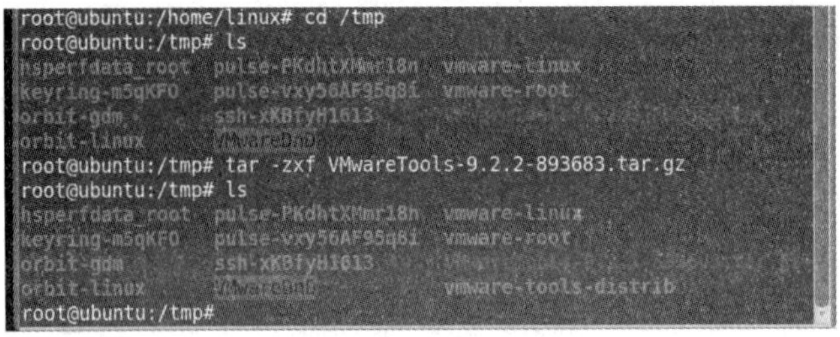

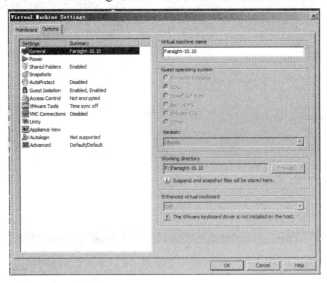

图 2-4　解压缩 VMware Tools 软件包

(4) 进入解压后的目录安装软件包，其命令如下：

　　cd　vmware-tools-distrib

　　./vmware-install.pl

依次按下回车键，即可完成安装，如图 2-5 所示。

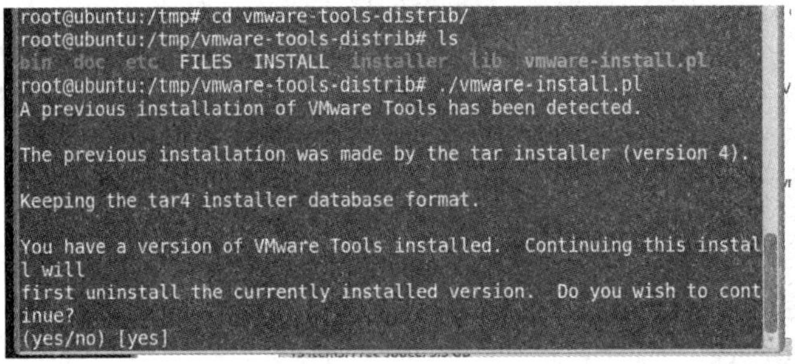

图 2-5　安装 VMware Tools 软件包

安装完成后即可进行 Windows 系统与 VMware 下的 Linux 系统之间文件共享的设置。

4. Windows 系统与 VMware 下的 Linux 系统之间的文件共享设置

Windows 系统与 VMware 下的 Linux 系统之间的文件共享设置具体步骤如下：

(1) 点击菜单栏 VM 下的 Setting 子菜单，可以看到文件共享设置界面，如图 2-6 所示。

图 2-6　文件共享设置界面

(2) 点击"Options"，选择"Shared Folders"，点击"Add"按钮就可选择 Windows 系统下要共享的文件夹，如图 2-7 所示。

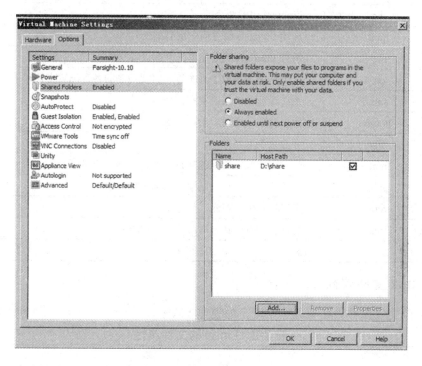

图 2-7　文件共享的设置

(3) 在 Linux 系统下的/mnt 下即可看到 hgfs 文件目录，在 hgfs 目录下即有 Windows 系统下设置的共享文件夹目录，如图 2-8 所示，这样就可实现 Windows 与 VMware 下 Linux 文件的共享。

```
root@ubuntu:/home/linux# cd /mnt
root@ubuntu:/mnt# ls
hgfs
root@ubuntu:/mnt# cd hgfs/
root@ubuntu:/mnt/hgfs# ls

root@ubuntu:/mnt/hgfs# 
```

图 2-8　查看文件共享

2.2　Linux 基础

2.2.1　Linux 目录结构

Linux 继承了 Unix 操作系统结构清晰的特点。Linux 下的文件结构非常有条理，不同目录下存放不同功能的相关文件。初学 Linux，首先需要弄清 Linux 标准目录结构，其目录名和对应的功能如表 2-1 所示。

表 2-1 Linux 标准目录结构和功能

目　录	功　　能
bin	Linux 常用的命令
boot	启动 Linux 系统过程中用到的文件
dev	所有 Linux 系统中使用的外部设备文件
etc	这个目录下存放了系统管理时要用到的各种配置文件和子目录
sbin	系统管理员的系统管理程序
home	用来存放普通用户的主目录
lib	存放系统库文件
mnt	用户可以临时将别的文件系统挂在这个目录下
proc	在这个目录下可以获取 Linux 系统信息
root	超级用户的主目录
tmp	存放不同程序执行时产生的临时文件
usr	存放用户的应用程序和文件

2.2.2　Linux 文件属性

Linux 的文件属性主要有九个字段，如表 2-2 所示。

表 2-2 Linux 的文件属性

字　段	属　　性
第一字段	inode
第二字段	文件类型
第三字段	文件权限
第四字段	链接个数
第五字段	文件属主名
第六字段	用户分组名
第七字段	文件长度
第八字段	最后修改时间
第九字段	文件名或目录名

如图 2-9 所示为 a2ps.cfg 文件属性的详细信息。

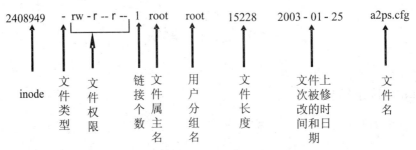

图 2-9　a2ps.cfg 文件属性的详细信息

在 Linux 的文件属性的九个字段中，后三个比较简单，下面主要介绍前六个字段。

1．inode

inode，译成中文就是索引节点。只要文件不同，inode 值就不一样，想查看某个文件的 inode 号，可用如下命令：

　　　　ls　-i　文件名

2．文件类型

Linux 文件类型常见的有普通文件、目录文件、符号链接文件、管道文件、套接字文件、字符设备文件、块设备文件。

(1) 普通文件。在图 2-9 中，文件类型符号为"-"表示的是普通文件。touch 命令或 open 函数创建的文件即是普通文件。

(2) 目录文件。文件类型符号为"d"表示的是目录文件，创建目录文件的命令可以用 mkdir。

(3) 符号链接文件。文件类型符号为"l"表示的是符号链接文件，又称为软链接文件，这种类型的文件是通过命令 ln -s 来创建的，其命令格式如下：

　　　　ln -s　源文件名　符号链接文件名

(4) 管道文件。文件类型符号为"p"表示的是管道文件，这种类型的文件可通过进程通信中的 mkfifo 函数创建。

(5) 套接字文件。文件类型符号为"s"表示的是套接字文件，这种类型的文件可在网络通信中实现本机通信，使用 socket 函数创建。

(6) 字符设备文件。文件类型符号为"c"表示的是字符设备文件，这种类型的文件是用 mknode 命令来创建的。

(7) 块设备文件。文件类型符号为"b"表示的是块设备文件，这种类型的文件也是用 mknode 命令来创建的。

3．文件权限

文件权限位是由 9 个权限位来控制的，每三位为一组，它们分别是文件属主(ower)的读 r、写 w、执行 x；用户分组(group)的读 r、写 w、执行 x；其他用户(other)的读 r、写 w、执行 x。如果权限位不可读、不可写或不可执行，则用"-"来表示，修改文件权限的命令是 chmod，其命令格式为

　　　　chmod　权限　文件名

4．链接个数

链接个数指的是硬链接个数，创建硬链接文件的命令是 ln，其命令格式如下：

　　　　ln　源文件名　硬链接文件名。

创建硬链接文件的 inode 号和源文件的 inode 号是一样的，即表示同一个文件，其功能为文件的备份。

5．文件属主名

文件属主名即这个文件是哪个用户创建的，修改文件属主的命令是 chown，其命令格

式为

     chown　用户名 文件名

6．用户分组名

Linux 系统中有多个用户时可进行分组，每个组的组名为这个组中成员的名称，用户分组名即这个文件是属于哪个用户组的，修改文件用户分组名的命令是 chgrp，其命令格式为

     chgrp　用户分组名 文件名

2.2.3　Shell 命令

Shell 本身是一个用 C 语言编写的程序，它是用户使用 Linux 的桥梁，用户的大部分工作都是通过 Shell 完成的。Shell 既是一种命令语言，又是一种程序设计语言。作为命令语言，它交互式地解释和执行用户输入的命令，本节主要介绍这部分功能；作为程序设计语言，它定义了各种变量和参数，并提供了许多在高级语言中才具有的控制结构，包括循环和分支等，这部分内容放在 2.6 节 Shell 编程基础中介绍。

在 Linux 下打开终端就可以看到 Shell 提示符，对于普通用户用"$"作为 Shell 提示符，而对于根用户(root)用"#"作为 Shell 提示符。

Shell 命令的一般格式为

     命令名　　[选项]　[参数 1]　[参数 2]　……

(1) 选项：包括一个或多个字母的代码，它前面有一个符号"-"，Linux 用这个符号来区别选项和参数，多个选项可以用一个符号"-"连接起来或直接连接。例如：

     ls　-l-a

也可写作：

     ls　-la

(2) 参数：提供命令操作的对象。

例 2-1　ls　-l　/home/zxq

该命令将 /home/zxq 目录的内容详细列出。

Shell 命令非常多，本节主要讲述嵌入式开发中常用的 Shell 命令。

1．用户管理命令

(1) adduser。

权限：root 用户。

命令格式：adduser 新用户名

功能：添加新用户。

例 2-2　root@ubuntu:/home/linux#adduser mxl

解释：添加一个 mxl 用户，在/home 目录下会出现一个 mxl 目录，该目录是 mxl 用户的主目录。

(2) sudo。

权限：所有用户。

　　命令格式：sudo　root 用户权限的命令

　　功能：临时具有超级用户的权限。

例 2-3　root@ubuntu:/home/linux$sudo adduser mxl

　　解释：临时具有 mxl 用户的权限。

　　(3) su。

　　权限：所有用户。

　　命令格式：su　用户名

　　功能：切换用户。

例 2-4　root@ubuntu:/home/linux#su mxl

　　解释：切换到 mxl 用户。

　　(4) exit。

　　权限：所有用户。

　　命令格式：exit

　　功能：退到切换前的用户。

　　(5) deluser。

　　权限：root 用户。

　　命令格式：deluser　用户名

　　功能：删除一个用户。

例 2-5　root@ubuntu:/home/linux#deluser mxl

　　解释：删除 mxl 用户，用户删除后，home 下的 mxl 目录仍然存在。

　　若执行命令：root@ubuntu:/home/linux#deluser　--remove　-home mxl，则删除 mxl 用户及其在 home 下的 mxl 目录。

2. 目录和文件处理相关的命令

　　(1) ls。

　　权限：所有用户。

　　命令格式：ls　[选项]　[目录或文件]

　　功能：列出目录中的文件及子目录清单或文件的信息，若不加参数，则默认为当前目录。

　　常用选项：

- -a：显示所有文件及目录(包括隐藏文件);
- -l：显示文件的详细信息;
- -i：显示文件的 inode 节点号。

　　(2) cd。

　　权限：所有用户。

　　命令格式：cd　[目标路径]

　　功能：变换工作目录到目标路径，其中目标路径可以是绝对路径也可以是相对路径。目标路径名可以缺省，若缺省则变换至该用户的主目录。

　　常用目标路径的举例如表 2-3 所示。

表 2-3   常用目标路径的举例

常用目标路径的例子	功 能
cd dir	切换到当前目录下的 dir 目录
cd /	切换到根目录
cd ..	切换到上一级目录
cd ../..	切换到上二级目录
cd ~	切换到用户主目录
cd	切换到用户主目录

(3) pwd。

权限：所有用户。

命令格式：pwd

功能：显示用户当前工作子目录的完整路径。

例 2-6   root@ubuntu:/home/linux $ pwd

解释：在终端出现/home/linux。

(4) mkdir。

权限：当前目录有适当权限的所有者。

命令格式：mkdir   [子目录或子目录完整路径]

功能：建立一个新的子目录，使用子目录的路径作为参数。

例 2-7   root@ubuntu:/home/linux $ mkdir /home/mxl/temp

解释：在/home/mxl 目录下新建一个子目录 temp。

(5) rmdir。

权限：当前目录有适当权限的所有者。

命令格式：rmdir   [子目录或子目录完整路径]

功能：删除空目录。

例 2-8   root@ubuntu:/home/linux $ rmdir /home/mxl/temp

解释：删除/home/mxl 目录下的子目录 temp。

(6) rm。

权限：当前文件有适当权限的所有者。

命令格式：rm   [选项]   [文件名或目录名]

功能：删除文件以及目录。

常用选项：

- -i：删除前逐一询问确定；
- -f：即使原文件为只读也强制删除，并不询问确定；
- -r：同时删除该目录下的所有目录以及文件。

例 2-9   root@ubuntu:/home/linux$ rm -i   textfile

root@ubuntu:/home/linux$ rm –rf   /home/mxl/temp

解释：第一个命令会询问是否删除，按"y"将会删除，按"n"将不会删除；第二个命令将不会提示，直接删除。

(7) mv。

权限：当前文件有适当权限的所有者。

命令格式：mv　［选项］　［原文件或目录］　［目标文件或目录］

功能：将一个文件移至另一个文件；或将多个文件移动至另一个目录；也可以将一个目录移动至另一个目录；mv 也可以实现重命名功能。

常用选项：

● -i：若目标位置已有同名文件，则询问是否覆盖旧文件。

例 2-10　root@ubuntu:/home/linux $ mv -i　*.c　/home/mxl/temp

解释：将当前目录下所有.c 文件移动至/home/mxl/temp 目录中。

例如：root@ubuntu:/home/linux $ mv　text1　text2

解释：将 text1 文件名修改为 text2，实现了重命名的功能。

(8) cp。

权限：所有用户。

命令格式：cp　［选项］　［原文件或目录］　［目标文件或目录］

功能：将一个文件复制到另一个目录中，或将数个文件复制到另一个目录中，也可以将一个目录复制到另一个目录中。

常用选项：

● -a：尽可能将文件的状态、权限等信息全部复制；

● -f：若目的地址有同名文件，则将已有的文件删除再进行复制；

● -r：若原目录中包含子目录，则将原目录中的文件及子目录也依次复制到目的地址中。

例 2-11　root@ubuntu:/home/linux $ cp text1 text2

解释：将文件 text1 的内容复制到 text2 中，若 text2 文件不存在则创建。

root@ubuntu:/home/linux $ cp –arf up-tech/　/temp

解释：将目录 up-tech 复制到/temp 目录中。

(9) cat。

权限：所有用户。

命令格式：cat　［选项］　［文件名］

功能：可以显示文件内容，或者把多个文件内容串接后输出到终端中或另一个文件中。

常用选项：

● -n：由 1 开始对所有输出行数编号；

● -b：与-n 类似，只是不对空白行编号。

例 2-12　root@ubuntu:/home/linux $ cat –n　textfile1　textfile2

解释：把文件 textfile1 和 textfile2 串接后输出到终端。

例 2-13　root@ubuntu:/home/linux $ cat text1 text2　>　text3

解释：把 text1 和 text2 文件内容串接后输出到 text3 文件中。

(10) more。

权限：所有用户。

命令格式：more　［选项］　［文件名］

功能：类似于 cat，但它可以分页显示，适合显示长文件清单或文本内容，若文件过长可按空格键换页，按回车键到下一行，按 b 键返回上一页。

(11) less。

权限：所有用户。

命令格式：less [选项] [文件名]

功能：与 more 命令功能类似，可以用来浏览文字文件的内容，不同之处在于 less 命令在显示文本时，允许用户使用"↑"键、"↓"键前后翻阅文件。

3. 帮助命令 man

权限：所有用户。

命令格式：man [查找内容]

功能：用于快速查询命令和函数的使用方法等。

例 2-14 root@ubuntu:/home/linux # man ls

解释：查询命令 ls 的使用方法。

4. 查找命令 find

权限：所有用户。

命令格式：find [路径] [选项] [查找相关内容]

功能：对于某个特定文件、某些特定文件和某种类型的文件进行检索时，可以根据名字、类型、文件属主以及上次修改时间来检索。

常用选项：

- -name：检索文件名中包含查找内容字符串的文件；
- -type：检索相应类型的文件(d、c 等)；
- -user：检索创建用户为查找内容的文件。

例 2-15 root@ubuntu:/home/linux $ find /etc/ –name ex

解释：在/etc/目录下查找文件名中包含 ex 的文件。

5. 打包与压缩命令 tar

(1) 打包：将多个文件放在一起，总文件大小是各个文件之和，以.tar 结尾的是打包文件。

(2) 压缩：压缩后的文件大小小于压缩前的文件大小，压缩时可以采用不同的压缩算法，如 gzip、bzip2 等。

tar 命令不仅可以打包，也可以解包，还可以选择不同的压缩算法进行压缩和解压缩。

tar 命令格式如下：

权限：所有用户。

命令格式：tar [选项] [归档文件名] [原文件或目录]

功能：Linux 软件一般以.tar.gz 或.tar.bz2 结尾。.tar.gz 先由 tar 程序打包，再用 gzip 算法压缩而成。.tar. bz2 则先由 tar 程序打包，再用 bzip2 算法压缩而成。

常用选项：

- -f：用户指定归档文件的文件名，否则使用默认名称；
- -c：创建新的归档文件；
- -x：释放归档文件；

- -v：显示归档和释放的过程信息；
- -j：使用 bzip2 压缩程序；
- -z：使用 gzip 压缩程序。

例 2-16   root@ubuntu:/home/linux # tar -czvf backup.tar.gz *.c

解释：打包当前目录下所有后缀为 .c 的文件，并使用 gzip 算法压缩，其压缩包名为 backup.tar.gz。

例 2-17   root@ubuntu:/home/linux # tar -xzvf backup.tar.gz

解释：在当前目录下解压 backup.tar.gz。

例 2-18   root@ubuntu:/home/linux # tar -cjvf backup.tar.bz2 *.c

解释：打包当前目录下所有后缀为 .c 的文件，并使用 bzip2 算法压缩，其压缩包名为 backup.tar. bz2。

例 2-19   root@ubuntu:/home/linux # tar -xjvf backup.tar. bz2

解释：在当前目录下解压 backup.tar. bz2。

6. 挂载及卸载命令

(1) 挂载命令 mount。

权限：root 用户。

命令格式：mount [-t vfstype] [-o options] device dir

功能：-t vfstype 用于指定文件系统的类型。-o options 主要用来描述设备或档案的挂接方式。

常用的 vfstype 有：

- 光盘或光盘镜像：iso9660；
- DOS fat16 文件系统：msdos；
- Windows 9x fat32 文件系统：vfat；
- Windows NT ntfs 文件系统：ntfs；
- Windows 文件网络共享：smbfs；
- UNIX(LINUX) 文件网络共享：nfs。

常用的 options 有：

- loop：用于把一个文件当成硬盘分区挂接上系统；
- ro：采用只读方式挂接设备；
- rw：采用读写方式挂接设备；
- iocharset：指定访问文件系统所用的字符集。
- device：要挂接的设备。
- dir：设备在系统上的挂接点，一般为/mnt 目录。

例 2-20   挂载 U 盘的命令。

root@ubuntu:/home/linux # mount -t vfat /dev/sda1 /mnt/

解释：sda1 为插入 U 盘在/dev 下生成的设备文件节点，挂接成功后可在/mnt/看到 U 盘的内容，若 U 盘中的汉字文件名显示为乱码或不显示，可以使用下面的命令：

root@ubuntu:/home/linux #mount -t vfat -o iocharset=cp936 /dev/sda1 /mnt/

例 2-21 挂接 Linux 系统 NFS 文件共享。

类似于 Windows 的网络共享，Linux 系统也有网络共享，那就是 NFS(Net File System)。下面介绍在 Linux 下如何挂接 NFS，其步骤分为服务器端和客户端。

① NFS 服务器端配置步骤有如下 2 步：

- 在 /etc/exports 文件中添加服务器端的共享目录。

例如：/source/rootfs   *(rw,sync,no_root_squash)

解释：设置 /source/rootfs 为 NFS 服务器端的共享目录，客户端可以访问这些目录。

- 启动 nfs 服务，其命令如下：

  /etc/init.d/nfs-kernel-server   start

② 服务器端还有其他的命令：

- 停止 NFS 服务：/etc/init.d/nfs-kernel-server   stop；
- 重新启动 NFS 服务：/etc/init.d/nfs-kernel-server   restart；
- 查看 NFS 服务当前状态：/etc/init.d/nfs-kernel-server   status。

③ NFS 客户端访问服务器端共享目录：

  root@ubuntu:/home/linux #mount -t nfs 192.168.1.189: /source/rootfs   /mnt

解释：192.168.1.189 是 NFS 服务器端的 IP 地址，/source/rootfs 为服务器端共享的目录。该命令执行成功后，客户端/mnt 中的内容即为服务器端/source/rootfs 中的内容。

(2) 卸载命令 umount。

权限：root 用户。

命令格式：umount   挂载目录

功能：卸载所挂载的目录的内容。

7. 其他常用命令

(1) ifconfig。

权限：root 用户具有网络设置接口，其他用户可以查看网络接口信息。

命令格式：ifconfig   [网络接口名]   [ip 地址]

功能：用来配置网络接口或查看网络接口。

例 2-22   root@ubuntu:/home/linux #ifconfig

解释：显示网络接口信息。

  root@ubuntu:/home/linux #ifconfig   eth0 192.168.1.34

解释：配置网络接口 eth0 的 IP 地址为 192.168.1.34。

(2) clear。

权限：所有用户。

命令格式：clear

功能：清除终端屏幕上的内容。

(3) insmod。

权限：root 用户。

命令格式：insmod 驱动模块名称

功能：将驱动模块加载到 Linux 内核中。

(4) rmmod。

权限：root 用户。

命令格式：rmmod 驱动模块名称

功能：将驱动模块从 Linux 内核中卸载。

(5) echo。

权限：所有用户。

命令格式：echo 信息

功能：输出信息到终端屏幕上，相当于 C 语言中的 printf，在 Shell 编程中用于调试打印。

8. Shell 中的常用快捷键

(1) Ctrl + c。

权限：所有用户。

命令格式：Ctrl　c

功能：中断进程。

(2) Tab。

权限：所有用户。

命令格式：命令或路径　Tab

功能：自动补齐命令或路径。

例 2-23　root@ubuntu:/home/linux #/hom　Tab

解释：会自动补齐为/home。

(3) "↑" 和 "↓" 键。

权限：所有用户。

命令格式："↑" 或 "↓"

功能："↑" 查找选择之前使用过的命令；"↓" 查找选择之后使用过的命令。

9. Shell 中的通配符

(1) *。

权限：所有用户。

功能：匹配任意长度的字符串。

例 2-24　root@ubuntu:/home/linux #cp　-arf　*.c　backup/

解释：将当前目录下后缀为.c 的文件都拷贝到 backup 中。

　　　　root@ubuntu:/home/linux #cp　-arf　test*.c　backup/

解释：将当前目录下文件名前 4 个字符为 test 且后缀为.c 的文件都拷贝到 backup 中去。

(2) ？。

权限：所有用户。

功能：匹配一个字符。

例 2-25　root@ubuntu:/home/linux#cp　-arf　test?.c　backup/

解释：将当前目录下文件名为 5 个字符，同时前 4 个字符为 test 和后缀为.c 的文件都拷贝到 backup 中去。

(3) [...]。

权限：所有用户。

功能：匹配指定的字符。

例 2-26　root@ubuntu:/home/linux #cp -arf　test[456].c　backup/

解释：将当前目录下的 test4.c、test5.c、test6.c 拷贝到 backup 中去。

(4) [.-.]。

权限：所有用户。

功能：匹配一个范围的字符串。

例 2-27　root@ubuntu:/home/linux #cp -arf　test[1-6].c　backup/

解释：将当前目录下的 test1.c、test2.c、test3.c、test4.c、test5.c、test6.c 六个文件拷贝到 backup 中去。

(5) [^...]。

权限：所有用户。

功能：选择除了指定字符的其他文件。

例 2-28　root@ubuntu:/home/linux #cp -arf test[^345].c backup/

解释：将当前目录下除了 test3.c、test4.c、test5.c 外的其他 test*.c 拷贝到 backup 中去。

2.3　交叉开发环境

对于嵌入式系统开发来说，一般主机(PC)与目标板(嵌入式系统)的体系结构、指令集、可执行的二进制代码格式不同，同时由于嵌入式系统资源有限，无法在其上建立起所需要的开发环境，而且对于只是面向产品的嵌入式系统来说，没有必要发展成为既是运行环境又是开发环境的系统。因此要进行嵌入式开发，必须要理解嵌入式系统开发过程中使用的交叉开发环境(Cross-development Environment)。要理解交叉开发环境，首先得理解什么是交叉编译。

2.3.1　交叉编译

交叉编译这个概念的出现和流行是与嵌入式系统发展同步的。我们常用的计算机软件都要通过编译的方式把高级语言代码(比如 C 代码)编译成计算机可以识别和执行的二进制代码。例如在 Windows 平台上可使用 Visual C++ 开发环境编写程序并编译成可执行程序，即使用 PC 平台上的 Windows 开发工具开发 PC 能运行的可执行程序，这种编译过程称为本地编译。

然而，在进行嵌入式系统的开发时，运行程序的硬件平台通常资源有限，例如常见的 ARM9 平台，其一般的 SDRAM 空间是 64～256 MB，而 CPU 的主频为 100～500 MHz。这种情况下，直接在 ARM 平台上编译源码不太可能。为了解决这个问题，交叉编译工具应运而生。通过交叉编译工具，可以在 CPU 能力很强、存储空间足够的主机平台上(PC)将源码编译成目标硬件平台可以运行的程序，最后再将其下载到目标硬件平台上，这种编译方式称为交叉编译。

综上所述，编译环境和运行环境不一样称为交叉编译，编译环境和运行环境一样称为本地编译。以这种交叉编译方式开发的嵌入式系统软件开发需要相应的交叉开发环境，也称为宿主机(PC)/目标机开发环境。

2.3.2　交叉开发环境模式

交叉开发环境的模式一般是宿主机/目标机模式，如图 2-10 所示。

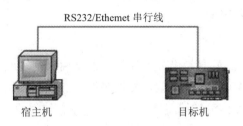

图 2-10　交叉开发环境模式

宿主机是一台通用计算机(如 PC)，各种 Linux 发行版本可以直接安装在 PC 上，功能十分强大；目标机一般在嵌入式软件开发期间使用，它可以是嵌入式软件的实际运行环境，也可以是能够替代实际运行环境的仿真系统。

交叉开发环境就是在宿主机和目标机体系结构不同的情况下，在宿主机上开发能在目标机上运行的程序。比如说在 x86 平台上开发 ARM 目标板上运行的程序，就是在 x86 平台上将程序编译、链接成 ARM 平台上可运行的代码。那么，怎样将在宿主机上编译好的代码下载到目标机上运行呢？这就涉及宿主机与目标机之间的通信方式。

2.3.3　宿主机与目标机之间的通信方式

1．JTAG 口

JTAG 技术是一种嵌入式调试技术，它在芯片内部封装了专门的测试接口(TAP，Test Access Port)，通过 JTAG 测试工具对芯片的内核进行测试。它是联合测试行动小组(JTAG，Joint Test Action Group)定义的一种国际标准测试协议，主要用于芯片内部测试及对系统进行仿真、调试。目前大多数比较复杂的器件都支持 JTAG 协议，如 ARM、DSP、FPGA 器件等。标准的 JTAG 接口是 4 线：TMS、TCK、TDI、TDO，分别为测试模式选择、测试时钟、测试数据输入和测试数据输出，JTAG 接口的时钟一般在 1～16 MHz 之间。JTAG 在嵌入式开发中使用的频率不高，但必不可少，因为当目标机上没有任何程序时，必须用 JTAG 下载引导程序，然后才能利用引导程序来下载内核和文件系统以提高开发的效率。

2．串口

在宿主机上开发的程序代码是运行在目标机上的，要在开发阶段把目标机的运行信息显示给开发人员，最常用的方法就是通过串口线将目标机的信息输出到宿主机的显示器上，这样开发人员就能看到代码的运行情况；同时开发人员也可通过串口向目标机发送控制命令，此时串口可看作控制台。

　　在 Windows 和 Linux 操作系统下，典型的串口通信软件分别是"超级终端"和"minicom"。通过串口通信软件，用户可以很方便地对串口进行配置，最主要的配置参数是波特率、数据位、停止位、奇偶校验位和数据流控制位等，这些参数必须根据目标机的实际串口参数进行正确配置，才能实现正常的串口通信。

　　当然串口也可以下载程序到目标机中，使用串口下载需要配合特定的下载软件，如 DNW 软件等。串口下载的缺点是传输速度没有网络下载快，但是具有方便使用的优点，不需要额外的连线和设置 IP 等操作。

3. USB

　　串口用来显示目标板的信息是十分方便的，但是用来传输或者下载文件则速度较慢，并且通常需要专用的串口工具才能下载，而许多串口下载工具也自带了 USB 文件传输功能，通过 USB 口进行文件传输的速度比使用串口进行传输得快。

4. 以太网口

　　通过以太网连接可以实现宿主机快速向目标机下载程序，提高开发的效率。例如在嵌入式系统开发中常常需要通过网络下载文件或者挂载文件系统，经常用到的服务有 TFTP、NFS 等。

　　NFS(Network File System，网络文件系统)可以实现不同的机器、不同的操作系统之间彼此共享文件，其设置过程可见 2.2.3 节中的 mount 命令。NFS 可以让不同的主机通过网络将远端的 NFS 服务器共享出来的文件安装到自己的系统中，从客户端看来，使用 NFS 的远端文件就像是使用本地文件一样。NFS 这种特性使它在嵌入式系统中得到了广泛的应用，它使得应用程序开发调试变得更加方便，不用反复烧写镜像文件。NFS 的使用分为服务器端和客户端，其中服务器端提供要共享的文件，而客户端则通过挂载(mount)实现对共享文件的访问操作。在嵌入式系统开发过程中经常会把根文件系统放在 NFS 的导出目录中，同时配置内核启动时挂载 NFS 文件系统来启动系统。

　　TFTP(Trivial File Transfer Protocol，简单文件传输协议)是嵌入式系统中通过网络下载映像最常用的一种方法，它分为客户端和服务器端两种。通常首先在宿主机上开启 TFTP 服务器端，设置好 TFTP 的根目录内容(即供下载的文件)，接着在目标板上开启 TFTP 的客户端程序。这样，把目标板和宿主机用网线连接之后，就可以通过 TFTP 协议传输可执行文件了。

本 章 小 结

　　本章首先介绍了发行版 Linux 操作系统的安装方法，主要讲述 Linux 一些基本知识，包括 Linux 的目录结构、文件属性和文件类型，以及 Shell 的一些基本知识，重点介绍了 Shell 命令。

　　本章要求读者一定要动手操作，从操作中慢慢培养嵌入式系统的学习兴趣，理解科学探究的渐近性。

习　题

1. 安装 Linux 操作系统。
2. 在 Linux 终端下，用 Shell 命令实现下列要求：
(1) 在/mnt 目录下新建立一个文件夹(文件夹名为 abc)；
(2) 在文件夹 abc 中新建一个文件(文件名为 new.c)和一个文件夹(文件夹名为 def)；
(3) 将文件 new.c 拷贝到 def 中；
(4) 删除文件夹 def。

第 3 章　嵌入式 Linux 编程环境

嵌入式 Linux 系统的开发，不再拥有集成编程环境，一切都要程序员分开操作，包括编辑器、编译器、调试器、工程管理工具(make 及 Makefile)和 Shell 脚本等，这对程序员的要求更高。

第一个嵌入式
Linux C 程序

3.1　编辑器 vi

3.1.1　编辑器 vi 简介

编辑器 vi 最初是由 Sun Microsystems 公司的 Bill Joy 在 1976 年开发的。一开始 Bill Joy 开发了 Ex 编辑器，也称行编辑器，后来开发了 vi 作为 Ex 的可视接口，一次能看到一屏的文本而非一行，vi 因此而得名。一开始接触 vi，会觉得它的界面不友好、不容易掌握，可一旦掌握了 vi 的常用命令操作，就会感觉到它强大的功能。此外，vi 占用资源少，在嵌入式 Linux 系统中也可以使用。

3.1.2　vi 用法

vi 有三种工作模式：

(1) 文本输入模式，也是写代码时用的模式，又叫插入模式。

(2) 命令行模式，在此模式下，可以进行查找、替换等命令操作。

(3) 最后行模式，此模式是在写完代码后要有保存或退出等相关功能。

三种模式之间的切换如图 3-1 所示。由图 3-1 可知，当进入 vi 编辑某个文件时，会首先进入命令行模式；按下 a 或 i 就进入文本输入模式，用户输入的可视字符都添加到文件中，并显示在屏幕上；按下 Esc 键就可以回到命令行模式；在命令行模式下输入 ":" 就进入最后行模式；在最后行模式下按下 Esc 键会回到命令行模式。

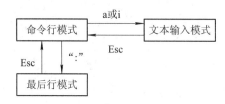

图 3-1　三种模式之间的切换

1. 文本输入模式下使用 vi

在文本输入模式下，不能敲入命令，必须先按 Esc 键返回命令行模式。若用户不知身处何种模式下，也可以按 Esc 键，都会返回命令行模式。

文本输入模式下常用命令及其含义如表 3-1 所示。

表 3-1　文本输入模式下常用命令及其含义

常用命令	含　　义
i	在光标处插入正文
I	在一行开始处插入正文
a	在光标后追加正文
A	在行尾追加正文
o	在光标下面新开一行
O	在光标上面新开一行
Esc	返回命令行模式

2. 命令行模式下使用 vi

在命令行模式下，都要输入命令，它与最后行模式下的命令格式有所区别，它的命令不是以“：”开始的，它直接接受键盘输入的单字符或组合字符命令。例如按下 u 就表示取消上一次对文件的修改，相当于 Windows 下的 undo 操作。

命令行模式下有一些命令是要以“ / ”开始的。例如查找字符串就是：/string，这条命令是在文件中匹配查找 string 字符串。命令行模式下常用命令及其含义如表 3-2 所示。要检索文件，也必须在命令行模式下进行。

(1) /str：向后搜寻 str 直至文件结尾处。

(2) ?str：往前搜寻 str 直至文件开始处。

表 3-2　命令行模式下常用命令及其含义

常用命令	含　　义	常用命令	含　　义
0	光标移至行首	dd	删除整行
h	光标左移一格	pp	整行复制
L	光标右移一格	r	修改光标所在字符
J	光标向下移一格	x	删除光标处字符
K	光标向上移一格	nx	删除光标处后 n 个字符
$ + A	光标移至该行最后	nX	删除光标处前 n 个字符
PageDn	向下滚动一页	ndw	删除光标处 n 个单词
PageUp	向上滚动一页	d$或 D	删除从光标处至该行最末
d + 方向键	删除文字	u	恢复前一次所做的删除

3. 最后行模式下使用 vi

在最后行模式下，所有命令都要以“：”开始，所键入的字符系统均作命令来处理。例如“:q”代表退出，“:w”表示存盘。最后行模式下常用命令及其含义如表 3-3 所示。

表 3-3 最后行模式下常用命令及其含义

常用命令	含 义
:q!	放弃任何改动而退出 vi，即强行退出
:w	文件存盘
:x	存盘并退出 vi
:w!	对于只读文件强行存档
:wq	存档并退出 vi
:set nu	在文件中每行的前面会列出行号
:set nonu	取消列出的行号

4. vi 使用实例

本节给出了一个 vi 使用的完整实例，如表 3-4 所示。通过这个实例，读者可以熟悉 vi 的使用流程和不同模式下的常用命令。实例中的功能要求及操作命令如表 3-4 所示。

表 3-4 vi 使用实例

步骤	功 能 要 求	操 作 命 令
1	在/root 目录下建一个名为 vi 的目录	mkdir /root/vi
2	进入 vi 目录	cd /root/vi
3	将文件/etc/inittab 复制到 vi 目录下	cp /etc/inittab ./
4	使用 vi 打开 vi 目录下的 inittab	vi ./inittab
5	将光标移到该行	17<Enter>(命令行模式)
6	复制该行内容	yy
7	将光标移到最后一行行首	G
8	粘贴/复制行的内容	p
9	撤消第 8 步工作"粘贴/复制行的内容"	u
10	将光标移动到最后一行的行尾	$
11	光标移到"si::sysinit:/etc/rc.d/rc.sysinit"	21G
12	删除该行	dd
13	存盘但不退出	:w(最后行模式)
14	将光标移到首行	1G
15	插入模式下输入"Hello,this is vi world!"	按 i 键并输入"Hello,this is vi world!"(文本输入模式)
16	返回命令行模式	Esc
17	向下查找字符串"wait"	/wait(命令行模式)
18	再向上查找字符串"halt"	?halt
19	强制退出 vi，不存盘	:q!(最后行模式)

3.2　编译器 gcc

3.2.1　编译器 gcc 简介

Linux 系统下的 gcc(GNU C Compiler)是 GNU 推出的功能强大、性能优越的多平台编译器，它是 GNU 的代表作品之一。gcc 是可以在多种硬件平台上编译出可执行程序的超级编译器，其执行效率与一般的编译器相比要高出 20%～30%。编译器 gcc 能将 C、C++ 语言源程序、汇编语言源程序和目标程序编译、链接成可执行文件，如果没有给出可执行文件的名字，gcc 将生成一个默认名为 a.out 的可执行文件。在 Linux 系统中，可执行文件没有统一的后缀，系统从文件的属性来区分可执行文件和不可执行文件，而 gcc 则通过后缀来区别输入文件的类别。gcc 常见的后缀名及其含义如表 3-5 所示。

表 3-5　gcc 常见的后缀名及其含义

gcc 常见的后缀名	含　义
.c	C 语言源代码文件
.a	由目标文件构成的库文件
.C、.cc 或.cpp	C++ 源代码文件
.h	程序所包含的头文件
.i	经预处理过的 C 源代码文件
.ii	经预处理过的 C++ 源代码文件
.m	Objective-C 源代码文件
.o	编译后的目标文件
.s	汇编语言源代码文件
.S	经过预编译的汇编语言源代码文件

gcc 编译器可移植到不同的处理器平台上。标准 PC Linux 上的 gcc 是针对 Intel CPU 的编译器；而 ARM 系列开发套件使用的是针对 ARM 系列处理器的编译器，如 arm-linux-gcc 等。

3.2.2　gcc 的编译过程

使用 gcc 编译 C 语言源代码文件生成可执行文件要经历相互关联的四个步骤：预处理(也称预编译，Preprocessing)、编译(Compile)、汇编(Assembling)和链接(Link)，如图 3-2 所示。

图 3-2　gcc 编译过程

1. 预处理

在预处理阶段，主要处理源文件中以"#"开始的语句，如 #ifdef、#include 和 #define。该阶段会生成一个中间文件 *.i。gcc 的选项"-E"能使编译器在进行完预处理后就停止，操作命令为

    gcc -E -o test.i test.c

其中，test.c 为 C 语言源码文件，test.i 为生成的预处理文件。

2. 编译阶段

编译器在预处理结束之后，gcc 首先要检查代码的规范性，以及是否有语法错误等，以确定代码实际要做的工作，检查无误后，就开始把代码翻译成汇编语言。gcc 的选项"-S"能使编译器在进行完编译阶段之后就停止，操作命令为

    gcc -S -o test.s test.c

其中，test.c 为 C 语言源码文件，test.s 为生成的汇编文件。

3. 汇编阶段

在汇编阶段，将输入的汇编文件 *.s 转换成目标文件*.o。*.o 文件已经是二进制文件，即 0 和 1 的机器语言，但是它不是可执行的二进制文件。gcc 的选项"-c"能使编译器在进行完汇编之后就停止，操作命令为

    gcc -c -o test.o test.c

其中，test.c 为 C 语言源码文件，test.o 为生成的目标文件。

4. 链接阶段

在汇编阶段之后，就进入了链接阶段，该阶段链接各种静态链接库和动态链接库，得到可执行文件。完成链接之后，gcc 就生成了可执行文件，其命令如下：

    gcc -o test test.c

其中，test.c 为 C 语言源码文件，test 为生成的可执行文件。

3.2.3 gcc 常用用法

gcc 的命令格式如下：

   gcc [options] [filenames]

- options：编译器选项。常用的选项如表 3-6 所示。
- filenames：相关的文件名称。

表 3-6 gcc 编译器常用的选项

选项	含　义	选项	含　义
-c	编译生成目标文件	-I	指定额外的头文件搜索路径
-S	编译生成汇编语言文件	-L	指定额外的函数库搜索路径
-E	只对文件进行预处理	-static	静态链接库，默认都是动态链接
-v	查询 gcc 版本信息	-w	不生成任何警告信息
-g	生成调试信息，gdb 调试器可利用该信息	-Wall	生成所有警告信息
-o	生成指定的输出文件		

例 3-1　在 vi 编辑器下编写下列 .c 程序，程序名为 hello.c。

```
#include   "stdio.h"
int main(void)
{
    printf("Hello world, Linux programming!\n");
    return 0;
}
```

保存并退出 vi 编辑环境，在终端下执行下面的命令编译和运行这段程序：

```
gcc -o hello hello.c
```

其中，hello 为生成的可执行程序。

3.3　调试器 gdb

3.3.1　调试器 gdb 简介

gdb 是 Linux 系统上缺省使用的调试器。gdb 也可以被移植到不同的平台上，如 ARM 系列处理器的调试器 arm-linux-gdb。gdb 可以让程序在设定断点的地方停下，此时可以查看变量、寄存器、内存及堆栈等，也可以修改变量及内存值。gdb 可以调试多种语言，但 gdb 是一个非集成开发环境，无图形化界面。在调试程序之前，一定要在编译源程序时加上 "-g" 选项。

3.3.2　gdb 用法

1. 进入 gdb 调试环境

进入 gdb 调试环境有以下两种方式。

(1) 在 Shell 终端中直接输入命令 gdb。

例 3-2

```
root@ubuntu:/home/linux# gdb
GNU gdb (GDB) 7.2-ubuntu
Copyright (C) 2010 Free Software Foundation, Inc.
License GPLv3+: GNU GPL version 3 or later <http://gnu.org/licenses/gpl.html>
This is free software: you are free to change and redistribute it.
There is NO WARRANTY, to the extent permitted by law.  Type "show copying"
and "show warranty" for details.
This GDB was configured as "i686-linux-gnu".
For bug reporting instructions, please see:
<http://www.gnu.org/software/gdb/bugs/>.
(gdb)
```

这时会看到 gdb 版本的一些信息。此时若要调试某个程序，则使用 file 命令。

例 3-3

```
root@ubuntu:/home/linux# gdb
GNU gdb (GDB) 7.2-ubuntu
Copyright (C) 2010 Free Software Foundation, Inc.
License GPLv3+: GNU GPL version 3 or later <http://gnu.org/licenses/gpl.html>
This is free software: you are free to change and redistribute it.
There is NO WARRANTY, to the extent permitted by law.  Type "show copying"
and "show warranty" for details.
This GDB was configured as "i686-linux-gnu".
For bug reporting instructions, please see:
<http://www.gnu.org/software/gdb/bugs/>.
(gdb) file hello
Reading symbols from /home/linux/hello...(no debugging symbols found)...done.
(gdb)
```

本例中的 hello 为要调试的可执行程序。

(2) 在 Shell 终端中输入 gdb，并在其后面加上编译好的可执行文件名称。

例 3-4

```
root@ubuntu:/home/linux# gdb hello
GNU gdb (GDB) 7.2-ubuntu
Copyright (C) 2010 Free Software Foundation, Inc.
License GPLv3+: GNU GPL version 3 or later <http://gnu.org/licenses/gpl.html>
This is free software: you are free to change and redistribute it.
There is NO WARRANTY, to the extent permitted by law.  Type "show copying"
and "show warranty" for details.
This GDB was configured as "i686-linux-gnu".
For bug reporting instructions, please see:
<http://www.gnu.org/software/gdb/bugs/>...
Reading symbols from /home/linux/hello...(no debugging symbols found)...done.
(gdb)
```

2．gdb 常用的调试命令

gdb 常用的调试命令如表 3-7 所示。

表 3-7　gdb 常用的调试命令

gdb 常用调试命令	格　式	含　义	简写
list	list　[开始，结束]	列出文件的代码清单	l
print	print　变量名	打印变量内容	p
break	break　[行号或函数名]	设置断点	b
continue	continue　[开始，结束]	继续运行	c
info	info 变量名	列出信息	i
next	next	下一行	n
step	step	进入函数(步入)	S
display	display　变量名	显示参数	
file	file　文件名(可以是绝对路径和相对路径)	加载文件	
run	run args	运行程序	r

3.3.3　gdb 使用实例

下面通过一个实例来介绍 gdb 的用法。

1．用 vi 编辑器编写 C 源程序

用 vi 编辑器编写 C 源程序，代码如下：

```
 1 #include <stdio.h>
 2
 3 int sum(int a, int b)
 4 {
 5     int result;
 6     result = a + b;
 7     return result;
 8 }
 9
10 int main(int argc, char ** argv)
11 {
12     if (argc != 3)
13     {
14         printf("Please input two arg ");
15         return -1;
16     }
17     int a = *argv[1]-'0';
18     int b = *argv[2]-'0';
19     int re = sum(a,b);
20     printf(" + = ",a,b,re);
21     return 0;
22 }
```

2．编译程序

命令如下：

　　root@ubuntu:/home/linux/maizi/two#gcc　–g　-o hello hello.c

3．进入 gdb 调试环境

命令如下：

　　root@ubuntu:/home/linux/maizi/two#gdb hello

4．调试 hello

(1) (gdb) run 2 3。该命令表示执行调试并传入两个参数 2、3，运行结果如下：

　　Starting program: /home/linux/maizi/two/hello 2 3

　　$2 + 3 = 5$

　　Program exited normally

这样就出现了计算结果，因为没有设置断点，所以会执行完程序。

(2) (gdb)b 4。该命令表示在第 4 行设置断点，gdb 给出以下提示说明设置断点成功：

　　Breakpoint 1 at 0x80483ca: file hello.c, line 4.

设置完断点后，再来运行程序，执行 run 命令，出现下面的提示信息：

　　Starting program: /home/linux/maizi/two/hello 2 3

　　Breakpoint 1, sum (a=2, b=3) at hello.c:6

　　6 result = a + b;

这样它就停留在第 6 行了。如果要继续执行，使用 c 命令。

(3) (gdb)c。继续执行程序，gdb 给出以下提示信息：

　　Continuing.

　　2 + 3 = 5

　　Program exited normally.

这里又把程序执行完了，因为前面只设置了一个断点。那么，我们如何知道设置了多少个断点呢？使用 info break 命令就可以知道。

(4) (gdb)info break。gdb 给出了下面的提示信息：

　　Num Type　　　　　Disp　Enb　Address　　　What
　　1　　breakpoint　keep　y　　0x080483fa　in sum at hello.c:4
　　　　breakpoint already hit 1 time

该信息提示已经在第 4 行设置了一个断点，接下来就是去除断点的问题了。删除断点的命令是 delete b，禁用断点的命令是 disable b，恢复禁用的断点的命令是 enable b。这些命令后面可以带参数以说明是第几个断点(是第几个不是第几行)。

(5) (gdb)disable b。执行 run 命令后就不会有断点了，接着使用 enable b 命令后再使用 run 命令，这样就又有了断点。

有时候我们设置了断点就需要查看某个变量的值，使用 display 或者 print 命令可以查看某个变量的值。

(6) (gdb)display result。display 相当于添加监听变量，每一次 run 后都会给出 result 的值。

(7) (gdb)s。这是单步运行命令 step，同样也可以使用命令 next(简写为 n)。

如果平时使用的时候忘记了命令也可以使用 help 命令来查看帮助信息，它会提示一些命令的用法。

3.4　make 和 Makefile

3.4.1　make 和 Makefile 概述

在 3.2 节介绍 gcc 编译器时，我们只介绍了对单个文件的编译，如果有多个代码文件，且多个代码文件之间又存在引用关系时，该如何去编译生成一个可执行文件呢？

例 3-5　有如下一些源文件：

```
add.c  add.h  div.c  div.h  main.c  mul.c  mul.h  sub.c  sub.h
```

其相应代码如下：

```
// add.h
#ifndef _ADD_H_
#define _ADD_H_
int add(int a, int b);
#endif
```

```
// add.c
#include "add.h"
int add(int a, int b)
{
    return a + b;
}


// sub.h
#ifndef _SUB_H_
#define _SUB_H_
int sub(int a, int b);
#endif


// sub.c
#include "sub.h"
int sub(int a, int b)
{
    return a - b;
}


// mul.h
#ifndef _MUL_H_
#define _MUL_H_
int mul(int a, int b);
#endif


// mul.c
#include "mul.h"
int mul(int a, int b)
{
    return a * b;
}


// divi.h
#ifndef _DIVI_H_
#define _DIVI_H_
int divi(int a, int b);
#endif
```

```
// divi.c
#include "divi.h"
int divi(int a, int b)
{
    if (b == 0)
    {
        return 0;
    }
    return a / b;
}


// main.c
#include <stdio.h>
#include "add.h"
#include "sub.h"
#include "mul.h"
#include "divi.h"

int main()
{
    int a = 10;
    int b = 2;

    printf("%d + %d = %d\n", a, b, add(a, b));
    printf("%d - %d = %d\n", a, b, sub(a, b));
    printf("%d * %d = %d\n", a, b, mul(a, b));
    printf("%d / %d = %d\n", a, b, divi(a, b));
    return 0;
}
```

依照前面讲述的知识，可以用以下编译方式：

(1) 生成对应的目标 .o 文件。

```
gcc -c -o add.o add.c
gcc -c -o sub.o sub.c
gcc -c -o mul.o mul.c
gcc -c -o div.o div.c
gcc -c -o main.o main.c
```

(2) 再使用如下命令对所生成的单个目标文件进行链接，生成可执行文件。

```
gcc － o main add.o sub.o mul.o div.o main.o
```

这种编译方式比较复杂，而且源文件越多，就越复杂，且当添加新的文件，或者修改现有文件时，维护起来也非常困难。而 Makefile 就像一个批处理的编译脚本，可实现自动化编译，一旦写好，只需要一个 make 命令，整个工程完全自动编译，极大地提高了软件开发的效率。

make 是一个命令，用来解析 Makefile 文件；Makefile 是一个文件，用来告诉 make 命令如何编译整个工程生成可执行文件。

3.4.2　make 命令

make 命令的格式如下：

　　make [选项] [Makefile 文件]

make 命令常用的命令行选项如表 3-8 所示。

表 3-8　make 命令常用的命令行选项

命 令 格 式	含　义
-C dir	读入指定目录下的 Makefile
-f file	读入当前目录下的 file 文件作为 Makefile
-i	忽略所有的命令执行错误
-I dir	指定被包含的 Makefile 所在目录
-n	只打印要执行的命令，但不执行这些命令
-p	显示 make 变量数据库和隐含规则
-s	执行命令时不显示命令
-w	如果 make 在执行过程中改变目录，则打印当前目录名

make 执行的流程如下：

(1) 查找当前目录下的 Makefile 文件。

(2) 初始化 Makefile 文件中的变量。

(3) 分析 Makefile 中的所有规则。

(4) 为所有的目标文件创建依赖关系。

(5) 根据依赖关系，决定哪些目标文件要重新生成。

(6) 执行生成命令。

可见，make 命令执行时，需要一个 Makefile 文件，以告诉 make 命令如何去编译和链接程序。

3.4.3　Makefile 文件内容

1. 规则

Makefile 是由规则来实现的，即 Makefile 文件内容的主体由很多规则构成，每一条规则都由三部分组成：

(1) 目标(object)。

(2) 依赖(dependency)。

(3) 命令(command)。

Makefile 的格式如下：

目标：依赖

<Tab> 命令

目标和依赖之间通过"："分隔，命令前面是由"Tab"键产生的空格。

当 make 命令去执行 Makefile 文件时，其规则被这样处理：

• 目标是一个文件，当它的依赖也是文件时，如果依赖文件的时间比目标文件要新，则运行规则所包含的命令来更新目标。

• 如果依赖是另一条规则的目标，则先跳到另一条规则去执行命令，再返回当前规则。

• 如果目标不是一个存在的文件，则一定执行。

注意：

• make 命令默认只会执行 Makefile 中的第一条规则。

• make 命令加参数时，如 make hello，则会执行 Makefile 中 hello 对应的规则。

针对 3.4.1 中的例子，其 Makefile 文件内容如下：

```
main:main.o add.o sub.o mul.o divi.o
    gcc -o main main.o add.o sub.o mul.o divi.o
main.o:main.c
    gcc -c -o main.o main.c
add.o:add.c
    gcc -c -o add.o add.c
sub.o:sub.c
    gcc -c -o sub.o sub.c
mul.o:mul.c
    gcc -c -o mul.o mul.c
divi.o:divi.c
    gcc -c -o divi.o divi.c
clean:
    rm -f *.o
```

在终端上执行 make 命令即完成了所有文件的编译工作。操作结果如下：

```
root@ubuntu:/home/linux/maizi/two/Makefile# make
gcc -c -o main.o main.c
gcc -c -o add.o add.c
gcc -c -o sub.o sub.c
gcc -c -o mul.o mul.c
gcc -c -o div.o div.c
gcc -o main main.o add.o sub.o mul.o div.o
root@ubuntu:/home/linux/maizi/two/Makefile# ls
add.c  add.o  div.h  main    main.o   mul.c  mul.o  sub.h
add.h  div.c  div.o  main.c  Makefile mul.h  sub.c  sub.o
```

其中，main 即为生成的可执行文件。

2. 变量

在 Makefile 中定义的变量，就像 C/C++语言中的宏一样，它代表了一个文本字串，在

Makefile 中执行的时候其会自动原样地展开在所使用的地方。与 C/C++所不同的是，它可以在 Makefile 中改变其值。变量的名字可以包含字符、数字、下划线(可以是数字开头)，但不应该含有“:”“#”“=”或是空字符(空格、回车等)。变量对大小写敏感，如“foo”“Foo”和“FOO”是三个不同的变量名。推荐使用大小写搭配的变量名，如 MakeFlags，这样可以避免和系统的变量冲突。

(1) 变量的基础。变量在声明时需要赋初值，而在使用时，需要在变量名前加上“$”符号，但最好用小括号“()”或是大括号“{}”把变量包括起来。如果要使用真实的“$”字符，则用“$$”来表示。变量可以使用在许多地方，如规则中的“目标”“依赖”“命令”以及新的变量中。

例 3-6

```
cc=gcc
foo = c
prog.o : prog.$(foo)
        $(cc)   -$(foo)   prog.$(foo)
```

其实际展开后的内容如下：

```
prog.o : prog.c
        cc -c prog.c
```

(2) 变量中的变量。变量中的变量即是使用其他变量来构造变量的值。在 Makefile 中有两种方式使用变量定义变量的值。

第一种方式是使用“=”号，“=”左侧是变量，右侧是变量的值。右侧变量的值可以定义在文件的任何一处，即右侧变量不一定非是已定义好的值，它也可以使用后面定义的值。

例 3-7

```
foo = $(bar)
bar = $(ugh)
ugh = Huh?
all:
        echo $(foo)
```

当执行“make all”时，将会打印出变量$(foo)的值是“Huh?”。可见，变量可以使用后面的变量来定义。

这个功能的优点是可以把变量的真实值推到后面来定义，但这种功能的缺点是在递归定义时，会陷入无限的变量展开。

例 3-8

```
CFLAGS = $(CFLAGS) -O
```

或

```
A = $(B)
B = $(A)
```

为了避免上面这种方法的缺陷，可以使用 make 中另一种用变量来定义变量的形式。这种形式使用的是“:=”操作符。

例 3-9

> x := foo
>
> y := $(x) bar
>
> x := later

等价于

> y := foo bar
>
> x := later

对于这种形式，前面的变量不能使用后面的变量，而只能使用前面已定义好的变量。

例 3-10

> y := $(x) bar
>
> x := foo

那么，y 的值是"bar"，而不是"foo bar"。

注意：还有一个比较有用的操作符是"?="。先举例如下：

> FOO ?= bar

其含义是，如果 FOO 没有被定义过，那么变量 FOO 的值就是"bar"，如果 FOO 先前被定义过，那么这条语句将什么也不做，其等价于：

> ifeq ($(origin FOO), undefined)
>
>   FOO = bar
>
> endif

(3) 变量的高级用法。变量的高级使用方法有两种。

第一种高级用法是"变量值的替换"，其格式为

> $(var:a=b)或是${var:a=b}

功能：把变量 var 中所有以"a"字串结尾的"a"替换成"b"字串。这里"结尾"的意思是"空格"或是"结束符"。

例 3-11

> foo := a.o b.o c.o
>
> bar := $(foo:.o=.c)

本例中，先定义了一个"$(foo)"变量，而第二行的意思是把"$(foo)"中所有以".o"字串"结尾"全部替换成".c"，所以"$(bar)"的值就是"a.c b.c c.c"。

第二种高级用法是"把变量的值再当成变量"。

例 3-12

> x = y
>
> y = z
>
> a := $($(x))

在这个例子中，$(x)的值是"y"，所以$($(x))就是$(y)，于是$(a)的值就是"z"(注意，是"x=y"，而不是"x=$(y)")。

还可以使用更多的层次：

> x = y
>
> y = z

```
z = u
a := $($($(x)))
```

这里$(a)的值是"u"。

再如：

```
x = $(y)
y = z
z = Hello
a := $($(x))
```

这里的$($(x))被替换成了$($(y))，因为$(y)的值是"z"，所以最终结果是 a:=$(z)，也就是"Hello"。

再复杂一点，加上函数：

```
x = variable1
variable2 := Hello
y = $(subst 1,2,$(x))
z = y
a := $($($(z)))
```

在这个例子中，"$($($(z)))"扩展为"$($(y))"，而其再次被扩展为"$($(subst 1,2,$(x)))"。$(x)的值是"variable1"，subst 函数把"variable1"中所有的"1"字串替换成"2"字串，于是，"variable1"变成"variable2"，再取其值，所以，最终$(a)的值就是$(variable2)的值："Hello"。

在这种方式中，可以使用多个变量来组成一个变量的名字，然后再取其值。

例 3-13

```
first_second = Hello
a = first
b = second
all = $($a_$b)
```

这里的"$a_$b"组成了"first_second"，于是，$(all)的值就是"Hello"。

(4) 追加变量值。可以使用"+="操作符给变量追加值。

例 3-14

```
objects = main.o foo.o bar.o utils.o
objects += another.o
```

则$(objects)值变为 main.o foo.o bar.o utils.o another.o。

使用"+="操作符，等价于

```
objects = main.o foo.o bar.o utils.o
objects := $(objects) another.o
```

(5) 环境变量。make 运行时的系统环境变量可以在 make 开始运行时被载入 Makefile 文件中，但是如果 Makefile 中已定义了这个变量，或是这个变量由 make 命令行代入，那么系统环境变量的值将被覆盖(如果 make 指定了"-e"选项，那么，系统环境变量将覆盖 Makefile 中定义的变量)。

(6) 特殊变量。在 Makefile 中还有一些特殊的内部变量，它们根据每一个规则内容定义。常用的特殊变量有：

- $@：指代当前规则下的目标文件列表。
- $<：指代依赖文件列表中第一个依赖的文件。
- $^：指代依赖文件列表中所有的依赖文件。
- $?：指代依赖文件列表中所有对应目标文件的文件列表。

3.5　Linux 编程库

Linux 编程库是指始终可以被多个 Linux 软件项目重复使用的代码集。以 C 语言为例，它包含了几百个可以重复使用的例程和调试程序的工具代码，其中包括函数。如果每次编写新程序都要重新写这些代码会非常不方便，而使用编程库有以下两个主要优点：

(1) 可以简化编程，实现代码的重复使用，进而减小应用程序的大小。

(2) 可以直接使用比较稳定的代码。

Linux 下的库文件分为共享库和静态库两大类，它们之间的差别仅在于程序执行时所需的代码是在运行时动态加载的，还是在编译时静态加载的。此外，共享库通常以.so(Share Object)结尾，静态库通常以 .a 结尾(Archive)。在终端下查看库的内容，通常情况下，共享库为绿色，静态库为黑色。

Linux 编程库一般放在 /lib 或/usr/lib 目录下。通过共享库，许多程序可以重复使用相同的代码，因此可以有效减小应用程序的大小。表 3-9 列出了一些常用的 Linux 编程库。

表 3-9　常用的 Linux 编程库

库 名 称	说　明
libc.so	标准的 C 库
libdl.so	可使用库的源代码而无须静态编译库
libglib.so	Glib 库
libm.so	标准数学库
libGL.so	OpenGL 的接口
libcom_err.so	常用的出错例程集合
libdb.so	创建和操作数据库
libgthread.so	Glib 线程支持
libgtk.so	GIMP 下的 X 库
libz.so	压缩例程库
libvga.so	Linux 下的 VGA 和 SVGA 图形库
libresolve.so	提供使用因特网域名服务器接口
libpthread.so	Linux 多线程库
libdm.so	GNU 数据库管理器

3.6　Shell 编程基础

3.6.1　建立和运行 Shell 脚本

Shell 脚本是一个包含若干 Linux 命令的文件，后缀是 .sh。如同编写高级语言的程序一样，编写一个 Shell 程序需要一个文本编辑器，如 vi 等。在文本编辑环境下，根据 Shell 的语法规则，输入一些 Linux 命令，形成一个完整的程序文件。

执行 Shell 程序文件有三种方法：

(1) # sh shell_file。

(2) # source shell_file。

(3) #./shell_file(必须是可执行文件，否则要修改权限：chmod 777 shell_file)。

在编写 Shell 程序时，第一行一般要指明系统需要哪种 Shell 并解释 Shell 程序，如：

```
#! /bin/bash
#! /bin/csh
#! /bin/tcsh
```

3.6.2　Shell 中的变量

1．用户自定义变量

在 Linux 支持的所有 Shell 中，都可以用赋值符号 "=" 为变量赋值，所赋的值要用引号括起来。如果要使用这个变量，则在变量前面加一个 "$"。

例 3-15

```
DATA=`data`
    echo $DATA
echo -n $DATA    (-n 是将换行去掉)
```

本例中，"`" 表示命令 data 的运行结果，此时变量 DATA 的值为 data 的运行结果而不是字符串 `data`。

应用时，可以用 expr 命令对 Shell 变量进行数字运算。

例 3-16

```
expr 12   +   5
```

运行结果：17

例 3-17

```
SUM=`expr 12 + 4 * 2`
echo $SUM
```

运行结果：20

2．位置变量

常用的位置变量如表 3-10 所示。

表 3-10　常用的位置变量

位置变量	含　义
$#	保存程序命令行参数的数目
$?	保存前一个命令的返回码
$0	保存程序名
$1、$2、…	$1:第一个参数；$2：第二个参数；$3，$4，$5，…依次类推
$*	以("$1 $2…")的形式保存所有输入的命令行参数
$@	以("$1""$2""…")的形式保存所有输入的命令行参数

例 3-18

```
#! /bin/bash
# script name:script1
echo "$#"
echo "$0"
echo "$1"
echo "$*"
echo "$@"
```

在终端下执行如下脚本：

```
#./script1 hello linux script
```

运行结果：

```
3
./script1
hello
hello linux script
hello linux script
```

3．环境变量

常用的环境变量如表 3-11 所示。

表 3-11　常用的环境变量

环境变量	含　义
PATH	决定了 Shell 将到哪些目录中寻找命令或程序
HOME	当前用户主目录
SHELL	当前用户用的是哪种 Shell
HISTSIZE	保存历史命令记录的条数
PS1	基本提示符，对于 root 是 "#"，对于普通用户是 "$"
PS2	附属提示符，默认是 ">"

3.6.3　Shell 中的 test 命令

test 命令格式如下：

```
test expression
```

test 命令返回值：返回 0(真)或者返回 1(假)。

expression 为 test 命令可以理解的任何有效表达式，常用的有如下三类：字符串比较、数值比较、文件比较。

1．字符串比较

字符串比较是对字符串的内容进行比较，其表达式及含义如表 3-12 所示。

表 3-12　test 字符串比较

test 表达式	含　义
test -n 字符串	字符串的长度非零
test -z 字符串	字符串的长度为零
test 字符串 1=字符串 2	字符串相等
test 字符串 1!=字符串 2	字符串不等

例 3-19　Shell 脚本内容如下：

```
test    $var = "ade"
echo $?
```

当变量 var 的值为 ade 时，打印结果为 0；否则为 1。

2．数值比较

数值比较是对两个整型数值比较大小，其表达式及含义如表 3-13 所示。

表 3-13　test 数值比较

test 表达式	含　义
test 整数 1 -eq 整数 2	整数相等
test 整数 1 -ge 整数 2	整数 1 大于等于整数 2
test 整数 1 -gt 整数 2	整数 1 大于整数 2
test 整数 1 -le 整数 2	整数 1 小于等于整数 2
test 整数 1 -lt 整数 2	整数 1 小于整数 2
test 整数 1 -ne 整数 2	整数 1 不等于整数 2

3．文件比较

文件比较是对文件是否存在以及文件的状态进行判断等，其表达式及含义如表 3-14 所示。

表 3-14　test 文件比较

test 表达式	含　义
test -d file	当 file 是个目录时，返回真
test -f file	当 file 是个文件时，返回真
test -r file	当 file 是一个只读文件时，返回真
test -w file	当 file 是一个可写文件时，返回真
test -x file	当 file 是一个可执行文件时，返回真
test -s file	当 file 长度大于 0 时，返回真

例 3-20　Shell 脚本内容如下：

```
test -f $1
```

```
echo $?
```

该 Shell 脚本用于判断 test.c 是否是文件。

3.6.4　Shell 中的流程控制语句

Linux Shell 有一套自己的流程控制语句，包括条件语句(if)、循环语句(for、while、until)、选择语句(case)。

1．条件语句(if)

if 形式有三种：if...then...fi、if...then...else...fi 和 if...then...elif...then...else...fi。

(1) if…then…fi 的语法结构如下：

```
if   test 语句
    then
         命令表
    fi
```

功能：如果条件测试语句为真，则执行命令表中的命令，否则退出 if 语句，即执行 fi 后面的语句；if 和 fi 是条件语句的语句括号，必须成对使用；命令表中的命令可以是一条，也可以是若干条。

例 3-21

```
if   test -f   $1                    //测试参数是否为文件
then
     echo "File   $1   exists"        //引用变量值
fi
if   test -d   $1                    //测试参数是否为目录
then
     echo "File   $1 is   a   directory"   //引用变量值
fi
```

(2) if…then…else…fi 的语法结构如下：

```
if   test 语句
then
     命令表 1
else
     命令表 2
     fi
```

功能：如果 test 语句为真，则执行命令表 1 中的命令，再退出 if 语句，否则执行命令表 2 中的语句，再退出 if 语句。

(3) if…then…elif…then…else…fi 的语法结构如下：

```
if   test 语句 1
then
     命令表 1
```

```
elif    test 语句 2
then
      命令表 2
else
      命令表 3
fi
```

功能：如果 test 语句 1 为真，则执行命令表 1 中的命令，再退出 if 语句，否则判断 test
语句 2 是否为真，如果为真，则执行命令表 2 中的语句，再退出 if 语句，否则执行命令表
3 的语句，再退出 if 语句。

2. 循环语句(for、while、until)

(1) for…do…done 的语法结构如下：

```
for   变量 in  单词表
do
      命令表
done
```

功能：变量依次取单词表中的各个单词，每取一次单词，就执行一次命令表中的命令，
循环次数由单词表中的单词数确定；命令表中的命令可以是一条，也可以是由分号或换行
符分开的多条；如果单词表是命令行上的所有位置参数时，可以在 for 语句中省略"in 单
词表"部分。

例 3-22　查找位置变量 $1 文件是否在当前目录下。

```
flist=`ls`
for   file  in   $flist
do
      if    test   $1  =   $file
      then
            echo   "$file    found"
            exit
      fi
done
```

(2) while…do…done 的语法结构如下：

```
while   test 语句
do
      命令表
done
```

功能：while 语句首先测试 test 语句，如果为真，就执行一次循环体中的命令，然后再
测试 test 语句，执行循环体，直到该命令或表达式为假时退出循环。while 语句的退出状态
为命令表中被执行的最后一条命令的退出状态。

例 3-23　批量生成空白文件。

```
if   test   $#   =   2
then
     loop=$2
else
     loop=5
fi
i=1
while   test   $i   -lt   $loop
do
     > $1$i
     i=`expr   $i   +   1`
done
```

(3) until…do…done 的语法结构如下：

```
until   test 语句
do
        命令表
done
```

功能：until 循环与 while 循环的功能相似，所不同的是，只有测试 test 语句是假时，才执行循环体中的命令表，否则退出循环。这一点与 while 命令正好相反。

3. 选择语句(case)

选择语句的语法结构如下：

```
case   变量   in
str1)
        命令表 1
        ;;
str2)
        命令表 2
        ;;
……
strn)
        命令表 n
        ;;
esac
```

功能：把变量的内容与 str1 等进行比较，如果相同则执行那部分的命令表。

例 3 -24

```
if   test   $#   -eq   0
then
     echo   "No argument is declared"
fi
```

```
case    $1    in
file1)
    echo    "User selects file1"
    ;;
file2)
    echo    "User selects file2"
    ;;
*)
    echo    "You must select either file1 or file2!"
    ;;
esac
```

3.6.5 Shell 程序中的函数

在 Shell 程序中,常常把完成固定功能且多次使用的一组命令(语句)封装在一个函数里,每当要使用该功能时只需调用该函数名即可。

函数在调用前必须先定义,即在顺序上函数说明必须放在调用程序的前面。调用程序可传递参数给函数,函数可用 return 语句把运行结果返回给调用程序。函数只在当前 Shell 中起作用,不能输出到子 Shell 中。

1. 函数的定义格式

(1) 函数定义格式一如下:

```
function_name ( )
{
        command1
        ……
        commandn
}
```

(2) 函数定义格式二如下:

```
function    function_name ( )
{
        command1
        ……
        commandn
}
```

2. 函数的调用格式

(1) 函数调用格式一如下:

```
value_name=`function_name  [arg1 arg2 … ]`
```

(2) 函数调用格式二如下:

```
function_name   [arg1   arg2   …   ]
```

```
        echo    $?
```

例 3-25　查找已登录的指定用户。

```
    check_user( )
    {
        user=`who  |  grep  $1  |  wc -l`
        if  [   $user   –eq   0  ]
        then
            return   0          //未找到指定用户
        else
            return   1          //找到指定用户
        fi
    }


    while   true
    do
        echo   "Input username: "
        read   uname
        check_user  $uname      //调用函数，并传递参数 uname
        if  test  $?  –eq  1     // $?为函数返回值
        then
            echo  "user  $uname  online"
        else
            echo  "user  $uname  offline"
        fi
    done
```

本 章 小 结

　　本章主要对发行版 Linux 上常用的编程工具，如编辑器 vi、编译器 gcc、调试器 gdb、Makefile、库及 Shell 编程等进行具体的讲述。

　　本章内容是嵌入式 Linux 软件开发的基础，读者可以对照本章节内容在 Linux 开发环境中练习，通过练习可加深对 Linux 和 Linux 编程环境的理解，培养解决问题的能力。

习　　题

　　1. 使用 vi 编辑器写一个 C 程序(实现 $1 + 2 + 3 + \cdots + 100$ 之和)；然后通过 gcc 编译器生成一个可执行程序(程序名为 sum)；最后执行这个 sum 程序。

　　2. 编写一个 Shell 脚本，实现 $1 + 2 + 3 + \cdots + 100$ 之和的功能。

第 4 章　嵌入式 Linux C 程序开发

4.1　数据类型和 while 循环控制语句

4.1.1　C 语言的数据类型

C 语言只有两种数据类型：整数和小数，其中整数类型有 char、short、int 和 long；小数类型有 float 和 double。

数据类型不占用存储空间，数据类型定义的变量会占用存储空间，存储空间的最小单位是字节(Byte，B)。

通过 sizeof 运算符可以查看相应数据类型定义的变量所占用的存储空间。

例 4-1　sizeof 用法举例。

```
#include "stdio.h"
int main()
{
    int m;
    short n;
    char k;
    long j;
    printf("%ld\n",sizeof(m));
    printf("%ld\n",sizeof(j));
    printf("%ld\n",sizeof(n));
    return 0;
}
```

C 语言中没有布尔类型，即真与假，C 语言用 0 表示假，非 0 表示真。

例 4-2　布尔类型用法举例一。

```
#include "stdio.h"
int main()
{
    if(2)
    {
        printf("hello\n");
```

```
    }
    if(0)
    {
        printf("abc\n");
    }
    return 0;
}
```

例 4-3　布尔类型用法举例二。

```
#include "stdio.h"
int main()
{
    int a;
    int b = 10;
    if(a = (b >= 10))
    {
        printf("hello,a = %d,b = %d\n",a,b);
    }
    printf("end, a= %d,b = %d\n",a,b);
    return 0;
}
```

4.1.2　while 循环控制语句

While 循环控制语句的格式如下：

```
while(条件)
{
    循环体代码;
}
```

While 循环控制语句会重复执行循环体代码，直到条件为假。

例 4-4　用 while 循环控制语句求 $1 + 2 + 3 + \cdots + 100$ 之和，并将结果输出。

```
#include "stdio.h"
int main()
{
    int sum = 0;
    int i = 1;
    while(i < 101)
    {
        sum = sum + i;
        i ++;
    }
```

```
        printf("sum = %d\n",sum);
        return 0;
    }
```

例 4-5　从键盘输入一个整数，用 while 循环控制语句提取这个整数的个位、十位、百位等。

```
#include "stdio.h"
int main()
{
    int m;
    int i;
    printf("please input a data\n");
    scanf("%d",&m);
    printf("m = %d\n",m);

    while(1)
    {
        if(m == 0)
        {
            break;
        }
        i = m % 10;
        printf("%d\n",i);
        m = m / 10;
    }
    return 0;
}
```

4.2　C 语言 ++ 运算符

C 语言中的 ++ 运算符可在运算数之前，也可在其后，如 ++x 或 x++。其中，x++ 为先加 1，后赋值；++x 为先赋值，后加 1。

例 4-6　++ 运算符应用举例一。

```
#include "stdio.h"
int main()
{
    int a = 1;
    int b;
    b = a ++;// b =a , a ++
```

```
    printf("a = %d,b = %d\n",a,b);
    b = ++ a;// a ++, b = a
    printf("a = %d,b = %d\n",a,b);
    return 0;
}
```

例 4-7　++ 运算符应用举例二。

```
#include "stdio.h"
int main()
{
    int a = 0;
    int b = 10;
    if(b = a++) // a    a++
    {
        printf("hello,a = %d,b = %d\n",a,b);
    }
    printf("end, a= %d,b = %d\n",a,b);
    return 0;
}
```

4.3　变量与地址

4.3.1　普通变量与地址

理解嵌入式 Linux C 的地址(1)

变量是用来存储数据的，且这里的数据是可变的。只要是变量，就会占用存储空间，而存储空间必然有编号，这个编号称为地址。

(1) 查看一个变量的地址：%p 和取地址运算符&。

(2) 根据地址查看里面内容：取存储空间内容运算符*。

例 4-8　%p、&和*的使用。

```
#include "stdio.h"
int main()
{
    int a;
    a = 11;
    printf("%d,%X,%o\n",a,a,a);
    printf("%p\n",&a);
    printf("%d,%d,%d\n",a,*(&a),*&*&a);
    return 0;
}
```

4.3.2　数组与地址

1．数组

数组用于表示多个变量的组合，且多个变量的存储空间是连续的。

例 4-9　数组的理解。

```
#include "stdio.h"
int main()
{
    int    a[4] = {1,2,3,4};          //定义时分别初始化
    int    b[3] = {0};                //定义时整体初始化
    printf("%p,%p\n",&a[0],&a[1]);
    printf("%d,%d\n",b[0],b[1]);
    return 0;
}
```

例 4-10　数组的应用一。

定义一个 8 个整数的数组，并在定义时初始化，输出这个数组中的数据，且要求每行对齐输出 4 个整数。

```
#include "stdio.h"
int main()
{
    int a[8] = {1,2,3,4,5,6,7,8};
    int i = 0;
    while(1)
    {
        if(((i % 4) == 0) && (i != 0))
        {
            printf("\n");
        }
        if(i == 8)
        {
            break;
        }
        printf("%-5d",a[i]);          //5 为输出宽度，加"-"为左对齐，不加为右对齐
        i ++;
    } return 0;
}
```

例 4-11　数组的应用二。

定义一个 8 个整数的数组，从键盘输入数据来初始化数组成员，输出这个数组中的数据，且要求每行对齐输出 4 个整数。

```
#include "stdio.h"
int main()
{
    int a[8] = {0};
    int i = 0;
    while(i < 8)
    {
        printf("please input a data\n");
        scanf("%d",&a[i]);
        i ++;
    }
    i = 0;
    while(1)
    {
        if(((i % 4) == 0) && (i != 0))
        {
            printf("\n");
        }
        if(i == 8)
        {
            break;
        }
        printf("%-5d",a[i]);
        i ++;
    }
    return 0;
}
```

例 4-12 数组的应用三。

定义一个 8 个整数的数组，并在定义时初始化，将这 8 个数反转输出。

```
#include "stdio.h"
int main()
{
    int a[8] = {1,2,3,4,5,6,7,8};
    int i = 0;
    int j = 7;
    int temp;
    while(i < j)
    {
        //swap
```

```
            temp = a[i];
            a[i] = a[j];
            a[j] = temp;
            i ++;
            j --;
        }
        i = 0;
        while(1)
        {
            if(((i % 4) == 0) && (i != 0))
            {
                printf("\n");
            }
            if(i == 8)
            {
                break;
            }
            printf("%-5d",a[i]);
            i ++;
        }
        return 0;
    }
```

例 4-13　数组的应用四。

输出斐波那契数列的前 8 项。

```
    #include "stdio.h"
    int main()
    {
        int a[10] = {1,1};
        int i = 2;
        printf("%d\t%d\t",a[0],a[1]);
        while(i < 10)
        {
            a[i] = a[i - 1] + a[i - 2];
            printf("%d\t",a[i]);
            i ++;
        }
        printf("\n");
        return 0;
    }
```

2．地址

数组名是一个地址量，数组的首元素地址和数组名地址一样，即 a 与&a[0]的数值是一样的，但代表的意义不一样，a 代表整个数组，&a[0]代表数组第一个成员存储空间的地址。

例 4-14　数组名的理解。

```
#include "stdio.h"
int main()
{
        int a[4] = {1,2,3,4};
        printf("%ld,%ld\n",sizeof(a[0]),sizeof(a));
        printf("%p,%p\n",a,&a[0]);
        return 0;
}
```

注意：数值加 1 与地址加 1 是有区别的，地址加 1 要看变量的数据类型。下面通过几个例子进行描述。

例 4-15　数值加 1 与地址加 1 的区别一。

```
#include "stdio.h"
int main()
{
    long a = 10;
    printf("%ld,%ld\n",a,a + 1);            //数值加一
    printf("%p,%p\n",&a,&a + 1);            //地址加一
    return 0;
}
```

例 4-16　数值加 1 与地址加 1 的区别二。

```
#include "stdio.h"
int main()
{
        int a[4] = {1,2,3,4};
        int i = 0;
        while(i < 4)
        {
            printf("%d\t", *(a + i) );          //*(a + i)与 a[i]等价
            i ++;
        }
        printf("\n");
        return 0;
}
```

例 4-17　数值加 1 与地址加 1 的区别三。

```
#include "stdio.h"
```

```
int main()
{
    int a[8] = {1,2,3,4,5,6,7,8};
    printf("%d,%d,%d\n",a[4], *(a + 4), *(&a[1] + 3));
    printf("%d\n",*(&a[7] - 3));
    printf("%d\n",*( ((int *)(&a + 1)) - 4));          //强制类型转换
    return 0;
}
```

4.4　char 类型和指针变量

4.4.1　char 类型变量

char 类型变量可以看作整数和字符变量两种数据来使用。

理解嵌入式 Linux C 的地址(2)

1. 整数

char 类型变量作为一个整数时与 int 类型变量相同，但因为 char 类型变量占用 1 B 存储空间，所以其数值范围比较小，有符号 char 类型变量的范围是−128～127，无符号 char 类型变量的范围是 0～255。

例 4-18　char 类型变量作整数一。

```
#include "stdio.h"
int main()
{
    char var = 10;
    var ++;
    printf("%d\n",var);
    scanf("%d",&var) ;               //输入不能超过 128
    printf("%d\n",var);
    return 0;
}
```

例 4-19　char 类型变量作整数二。

```
#include "stdio.h"
int main()
{
    char var = 127;
    printf("%d\n",var);
    return 0;
}
```

2．字符变量

char 类型变量作为字符变量时，赋值时使用单引号。常用字符变量对应的 ASCII 码值如表 4-1 所示。

表 4-1 常用字符变量对应的 ASCII 码值

字　　符	ASCII 码值
'a'	97
'A'	65
'\n'	10
' '	32
'\0'	0
'0'	48

例 4-20 char 类型变量与 ASCII 码值的关系。

```c
#include "stdio.h"
int main()
{
    char var = 'a';
    printf("%d\n",var);
    printf("%c\n",var);
    var = 68;
    printf("%d\n",var);
    printf("%c\n",var);
    printf("%d,%d,%d\n",' ','\n','0');
    return 0;
}
```

例 4-21 char 类型变量应用举例一。

从键盘输入一个字符变量，若是一个大写字母，则只将其转换为小写，并输出；若是一个小写字母，则只将其转换为大写，并输出；其他字符不变。

```c
#include "stdio.h"
int main()
{
    char var;
    printf("please input a char\n");
    scanf("%c",&var);
    if((var >= 65) && (var <= 'Z'))
    {
        var = var + 32;
    }
```

```
        else if((var >= 97) && (var <= 'z'))
        {
            var = var - 32;
        }
        printf("var = %c\n",var);
    return 0;
    }
```

例 4-22　char 类型变量应用举例二。

定义 5 个字符类型的数组并初始化，将这个数组中的大写字母转换为小写字母，小写字母转换为大写字母，其他字符不变，输出转换后的数组内容。

```
        #include "stdio.h"
        int main()
        {
            char var[5] = {'A','B','c','%','3'};
            int i;
            for(i = 0 ;i < 5 ; i ++)
            {
                if((var[i] <= 'Z') && (var[i] >= 'A'))
                {
                    var[i] += 32;
                }
                else if((var[i] <= 'z') && (var[i] >= 'a'))
                {
                    var[i] -= 32;
                }
            }
            for(i = 0 ;i < 5; i ++)
            {
                printf("%c\t",var[i]);
            }
            printf("\n");
            return 0;
        }
```

4.4.2　指针变量

指针变量又称为地址变量，即这个变量的存储空间中存储的是地址(即存储空间的编号)，因此任意类型的指针变量所占用的存储空间的大小相同。

例 4-23　指针变量的定义及初始化。

```
        #include "stdio.h"
```

```
    int main()
    {
        int a= 10;
        int *p;
        p = &a;
        printf("%d,%d,%d\n",a,*&a,*p);
        printf("%d\n",**&p);
        return 0;
    }
```

例 4-24　指针变量与数组。

```
#include "stdio.h"
int main()
{
    int a[5] = {1,2,3,4,5};
    int *p;
    char var = 'k';
    p = &a[1];
    printf("%d\n", *(p + 1));
    p ++;              //正确，因为 p 是指针变量
    a ++;              //错误，因为数组名 a 是地址常量
    return 0;
}
```

例 4-25　通过指针变量打印数组的内容。

```
#include "stdio.h"
int main()
{
    int a[5] = {1,2,3,4,5};
    int *p;
    for(p = &a[0];p <= &a[4];p ++)
    {
        printf("%d\t",*p);
    }
    printf("\n");
    return 0;
}
```

例 4-26　通过两个指针，实现一个数组的数据的反转。

```
#include "stdio.h"
int main()
{
```

```
int    a[5] = {1,2,3,4,5};
int *p,*q;
int temp;
p = a;// &a[0]
q = a + 4;// &a[4]
while(p < q)
{
    temp = *p;
    *p = *q;
    *q = temp;
    p ++;
    q --;
}
p = a;
while(p <= &a[4])
{
    printf("%d\t",*p);
    p ++;
}
printf("\n");
return 0;
}
```

4.5　字　符　串

　　C 语言中，没有字符串类型，使用字符数组来表示字符串，但要注意字符数组与字符串的区别。

　　那么怎样定义一个字符串？怎样在定义时初始化？怎样从键盘输入一个字符串？怎样打印一个字符串？举例如下。

　　例 4-27　字符串的使用方法。

```
#include "stdio.h"
int main()
{
    char s[128] = {0};         //定义一个字符数组
    char str[8] = "hello";     //定义一个字符串
    printf("%s\n",str);        //打印一个字符串
    scanf("%s",s);             //从键盘输入一个字符串
    printf("%s\n",s);
```

```
        return 0;
    }
```

字符数组与字符串的区别如下：

字符数组中每一个成员都是一个字符；字符串中每一个成员都是一个字符，但字符串遇到第一个 '\0'，则认为字符结束；每一个字符串都有一个结束标志字符 '\0'，但这个结束字符不属于字符串的内容，因此不会打印输出；计算字符串长度时也不计算这个字符。

例 4-28 字符数组与字符串的区别。

```c
#include "stdio.h"
int main()
{
    char a[] = {'h','e','l','l','o'};
    char b[] = "hello";
    printf("%ld\n",sizeof(a));        //5
    printf("%ld\n",sizeof(b));        //6 多了一个'\0'
    printf("%s\n",a);
    printf("%s\n",b);
    b[3] = '\0';
    printf("%s\n",b);
    return 0;
}
```

例 4-29 字符串的应用一。

从键盘输入一个字符串，统计这个字符串中含有多少个字符 'a'，并将其结果输出。

```c
#include "stdio.h"
int main()
{
    char str[128] = {0};
    int count = 0;
    char *p;
    printf("please input a string\n");
    scanf("%s",str);
    printf("%s\n",str);
    p = str;
    while(1)
    {
        if(*p == '\0')
        {
            break;
        }
        if(*p == 'a')
```

```
        {
            count ++;
        }
        p ++;
    }
    printf("count = %d\n",count);
    return 0;
}
```

例 4-30　字符串的应用二。

从键盘输入一个字符串，将它反转，并输出反转后的字符串。

```
#include "stdio.h"
int main()
{
    char str[128] = {0};
    char *front,*rear;
    char temp;
    printf("please input a string\n");
    scanf("%s",str);
    printf("%s\n",str);
    front = str;
    rear = str;
    while(1)
    {
        if(*rear != '\0')
        {
            rear ++;
        }
        else
        {
            break;
        }
    }
    rear --;
    while(front < rear)
    {
        temp = *front;
        *front = *rear;
        *rear = temp;
        front ++;
```

```
                rear --;
            }
        printf("%s\n",str);
        return 0;
    }
```

例 4-31 字符串的应用三。

从键盘输入一个字符串，将这个字符串的内容拷贝给另外一个空的字符串。

```
    #include "stdio.h"
    int main()
    {
        char str[128] = {0};
        char new[128] = {0};
        char *p,*q;
        printf("please input a string\n");
        scanf("%s",str);
        printf("%s\n",str);
        p = str;
        q = new;
        while(1)
        {
            if(*p == '\0')
            {
                break;
            }
            *q = *p;
            p ++;
            q ++;
        }
        printf("%s\n",new);
        return 0;
    }
```

4.6　函　　数

4.6.1　函数的定义

函数是一段代码的组合。

例 4-32 定义一个函数。

嵌入式 Linux C 之
函数的理解

```
#include "stdio.h"
void fun()
{
    printf("hello\n");
    printf("linux\n");
    return ;
}
int main()
{
    int a;
    a = 10;
    a ++;
    return 0;
}
```

程序是从 main 函数开始运行的，若不调用自己定义的函数，则自己定义的函数是不可能运行的。

例 4-33　运行(调用)一个函数。

```
#include "stdio.h"
void fun()
{
    printf("hello\n");
    printf("linux\n");
    return ;
}
int main()
{
    int a;
    a = 10;
    a ++;
    printf("fun before\n");
    fun();
    fun();
    printf("fun end\n") ;
return 0;
}
```

4.6.2　函数有参数与没有参数的区别

例 4-34　有一个参数的函数。
```
#include "stdio.h"
```

```
void fun(int    n)                    //n = m 返回值为空，入口参数是整型
{
    int i;
    for(i = 0 ;i < n ;i ++)
    {
        printf("*");
    }
    printf("\n");
}
int main()
{
    int m;
    printf("please input a data\n");
    scanf("%d",&m);
    fun(m);                   //入口参数 m
    return 0;
}
```

例 4-35 有两个参数的函数。

```
#include "stdio.h"
void fun(int n,char ch)          // n = m
{
    int i;
    for(i = 0 ;i < n ;i ++)
    {
        printf("%c",ch);
    }
    printf("\n");
}
int main()
{
    int m;
    char k;
    printf("please input a data\n");
    scanf("%d",&m);
    printf("please input a char\n");
    scanf(" %c",&k);
    fun(m,k);
    return 0;
}
```

由例 4-34 和例 4-35 可看出，函数的参数越多，函数的功能就越强，使用也越复杂。

4.6.3　函数的返回值

函数的参数为函数的入口，函数的返回值则为函数的出口。

例 4-36　函数的返回值应用一。

```
#include "stdio.h"
int fun() //
{
    return 3 + 5;        //返回值为 8
}
int main()
{
    int m;
    m = fun();           //m = 8
    printf("m = %d\n",m);
    return 0;
}
```

例 4-37　函数的返回值应用二。

用函数计算从 $1 + 2 + 3 + \cdots + n$(n 的值从键盘输入)之和。

```
#include "stdio.h"
int fun(int n)
{
    int sum = 0;
    int i;
    for(i = 1 ;i <= n ;i ++)
    {
        sum += i;
    }
    return sum;
}
int main()
{
    int m;
    int k;
    printf("please input a data\n");
    scanf("%d",&k);
    m = fun(k);
    printf("m = %d\n",m);
    return 0;
}
```

4.6.4　给一个函数传递相同类型的批量数据

给一个函数传递相同类型的批量数据就是给函数传递一个数组。

例 4-38　函数的数组传递。

在 main 函数中定义一个数组并初始化，通过一个函数将这个数组的所有数据打印出来。

```c
#include "stdio.h"
void fun(int *p,int n)          //p =&a[0]
{
    int i;
    for(i = 0 ;i < n ;i ++)
    {
        printf("%d\t",*(p + i));
    }
    printf("\n");
}
int main()
{
    int a[5] = {1,2,3,4,5};
    fun(a,5);                   //p = a
    return 0;
}
```

例 4-39　函数的字符串传递。

```c
#include "stdio.h"
void fun(char *p)              //p =&a[0]
{
    printf("%s\n", p);
}
int main()
{
    char a[128] = "hello";
    fun(a);
    return 0;
}
```

例 4-40　函数的应用一。

将一个字符串进行反转，并封装成一个函数，同时将字符串的输出也封装成一个函数。

```c
#include "stdio.h"
void Display(char *p)
{
    printf("%s\n",p);
```

```
        return ;
}
void Inverse_String(char *p)
{
    char *q;
    char temp;
    q = p;
    while(1)
    {
        if(*q != '\0')
        {
            q ++;
        }
        else
        {
            q --;
            break;
        }
    }
    while(p < q)
    {
        temp = *p;
        *p = *q;
        *q = temp;
        p ++;
        q --;
    }
    return ;
}
int main()
{
    char str[128] = {0};
    printf("please input a string\n");
    scanf("%s",str);
    Display(str);
    Inverse_String(str);
    Display(str);
    return 0;
}
```

例 4-41　函数的应用二。

从键盘输入一个字符串和想要删除的字符，将这个字符删除，并封装成函数。

```c
#include "stdio.h"
void fun(char *s,char ch)
{
    char *q;
    while(1)
    {
        if(*s == '\0')
        {
            break;
        }
        if(*s == ch)
        {
            q = s;
            while(*q != '\0')
            {
                *q = *(q + 1);
                q ++;
            }
        }
        else
        {
            s ++;
        }
    }
}
int main()
{
    char str[128] = {0};
    char ch;
    printf("please input a string\n");
    scanf("%s",str);
    printf("please input delete char\n");
    scanf(" %c",&ch);
    fun(str,ch);
    printf("%s\n",str);
    return 0;
}
```

例 4-42   函数的应用三。

将字符串的拷贝封装成一个函数。

```c
#include "stdio.h"
void String_Copy(char *d,char *s)
{
    while(1)
    {
        if(*s == '\0')
        {
            break;
        }
        *d = *s;
        s ++;
        d ++;
    }
    return ;
}
int main()
{
    char src[128] = {0};
    char des[128] = {0};
    printf("please input a string\n");
    scanf("%s",src);
    String_Copy(des,src);
    printf("des = %s\n",des);
    return 0;
}
```

例 4-43   函数的应用四。

将字符串连接封装成一个函数。

```c
#include "stdio.h"
void String_Cat(char *d,char *s)
{
    while(*d != '\0')
    {
        d ++;
    }
    while(1)
    {
        if(*s == '\0')
```

```
        {
                break;
        }
        *d = *s;
        s ++;
        d ++;
    }
    return ;
}
int main()
{
    char src[128] = {0};
    char des[128] = {0};
    printf("please input a string\n");
    scanf("%s",src);
    printf("please input another string\n");
    scanf("%s",des);
    String_Cat(des,src);
    printf("des = %s\n",des);
    return 0;
}
```

4.7　二　维　数　组

　　C 语言中没有二维数组，其实质是数组的数组，例如 int m[5]，数组名 m 是一个整型变量的数组，每个成员都是整型变量。int a[3][4]，a 是一个二维数组的数组名，成员分别是 a[0]、a[1]和 a[2]，但这里 a[0]、a[1]和 a[2]也都分别是一个数组名，其成员分别是：a[0][0]、a[0][1]、a[0][2]和 a[0][3]；a[1][0]、a[1][1]、a[1][2]和 a[1][3]；a[2][0]、a[2][1]、a[2][2]和 a[2][3]。

　　例 4-44　二维数组地址的理解。

```
#include "stdio.h"
int main()
{
    int b[3][4] = {{1,2,3,4},{5,6,7,8},{9,10,11,12}};          //定义二维数组
    int a[5] = {1,2,3,4,5};
    printf("%d,%d,%d\n",a[2],*(a + 2),*(&a[4] - 2));
    printf("%d\n",b[1][2]);
    printf("%d\n",*(b[1] + 2));
    printf("%d\n", *(b[0] + 6));
```

```
        printf("%d\n",*(b[2] - 2));
        printf("%d\n", *(*(b + 1) + 2));            //&b[0]    &b[1]
        return 0;
    }
```

例 4-45　二维数组与字符串的融合。

```
    #include "stdio.h"
    int main()
    {
        char str[128] = "hello";
        char m[3][128] = {"abc","def","hello"};        //它的成员 m[0][128]、m[1][128]、m[2][128]
        int i;
        for(i = 0 ;i < 3 ;i ++)
        {
            printf("%s\n",m[i]);
        }
        for(i = 0 ;i < 3 ;i ++)
        {
            printf("%s\n",*( m + i));
        }
        return 0;
    }
```

例 4-46　从键盘输入一个字符串，其中含有多个字符 '$'（例如：hello$abc$def），请将以字符 '$' 分隔的多个字符串打印出来。

```
    #include "stdio.h"
    int main()
    {
        char str[128] = {0};
        char *p;
        char *q;
        printf("please input a string\n");
        scanf("%s",str);
        p = str;
        q = p;
        while(1)
        {
            while(*q != '$')
            {
                if(*q == '\0')
                {
```

```
                printf("%s\n",p);
                goto end;
            }
            q ++;
        }
        *q = '\0';
        printf("%s\n",p);
        q ++;
        p = q;
    }
end:
    return 0;
}
```

例 4-47　定义一个字符类型的二维数组，从键盘输入三个字符串，然后将其打印出来。

```
#include "stdio.h"
int main()
{
    char m[3][128] = {0};
    int i;
    for(i = 0 ;i < 3 ;i ++)
    {
        printf("please input a string\n");
        scanf("%s",m[i]);
    }
    for(i = 0 ;i < 3 ;i ++)
    {
        printf("%s\t", m[i]);
    }
    printf("\n");
    return 0;
}
```

例 4-48　从键盘输入一个字符串，含有两个 '$' 字符，将两个 '$' 分隔的三个小字符串分别放到二维数组中，然后将这个二维数组中的所有字符串输出，要求用函数实现。

```
#include "stdio.h"
void Fun_String(char *p)
{
    char m[3][32] = {0};
    int i = 0;
    int j = 0;
```

```
        while(1)
        {
            if(*p == '\0')
            {
                break;
            }
            if(*p != '$')
            {
                m[i][j] = *p;
                p ++;
                j ++;
            }
            else
            {
                i ++;
                j = 0;
                p ++;
            }
        }
        for(i = 0 ;i < 3 ;i ++)
        {
            printf("%s\n",m[i]);
        }
        return ;
    }
    int main()
    {
        char str[128] = {0};
        printf("please input a string\n");
        scanf("%s",str);
        Fun_String(str);
        return 0;
    }
```

4.8　指　针　数　组

指针数组又称为指针的数组，指针数组肯定是一个数组，其成员都是指针变量。

例 4-49　查看指针数组所占用的内存大小。

```
#include "stdio.h"
```

```
int main()
{
    char a[32];
    int    b[5];
    int    * p[3];               // p[0]    p[1] p[2]
    char *q[3];
    printf("%ld,%ld,%ld,%ld\n",sizeof(a),sizeof(b),sizeof(p),sizeof(q));
                            // 内存大小分别是 32、20、24、24 字节
    return 0;
}
```

例 4-50 指针数组与数组及指针变量的区别。

判断下面实例中哪些是正确的？

实例一：

```
#include "stdio.h"
int main()
{
    int a[4] = {1,2,3,4};
    int *p[2];
    int *q;
    char *m[2];
    p = a;//&p[0] =
    q = a;
    p[0] = a;
    *p = a;
    m = a;
    m[0] = a;
    return 0;
}
```

实例二：

```
#include "stdio.h"
int main()
{
    int a[2][3] = {1,2,3,4,5,6};
    int *p;
    p = a;                    //&a[0]
    p = a[0];                 //&a[0][0]
    p = *a;
    p = a[1];
    p = *(a + 1);
```

```
        p ++;
        a ++;
        return 0;
    }
```

例 4-51　指针数组与字符串的融合。

```
    #include "stdio.h"
    int main()
    {
        char str[3][32] = {0};
        char *p[3];
        int i;
        for(i = 0 ;i < 3 ;i ++)
        {
            p[i] = str[i];                    //&str[0][0]
        }
        for(i = 0 ;i < 3 ;i ++)
        {
            printf("please input a string\n");
            scanf("%s",*(p + i));
        }
        for(i = 0 ;i < 3 ;i ++)
        {
            printf("%s\t",p[i]);
        }
        printf("\n");
        return 0;
    }
```

例 4-52　用冒泡排序法对二维数组中的字符串排序，并输出排序结果。

```
    #include "stdio.h"
    int String_Compare(char *p,char *q) //p = main:p[j]    q = main:p[j + 1]
    {
        while(1)
        {
            if((*p == '\0') && (*q != '\0'))
            {
                return -1;
            }
            if((*p != '\0') && (*q == '\0'))
```

```
        {
            return 1;
        }

        if((*p == '\0') && (*q == '\0'))
        {
            return 0;
        }
        if(*p > *q)
        {
            return 1;
        }
        if(*p < *q)
        {
            return -1;
        }
        p ++;
        q ++;
    }
}
void String_Copy(char *p,char *q)
{
    while(*q != '\0')
    {
        *p = *q;
        p ++;
        q ++;
    }
    *p = '\0';
    return ;
}
int main()
{
    char str[5][32] = {0};
    char *p[5];
    char temp[32] = {0};
    int i,j;
    int ret;
    for(i = 0 ;i < 5 ;i ++)
```

```
    {
        p[i] = str[i];
        printf("please input a string\n");
        scanf("%s",*(p + i));
    }
    for(i = 0 ;i < 5 ; i ++)
    {
        printf("%s\t",p[i]);
    }
    printf("\n");
    // sort
    for(i = 0 ;i < 4;i ++)
    {
        for(j = 0 ;j < 4 -i; j ++)
        {
            ret = String_Compare(p[j],p[j + 1]);
            if(ret == 1)
            {
                String_Copy(temp,p[j]);
                String_Copy(p[j],p[j + 1]);
                String_Copy(p[j + 1],temp);
            }
        }
    }

    for(i = 0 ; i < 5 ;i ++)
    {
        printf("%s\t",p[i]);
    }
    printf("\n");
    return 0;
}
```

4.9　数组指针及 malloc 函数

4.9.1　数组指针

数组指针又称为数组的指针，因此它肯定是一个指针变量，但这个指针变量指向一个数组, 此时数组看作一个变量。数组指针的定义及初始化示例如例 4-53 所示。

例 4-53　数组指针的定义及初始化。

```c
#include "stdio.h"
int main()
{
    int a[3] = {1,2,3};
    int *p;
    int *q[3];
    int (*m)[3];
    p = a;
    *q = a;
    m = &a;
    printf("%d,%d,%d,%d\n",a[1], *(p + 1),*(*q + 1), *(*m + 1));
    return 0;
}
```

例 4-54　数组指针在二维数组中的应用举例。

```c
#include "stdio.h"
int main()
{
    int a[3][4] = {1,2,3,4,5,6,7,8,9,10,11,12};
    int *p;
    int *q[3];
    int (*m)[4];
    p = *a;
    *q = *(a + 1);
    m = a;// &a[0]
    printf("%d,%d,%d\n", *(*(a + 1) + 1),*(p + 5), *(*q + 1));
    printf("%d\n",*(*(m + 1) + 1));
    return 0;
}
```

例 4-55　数组指针的应用一。

从键盘输入一个字符串, 其中含有多个 '$' 字符, 要求获取以 '$' 字符分隔的多个字符串并打印出来, 要求使用函数来实现。

```c
#include "stdio.h"
void Fun_String(char *p)
{
    char m[16][32] = {0};
    int i = 0;
    int j = 0;
```

```
        while(1)
        {
            if(*p == '\0')
            {
                i ++;
                break;
            }
            if(*p != '$')
            {
                m[i][j] = *p;
                j ++;
            }
            else
            {
                j = 0;
                i ++;
            }
            p ++;
        }
        for(j = 0 ; j < i ; j ++)
        {
            printf("%s\t",m[j]);
        }
        printf("\n");
    }
    int main()
    {
        char str[256] = {0};
        printf("please input a string\n");              // ...$...$...$...
        scanf("%s",str);
        Fun_String(str);
        return 0;
    }
```

例 4-56　数组指针的应用二。

字符串的冒泡排序：要求字符串的排序函数参数为数组指针。

```
    #include "stdio.h"
    int String_Compare(char *p,char *q)              //p = main:p[j]    q = main:p[j + 1]
    {
        while(1)
```

```
        {
            if((*p == '\0') && (*q != '\0'))
            {
                return -1;
            }

            if((*p != '\0') && (*q == '\0'))
            {
                return 1;
            }

            if((*p == '\0') && (*q == '\0'))
            {
                return 0;
            }
            if(*p > *q)
            {
                return 1;
            }
            if(*p < *q)
            {
                return -1;
            }
            p ++;
            q ++;
        }
    }
    void String_Copy(char *p,char *q)
    {
        while(*q != '\0')
        {
            *p = *q;
            p ++;
            q ++;
        }
        *p = '\0';
        return ;
    }
    void Sort_String(char (*n)[32],int k)            //n = m = &str[0], k = 5
```

```
    {
        int i,j,ret;
        char temp[32] = {0};
        char (*t)[32] ;
        t = n;

        for(i = 0 ;i < k - 1; i ++)
        {
            n = t;
            for(j = 0; j < k - 1 - i; j ++)
            {
                ret = String_Compare(*n,*(n+1));
                if(ret == 1)
                {
                    String_Copy(temp,*n);
                    String_Copy(*n,*(n+1));
                    String_Copy(*(n+1),temp);
                }
//                  printf("%s\n",*t);
                n ++;
            }
        }
    }
    void Display_String(char (*m)[32],int k)
    {
        int i;
        for(i = 0 ;i < k ;i ++)                  //m = &str[0]
        {
            printf("%s\t",*m);
            m ++;
        }
        printf("\n");
    }
    int main()
    {
        char str[5][32] = {0};
        char *p[5];
        char temp[32] = {0};
        int i,j;
```

```
    int ret;
    for(i = 0 ;i < 5 ;i ++)
    {
        p[i] = str[i];
        printf("please input a string\n");
        scanf("%s",*(p + i));
    }
    Display_String(str,5);
    Sort_String(str,5);
    Display_String(str,5);
    return 0;
}
```

4.9.2　malloc 函数

malloc 函数是动态分配内存函数，即在程序运行时，会依据程序的实际情况定义内存空间。其函数形式如下：

void　*　malloc(int size);

参数：size 是分配多少字节的内存空间。

返回值： void * 返回一个万能类型变量(即任意类型变量)的指针。

例 4-57　malloc 函数的使用方法一。

```
#include "stdio.h"
#include "stdlib.h"
int main()
{
    int *p;
    short *q;
    p = malloc(32);        //相当于 int p[8]；分配 4 × 8 = 32 字节存储空间
    p[0] = 1;
    q = malloc(16);        //相当于 short q[8]；分配 2 × 8 = 16 字节存储空间
    return 0;
}
```

例 4-58　malloc 函数的使用方法二。

程序运行时依据键盘输入的数分配一维数组内存。

```
#include "stdio.h"
#include "stdlib.h"
int main()
{
    int n ;
    int *p;
```

```
    printf("please input a data\n");
    scanf("%d",&n);
    p = malloc(n * sizeof(int));                //n * 4
    return 0;
}
```

例 4-59　malloc 函数的使用方法三。

程序运行时依据键盘输入的数分配二维数组内存。

```
#include "stdio.h"
#include "stdlib.h"
int main()
{
    int n ;
    char (*p)[32];
    printf("please input a data\n");
    scanf("%d",&n);
    p = malloc(n * 32);
    return 0;
}
```

例 4-60　malloc 函数的应用。

从键盘输入一个字符串(含有多个字符 '$')，使用函数将这个字符串依据字符 '$' 分隔成小字符串，并打印出来。要求用 malloc 函数动态分配二维数组的大小，即依据输入的字符串中有多少个字符 '$'，分配相应的二维数组大小。

```
#include "stdio.h"
#include "stdlib.h"
void Fun_String(char *p)
{
    int i = 0;
    int j = 0;
    char *q;
    int count = 0;
    char (*m)[32] ;
    char (*t)[32];
    q = p;
    while(*q != '\0')
    {
        if(*q == '$')
        {
            count ++;
        }
```

```
            q ++;
        }
        count ++;
        m = malloc(count * 32);
        t = m;
        while(1)
        {
            if(*p == '\0')
            {
                break;
            }
            if(*p != '$')
            {
                *((*m) + j) = *p;
                j ++;
            }
            else
            {
                j = 0;
                m ++;
            }
            p ++;
        }
        for(j = 0 ; j < count ; j ++)
        {
            printf("%s\t",*t);
            t ++;
        }
        printf("\n");
}
int main()
{
    char str[256] = {0};
    printf("please input a string\n");              // ...$...$...$...
    scanf("%s",str);
    Fun_String(str);
    return 0;
}
```

4.10　函数的返回值及指针的指针

4.10.1　函数的返回值

1．返回单个值

例 4-61　函数返回单个值的方法。

```
#include "stdio.h"
int fun()                //返回整数
{
    int a;
    int b;
    a = 10;
    b = 11;
    return a + b;         //返回整数
}
char fun1()              //返回字符
{
    return 'a';          //返回字符
}
int * fun2()            //返回指针变量
{
    int m = 10;
    int *p;
    p = &m;
    return p;            //返回指针
}
int main()
{
    int ret;
    char m;
    int *n;
    ret = fun();
    m = fun1();
    n = fun2();
    return 0;
}
```

2. 返回多个相同类型的值

若函数返回多个相同类型的值，则使用数组。

例 4-62　通过函数来交换两个整数变量的值。

```c
#include "stdio.h"
int * swap(int x,int y)
{
    int temp;
    static int a[2] = {0};
    temp = x;
    x = y;
    y = temp;
    a[0] = x;
    a[1] = y;
    return a;
}
int main()
{
    int x = 10;
    int y = 11;
    int *p;
    p = swap(x,y);
    x = *p;
    p ++;
    y = *p;
    printf("%d,%d\n",x,y);
    return 0;
}
```

例 4-63　函数使用二维数组返回多个字符串。

```c
#include "stdio.h"
char * fun()
{
    static char str[3][32] = {"hello","abc","def"};
    return str[0];              //&str[0];
}
int main()
{
    int i;
    char *p;
    p = fun();
```

```
        for(i = 0 ; i < 3 ;i ++)
        {
            printf("%s\n",p);
            p = p + 32;
        }
        return 0;
    }
```

例 4-64　函数数组指针返回多个字符串。

```
    #include "stdio.h"
    char (* fun())[32]
    {
        static char str[3][32] = {"hello","abc","def"};
        return str;                //&str[0];
    }
    int main()
    {
        int i;
        char (*p)[32];
        p = fun();
        for(i = 0 ; i < 3 ;i ++)
        {
            printf("%s\n",*p);
            p ++;
        }
        return 0;
    }
```

　　例 4-63 和例 4-64 只能返回固定个数的字符串；若既要返回字符串的个数，又要返回多个字符串，则可采用例 4-65 介绍的方法。

3. 返回多个不同类型的值

　　若函数返回多个不同类型的值，则使用结构体类型来实现，结构体知识点见 4.12 节内容。

例 4-65　通过结构体返回多个字符串和字符串的个数。

```
    #include "stdio.h"
    struct data
    {
        char (*p)[32];
        int num;
    };
```

```
struct data    fun()
{
    struct data var;
    static char str[3][32] = {"hello","abc","def"};
    var.p = str;
    var.num = 3;
    return var;
}
int main()
{
    int i;
    struct data ret;
    ret= fun();
    for(i = 0 ; i < ret.num ;i ++)
    {
        printf("%s\n",*(ret.p));
        ret.p ++;
    }
    return 0;
}
```

4.10.2　指针的指针

指针的指针就是指针变量的地址。

例 4-66　指针的指针理解。

```
#include "stdio.h"
int main()
{
    int a = 10;
    int *p;
    int **q;
    p = &a;
    q = &p;
    printf("%d,%d,%d\n",a,*p,**q);
    return 0;
}
```

例 4-67　函数通过指针的指针返回二维数组内容。

```
#include "stdio.h"
char **    fun()
{
```

```
        static char str[3][32] = {"hello","abc","def"};
        static char *p[3];
        p[0] = str[0];
        p[1] = str[1];
        p[2] = str[2];
        return p; // &p[0]
    }
    int main()
    {
        int i;
        char **q;
        q = fun();
        for(i = 0 ; i < 3 ;i ++)
        {
            printf("%s\n",*q);
            q ++;
        }
        return 0;
    }
```

4.11　变量存储区域的划分

变量存储区域可划分为以下四个区域。

1．栈区

在函数或{ }内部定义的变量，且数据类型前面不加任何修饰字符时，则这个变量会分配在栈区。当超出了函数或{ }范围，则这个变量的存储空间要回收。

2．静态变量数据区

在函数或{ }内部定义的变量，但数据类型前面加 static，则这个变量会分配在静态变量数据区。当超出了函数或{ }范围，这个变量的存储空间不会回收，直到程序结束。

3．堆区(动态)

malloc 分配的存储空间会分配在堆区中。堆区中分配的存储空间，除非使用 free 函数回收，否则分配存储空间一直占用，直到程序结束。

4．全局变量数据区

在函数外面定义的变量会分配在全局变量数据区。该变量存储空间会一直占用，直到程序结束。

例 4-68　判断程序中各个 printf 输出的变量值，同时判断程序中变量各属于什么存储区域。

```
#include "stdio.h"
int a = 11;                     //全局变量数据区
void fun()
{
    printf("3-----%d\n",a);
    int a = 12;                 //栈区
    static int b = 13;          //静态数据区
    a ++;
    b ++;
    printf("4----%d\n",a);
    printf("5----%d\n",b);
}
int main()
{
    int a = 10;                 //栈区
    {
        int a = 1;              //栈区
        printf("1----%d\n",a);
    }
    printf("2----%d\n",a);
    fun();
    fun();
    return 0;
}
```

4.12 结 构 体

结构体是一个数据类型，不是变量，且是用户自定义的数据类型，因此它定义的数据类型可改变。

结构体定义的语法格式如下：

```
    struct   A
    {
        int   a;
        char buf[32];
    };
```

由定义的形式可看出，结构体可以将不同的数据类型放在一起。

4.12.1　结构体与数组的区别

结构体与数组的区别如下：

(1) 数组不是一种数据类型，但结构体是一种数据类型。

(2) 数组是同类型数据变量的组合，结构体可以将不同的数据类型放在一起。

例 4-69　结构体的使用一。

```c
#include "stdio.h"
struct A
{
    int a;
    char buf[32];
};
int main()
{
    struct A    var = {10,"hello"};
    struct A    m;
    printf("%d,%s\n",var.a,var.buf);
    return 0;
}
```

注意，例 4-69 中结构数据类型的名称是 struct A，而不是 A。

例 4-70　结构体的使用二。

```c
#include "stdio.h"
struct A
{
    int a;
    char buf[32];
};
int main()
{
    struct A    var = {10,"hello"};
    struct A    m;
    printf("%d,%s\n",var.a,var.buf);
    printf("please input a integer data\n");
    scanf("%d",&m.a);
    printf("please input a string\n");
    scanf("%s",m.buf) ;
    printf("%d,%s\n",m.a,m.buf) ;
    return 0;
}
```

例 4-71　　使用结构体对 5 个数进行冒泡排序。

```c
#include "stdio.h"
struct A
{
    int a[5];
};
int main()
{
    struct A   var;
    int temp;
    //input
    int i,j;
    for(i = 0 ; i < 5 ;i ++)
    {
        scanf("%d",&var.a[i]);
    }
    //display
    for(i = 0 ;i < 5 ;i ++)
    {
        printf("%d\t",var.a[i]);
    }
    printf("\n");
    //sort
    for(i = 0 ;i < 4 ;i ++)
    {
        for(j = 0 ;j < 4 - i; j ++)
        {
            if(var.a[j] > var.a[j + 1])
            {
                temp = var.a[j] ;
                var.a[j] = var.a[j + 1] ;
                var.a[j + 1] = temp;
            }
        }
    }
    //display
    for(i = 0 ;i < 5 ;i ++)
    {
        printf("%d\t",var.a[i]);
    }
```

```
    printf("\n");
    return 0;
}
```

4.12.2　结构体指针

结构体指针引用结构成员的运行符是'->'，例如：p->a 等价于(*p).a，即运算符'->'的前面是地址，运行符'.'的前面是变量。

例 4-72　结构体指针的使用。

```
#include "stdio.h"
struct A
{
    int a[5];
};
int main()
{
    struct A    *p;
    struct A    var = {{1,2,3,4,5}} ;
    p = &var;
    printf("%d,%d\n",var.a[2],(*&var).a[2]);
    printf("%d\n",(*p).a[2]);
    printf("%d\n",p->a[2]);
    return 0;}
```

例 4-73　使用结构体指针对 5 个整数进行冒泡排序，要求显示和冒泡均使用函数。

```
#include "stdio.h"
struct A
{
    int a[5];
};
void Display(struct A    m)              //m = var
{
    int i;
    for(i = 0 ;i < 5 ;i ++)
    {
        printf("%d\t",m.a[i]);
    }
    printf("\n");
}
void Sort(struct A *m)                   //m = &var
{
```

```
    int i,j,temp;
    for(i = 0 ;i < 4 ; i ++)
    {
        for(j = 0 ;j < 4 - i; j ++)
        {
            if(m->a[j] > m->a[j + 1])
            {
                temp = m->a[j];
                m->a[j] = m->a[j+1];
                m->a[j+1] = temp;
            }
        }
    }
}
int main()
{
    struct A   var;
    int temp;
    int i,j;
    for(i = 0 ; i < 5 ;i ++)
    {
        scanf("%d",&var.a[i]);
    }
    Display(var);
    Sort(&var);
    Display(var);
    return 0;
}
```

例 4-74　使用结构体知识实现数据结构中顺序表的部分功能：顺序表的初始化、显示、排序、反转和插入。

```
#include "stdio.h"
struct A
{
    int len ;
    int data[128] ;
};
void Init(struct A *p)
{
    int a;
```

```c
    while(1)
    {
        printf("please input a data\n");
        scanf("%d",&a);
        if(a == -1)
        {
            printf("init end\n");
            break;
        }
        p->data[p->len] = a;
        p->len ++;
    }
}
void Display(struct A m)
{
    int i;
    for(i = 0 ;i < m.len ; i ++)
    {
        printf("%d\t", m.data[i]);
    }
    printf("\n");
}
void Sort(struct A *p)
{
    int i,j,temp;
    for(i = 0 ;i < p->len -1; i ++)
    {
        for(j = 0 ; j < p->len - 1 - i; j ++)
        {
            if(p->data[j] > p->data[j+1])
            {
                temp = p->data[j];
                p->data[j] = p->data[j+1];
                p->data[j+1] = temp;
            }
        }
    }
}
void Inverse(struct A *p)
```

```
{
    int front,rear,temp;
    front = 0;
    rear = p->len - 1;
    while(front < rear)
    {
        temp = p->data[front];
        p->data[front] = p->data[rear];
        p->data[rear] = temp;
        front ++;
        rear --;
    }
}
void Insert(struct A *p,int d,int loc)
{
    int k;
    if((loc < 0) || (loc > p->len))
    {
        printf("insert location error\n");
        return ;
    }
    for(k = p->len ; k >= loc + 1 ; k --)
    {
        p->data[k] = p->data[k-1];
    }
    p->data[loc] = d ;
    p->len ++;
}
int main()
{
    int d,loc;
    struct A   var;
    var.len = 0;
    Init(&var);
    Display(var);
    Sort(&var);
    Display(var);
    Inverse(&var);
    Display(var);
```

```
        printf("please input insert data\n");
        scanf("%d",&d);
        printf("please input insert location\n");
        scanf("%d",&loc);
        Insert(&var,d,loc);
        Display(var);
        return 0;
    }
```

例 4-75　结构体中包含指针。

```
    #include "stdio.h"
    struct A
    {
        int data;
        struct A    *p;
    };
    int main()
    {
        struct A    m;
        m.data = 10;
        m.p = &m;
        printf("%d,%d,%d\n",m.data,(&m)->data,m.p->data);
        return 0;
    }
```

例 4-76　结构体中包含结构体。

```
    #include "stdio.h"
    struct B
    {
        int m;
        char data[32];
    };
    struct A
    {
        int data;
        struct B    var;
    };
    int main()
    {
        struct A    k;
        printf("%ld\n",sizeof(k));
```

```
        k.var.m = 10;
        return 0;
    }
```

4.13 宏和条件编译

宏的作用是实现程序的快速替换，同时宏也可以实现函数的功能。宏与函数相比，时间复杂度比函数好，但空间复杂度比函数差。

条件编译在实际应用中的作用是：若想保留调试或其他代码，又不想将这部分代码编译在可执行的文件中，可以使用条件编译。

例 4-77　宏定义的使用方法。

```
    #include "stdio.h"
    #define    MAX    (12 + 2)
    int main()
    {
        int a;
        a = MAX + MAX;
        printf("a = %d\n",a);
        a = MAX * MAX ;          // a = 12 + 2 * 12 + 2
        printf("a = %d\n",a);
        return 0;
    }
```

例 4-78　条件编译举例方法一。

```
    #include "stdio.h"
    #define    MAX    (12 + 2)
    //#define K
    int main()
    {
        int a;
        a = MAX + MAX;
    #ifdef  K                    //如果定义 K，则执行下面的语句
        printf("a = %d\n",a);
    #endif
        a = MAX * MAX ;          // a = 12 + 2 * 12 + 2
    #ifdef  K                    //如果定义 K，则执行下面的语句
        printf("a = %d\n",a);
    #endif
        return 0;
```

```
}
```

例 4-79　条件编译举例方法二。

```
#include "stdio.h"
#define    MAX    (12 + 2)
//#define K    1
int main()
{
    int a;
    a = MAX + MAX;
#if   K                          //如果 K 为真，则执行下面的语句
    printf("a = %d\n",a);
#endif
    a = MAX * MAX ;              // a = 12 + 2 * 12 + 2
#if   K                          //如果 K 为真，则执行下面的语句
    printf("a = %d\n",a);
#endif
    return 0;
}
```

4.14　函数指针和指针函数

指针函数，其返回值是一个指针的函数；函数指针就是一个指针，这个指针指向一个函数。

函数指针的使用注意如下几点(用法见例 4-75)：

(1) 函数指针的定义形式；

(2) 在 C 语言中，函数名就是一个地址；

(3) 函数指针的初始化。

例 4-80　函数指针使用方法一。

```
#include "stdio.h"
void fun(int a)
{
    int i;
    for(i= 0; i < a; i ++)
    {
        printf("this is fun run i = %d\n",i);
        sleep(1);
    }
}
```

```
void Display(int a, void (*p)(int))
{
    int i;
    for(i = 0; i < a; i ++)
    {
        printf("this is display fun i = %d\n",i);
        sleep(1);
    }
    p(20);              //没有这句程序 fun 就不会执行
}
int main()
{
    Display(10,fun);
    return 0;
}
```

例 4-81　函数指针使用方法二。

```
#include "stdio.h"
void fun(int a)
{
    a ++;
    printf("a = %d\n",a);
}
void fun1(int b,char c)
{
    b ++;
    printf("b = %d\n",b);
}
int main()
{
    void (*q)(int ,char);
    void (*p)(int);
    p = fun;            //函数指针初始化
    p(10);
    p = fun1;           //会有类型不匹配的问题
    return 0;
}
```

4.15　回调函数

使用回调函数实际上就是函数 A 在调用函数 B 时，将自己的一个函数 C(这时函数 C 为回调函数)的地址作为函数 B 的参数传递给函数 A。而函数 B 在需要的时候，利用传递过来的函数指针调用回调函数 C，此时开发者可以利用这个机会在回调函数中处理消息或完成一定的功能任务。

例 4-82　回调函数的使用方法。

```
#include "stdio.h"
void printWelcome(int len)                    //回调函数 C
{
    printf("Welcome -- %d\n ", len);
}
void printGoodbye(int len)                    //回调函数 C
{
    printf("Goodbye -- %d\n ", len);
}
void callback(int times, void (* print)(int))   //函数 B
{
    int i;
    for (i = 0; i < times; ++i)
    {
        print(i);
    }
    printf("/n I don't know is Welcome or Goodbye! \n ");
}
void main(void)                               //函数 A
{
    callback(10, printWelcome);
    callback(10, printGoodbye);
    printWelcome(5);
}
```

4.16　动态库和静态库的制作

后缀是 .so 的库，称为动态库，后缀是 .a 的库称为静态库。

使用静态库时，程序编译将库中的代码和源代码一起编译，因此可执行程序相对比较大，不管程序中是否要用到这个库，它都存在于可执行程序中。

使用动态库时，程序编译将指定库中代码的路径，并没有把库代码编译进程序中，因此可执行程序相对比较小，程序中用到这个库，则会到库的地方去调用。

1. 制作一个动态库

(1) 将库源文件编译成 .o 的目标文件，以 mylib.c 为例。

```
gcc  -c -fpic mylib.c -o mylib.o
```

(2) 将 .o 文件制作成动态库文件。

```
gcc  -shared  -o libmylib.so mylib.o        //生成动态库时注意生成的.so 文件的文件名为 lib+mylib
```

(3) 编译 main.c，同时链接制作的动态库。

编译格式为：

'编译指令' + '-L ' + '动态库.so 文件所在的目录' + '-l 调用的动态库的文件名'

例如：Gcc main -L./-lmylib

若运行可执行程序 a.out 时报以下错误：

```
error while loading shared libraries: libtiger.so: cannot open shared object file: No such file or direct
```

其原因是程序运行时没有找到动态链接库。

程序编译时链接动态库和运行时使用动态链接库的概念是不同的，在运行时，程序链接的动态链接库需要在系统目录下才行。使用以下方法可以解决此问题：

第一种方法：拷贝 libmylib.so 到绝对目录/lib 下，就可以生成可执行程序了。

第二种方法：将动态链接库的目录放到程序搜索路径中。即可以将库的路径加到环境变量 LD_LIBRARY_PATH 中实现，例如：

```
export LD_LIBRARY_PATH=pwd:$LD_LIBRARY_PATH
```

2. 制作一个静态库

(1) 将库源文件编译成 .o 的目标文件，以 mylib.c 为例。

```
gcc  -c -fpic mylib.c -o mylib.o
```

(2) 将 .o 文件制作成静态库文件。

```
ar –cr  libmylib.a libmylib.o
```

(3) 编译 main.c，同时链接制作的动态库。

```
gcc  main.c  -L ./ -lmylib
```

4.17 嵌入式 Linux 应用程序综合实例之链表

本综合实例实现了链表中的创建、显示、反转、插入、表长、按位置删除、帮助和退出功能，具体程序如下。

例 4-83 综合实例。

```
#include "stdio.h"
#include "stdlib.h"
struct node
{
    int data;
```

```
        struct node *next;
};
void menu()
{
    printf("1--> Init_Linklist\n");
    printf("2--> Display_Linklist\n");
    printf("3--> Inverse_Linklist\n");
    printf("4--> Insert_Linklist\n");
    printf("5--> Length_Linklist\n");
    printf("6--> Delete_Linklist(loc)\n");
    printf("0--> help\n");
    printf("15--> exit\n");
}
void Init_Linklist(struct node *L)
{
    int data;
    struct node *p;
    while(1)
    {
        printf("please input init data\n");
        scanf("%d",&data);
        if(data == -1)
        {
            break;
        }
        p = (struct node *)malloc(12);
        p->data = data;
        p->next = NULL;
        L->next = p;
        L = p;
    }
}
void Display_Linklist(struct node *L)
{
    L = L->next;
    while(1)
    {
        if(L == NULL)
        {
```

```
                break;
            }
            printf("%d\t",L->data);
            L = L->next;
        }
        printf("\n");
}
void Inverse_Linklist(struct node *L)
{
        struct node *p,*q;
        p = L->next;
        L->next = NULL;
        while(1)
        {
            if(p == NULL)
            {
                break;
            }
            q = p->next;
            p->next = L->next;
            L->next = p;
            p = q;
        }
}
int Length_Linklist(struct node *L)
{
        int count = 0;
        L = L->next;
        while(1)
        {
            if(L != NULL)
            {
                count ++;
                L = L->next;
            }
            else
            {
                break;
            }
```

```
        }
        return count;
}
void Insert_Linklist(struct node *L,int data,int loc)
{
    int len;
    int i;
    struct node *p;
    len = Length_Linklist(L);
    if((loc < 0) || (loc > len ))
    {
        printf("insert location error\n");
        return ;
    }
    for(i = 0 ;i < loc; i ++)
    {
        L = L->next;
    }
    p = (struct node *)malloc(12);
    p->data = data;
    p->next = NULL;
    p->next = L->next;
    L->next = p;
}
void Delete_Linklist_Loc(struct node *L,int loc)
{
    int len;
    int i;
    struct node *q;
    len = Length_Linklist(L);
    if((loc < 1) || (loc > len))
    {
        printf("delete location error\n");
        return ;
    }
    for(i = 0 ;i < loc - 1 ;i ++)
    {
        L = L->next;
    }
```

```
        q = L->next;
        L->next = q->next;
        free(q);
        q = NULL;
        return ;
}
int main()
{
    int choice;
    int data;
    int loc;
    int len;
    struct node *L;
    L = (struct node *)malloc(12);// void * --> struct node *
    L->next = NULL;
    menu();
    while(1)
    {
        printf("please input a choice\n");
        scanf("%d",&choice);
        switch(choice)
        {
            case 1:
                Init_Linklist(L);
                break;
            case 2:
                Display_Linklist(L);
                break;
            case 3:
                Inverse_Linklist(L);
                break;
            case 4:
                printf("please input insert data\n") ;
                scanf("%d",&data) ;
                printf("please input location\n");
                scanf("%d",&loc) ;
                Insert_Linklist(L,data,loc) ;
                break;
            case 5:
```

```
                    len = Length_Linklist(L);
                    printf("len = %d\n",len);
                    break;
            case 6:
                    printf("please input delete location\n");
                    scanf("%d",&loc);
                    Delete_Linklist_Loc(L,loc);
                    break;
            case 0:
                    menu();
                    break;
            case 15:
                    goto end;
                    break;
            }
        }
    end:
        return 0;
    }
```

本 章 小 结

　　本章介绍嵌入式 Linux 应用程序开发编程基础知识，以 C 语言中的地址为核心展开内容的讲述，涉及变量、数组、指针、函数、二维数组、数组指针、指针数组、指针函数、函数指针、结构体等编程知识，最后以实现数据结构中的链表为例，将各个知识点进行了综合应用。

　　读者在学习本章时，一定要动手练习，切不可只看不练。本章的学习不仅可以为后续章节打下坚实的编程基础，也能培养读者求真务实的科学态度。

习 题

　　1．输出 1～100 中所有的素数。

　　2．输出 1～100 中所有的素数，要求每行输出 10 个素数，且输出要对齐。

　　3．从键盘输入一个整数，判断它是否是回文数。

　　4．从键盘输入一个整数，判断它是否是完数，即完全数、完美数、完备数。如果一个数恰好等于它的因子之和，则称该数为完全数。

　　5．通过地址来进行数组的反转。

　　6．定义一个字符数组并初始化(数组中含 1 个字符'A')，将这个数组中的字符'A'

删除，并打印数组中的内容。

7．定义一个字符数组并初始化(数组中含多个字符'A')，将这个数组中所有的字符'A'删除，并打印数组中的内容。

8．定义一个字符数组并初始化(数组中含多个字符'A'，且有多个字符'A'连续在一起)，将这个数组中所有的字符'A'删除，并打印数组中的内容。

9．从键盘输入两个字符串，将两个字符串连接成一个字符串，并输出连接后的字符串内容。

10．从键盘输入两个字符串，比较两个字符串的大小，输出比较后的结果。

11．将字符串比较封装成一个函数。

12．从键盘输入一个字符串，含有 N 个'$'字符，先将 N+1 个小字符串分别放到二维数组中，然后将这个二维数组中的 N+1 个字符串输出。要求用函数实现。

13．在例 4-70 代码的基础上加上顺序表的删除功能(包括按位置删除和按数值删除)。

第 5 章　嵌入式 Linux 系统编程

　　嵌入式 Linux 系统编程也称为嵌入式 Linux 下的高级编程。这部分的知识涉及内核向用户空间提供的接口(函数)。为什么内核要提供这些接口？其主要原因有：内核要为应用程序服务，如果没有内核服务，则应用程序功能非常单一；内核是一个稳定的代码，为了防止用户空间的某些应用程序存在问题导致内核崩溃或产生其他问题，从而不能为其他应用程序服务，所以内核向用户空间提供接口(函数)，并在这些接口函数中加上一些保护，这样既可以服务于符合接口函数的应用程序，同时也保护了内核。

　　本章学习的重点是系统调用接口(函数)，即这些接口的功能、参数和返回值，主要涉及四部分，分别是 I/O、进程、网络和数据库。其中，I/O 包括文件 I/O、标准 I/O 和目录 I/O；进程包括进程控制、线程(线程控制、线程的同步与互斥)、进程通信(无名管道、有名管道、信号、IPC(共享内存、消息队列、信号灯))；网络主要介绍基于 socket 的网络编程，包括 TCP 和 UDP 及 I/O 的处理方式；数据库主要介绍怎样使用数据库进行数据的存取。

5.1　I/O

5.1.1　文件 I/O

文件读取问题——I/O

　　I/O 是 Input 和 Output 的缩写。Linux 内核的一个重要功能是文件系统管理，从用户空间角度考虑，从内核文件中读取数据到用户空间称为 input，从用户空间写数据到内核文件中称为 Output，这两个功能由文件 I/O 的 read 和 write 函数负责；用户空间想从内核文件中的什么位置开始读写，该功能由 lseek 函数负责；内核中有很多文件，因此用户空间在读写内核文件之前应该指定某个文件，该功能由 open 函数负责；用户空间对文件操作后应该关闭这些文件，该功能由 close 函数负责。可见，文件 I/O 相关函数包括 open、write、read、lseek 和 close 函数。

1. open 函数

　　函数形式：int open(const char * pathname, int flags);
　　　　　　　int open(const char *pathname, int flags, mode_t mode);
　　功能：打开或创建文件。
　　参数：有两个或三个参数，若是打开文件只包含两个参数；若是创建文件则包含三个参数。pathname 是要打开或创建文件的名称及其路径；flags 是打开文件的方式，如表 5-1 所示；mode 是创建文件的权限，生成的文件的权限是经过 mode & (~umask)运算后的结果。

例如，当第三个参数 mode=0777，且系统的 umask 是 0022 时，则权限为 0755。

返回值：正常为非负的正整数，也称为文件描述符，它是内核文件在用户空间进程中的 ID 号，它从 0 开始累加。用户空间的程序运行时(产生进程)，内核会为该进程打开三个文件，分别是标准输入、标准输出和标准出错文件，对应的文件描述符的值是 0、1 和 2，出错则为 −1。

表 5-1 打开文件的方式

flags(定义在 fcntl.h 文件中)	功　　能
O_RDONLY	只读方式打开文件
O_WRONLY	只写方式打开文件
O_RDWR	读写方式打开文件
O_CREAT	创建文件
O_EXCL	如果使用 O_CREAT 时文件存在，则可返回错误消息，它可测试文件是否已经存在
O_TRUNC	打开文件时将文件已存在的内容删除
O_APPEND	打开文件时不将文件已存在的内容删除

例 5-1 open 函数使用示例：在当前目录下，以读写方式打开文件 a.c，若 a.c 文件不存在，则创建该文件。

```
#include "unistd.h"
#include "stdio.h"
#include "fcntl.h"
int main()
{
    int fd;
    fd=open("./a.c",O_CREAT|O_RDWR,0777) ;
    if(fd<0)
    {
        printf("open file a.c failure,fd=%d\n",fd);
        return -1;
    }
    printf("open file a.c success,fd=%d\n",fd);
}
```

2. write 函数

函数形式：ssize_t　write(int fd,　void　* buf,　int　nbyte);

功能：将用户空间的数据写到内核的文件中。

参数：fd 是指写到内核中的哪个文件中；buf 是指写的内容的首地址；nbyte 是指想向内核文件 fd 中写的字节数。

返回值：正确为实际向内核文件 fd 中写的字节数，出错为 −1。

例 5-2　write 函数使用示例：在当前目录下，以只写方式打开文件 a.c，若 a.c 文件不存在，则创建该文件；若 a.c 文件存在，则打开时先删除 a.c 中的内容。

```
#include "unistd.h"
#include "fcntl.h"
#include "stdio.h"
#define MAX 128
int main()
{
    int fd;
    char buf[]="abcdefg";
    int wr_len=0;
    fd=open("./a.c",O_CREAT|O_WRONLY|O_TRUNC,0777);
    if(fd<0)
    {
        printf("open file a.c failure\n");
        return -1;
    }
    printf("open file a.c success\n");
    fgets(buf,MAX,stdin);
    printf("start write...");
    wr_len=write(fd,(char *)buf,sizeof(buf));
    printf("wr_len=%d\n",wr_len);
    close(fd);
}
```

3. read 函数

函数形式：ssize_t　read(int fd, void　* buf,　int　nbyte);

功能：将内核文件中的数据读到用户空间。

参数：fd 是指从内核中的哪个文件读；buf 存放从内核文件 fd 中读到的内容首地址；nbyte 是指想从内核文件 fd 中读的字节个数。

返回值：正确为实际从内核文件 fd 中读取的字节数，出错为-1。

4. lseek 函数

函数形式：off_t lseek(int fd, off_t offset, int whence);

功能：调整文件中读写位置指针。

参数：fd 是要调整文件读写位置指针的文件描述符。offset 是调整位置的偏移量，它是以第三个参数 whence 为基准位置的读写位置指针移动的距离，单位是字节的数量，可正可负(向前移，向后移)。whence 为要调整读写位置指针的基准点，有三个宏(定义在 sys/types.h)，SEEK_SET 表示读写位置指针指向文件的开头；SEEK_CUR 表示当前位置为读写位置指针的位置；SEEK_END 表示读写位置指针为文件的结尾。

返回值：正确为新的读写位置，出错为 −1。

例 5-3　lseek 函数使用示例。

```
#include "unistd.h"
#include "fcntl.h"
#include "stdio.h"
#include "string.h"
#define MAX 128
int main()
{
    int fd;
    char buf[]="abcdefghijklm\n";
    char rd_buf[MAX]={0};
    int wr_len=0,rd_len=0;
    fd=open("./a.c",O_CREAT|O_RDWR|O_TRUNC,0777);
    if(fd <0)
    {
        printf("open file a.c failure\n");
        return -1;
    }
    printf("open file a.c success\n");
    wr_len=write(fd,(char *)buf,sizeof(buf));
    printf("wr_len=%d\n",wr_len);
    lseek(fd,2,SEEK_SET);                    //将位置指针调整到文件开头后两个字节处
    rd_len=read(fd,(char *)rd_buf,2);
    printf("rd_len=%d\n",rd_len);
    printf("read data:%s",rd_buf);
    memset(rd_buf,0,sizeof(rd_buf));
    lseek(fd,-3,SEEK_CUR);                   //将位置指针调整至当前位置的前 3 个字节处
    rd_len=read(fd,(char *)rd_buf,20);
    printf("rd_len=%d,readdata=%s\n",rd_len,rd_buf);
    close(fd);
    return 0;
}
```

5．close 函数

函数形式：int close(int fd);

功能：关闭文件。

参数：fd 是要关闭内核文件的文件描述符。

返回值：正确为 0，出错为 −1。

5.1.2　标准 I/O

1. 标准 I/O 与文件 I/O 的区别

文件 I/O 直接调用内核提供的系统调用函数，头文件是 unistd.h；标准 I/O 则间接调用系统调用函数，头文件是 stdio.h。标准 I/O 相关函数与文件 I/O 相关函数的比较如表 5-2 所示。

表 5-2　标准 I/O 与文件 I/O 相关函数的比较

文件 I/O	标准 I/O		
open	fopen		
close	fclose		
lseek	fseek, rewind		
write /read	单字符读写函数	读	fgetc, getc, getchar
		写	fputc, putc,putchar
	行缓存读写函数	读	fgets, gets, printf, fprintf,sprintf
		写	fputs, puts,scanf
	全缓存读写函数	读	fread
		写	fwrite

从表 5-2 可看出，标准 I/O 中读写相关的函数分为三类。

(1) 第一类是每次一个字符的读写函数；

(2) 第二类是行缓存读写函数，遇到新行符(\n)或写满缓存时，则会调用系统调用函数 write，行缓存大小是 1024 字节；

(3) 第三类是全缓存函数，只有写满缓存时才调用系统调用函数 write。

2. 标准 I/O 中三个缓存的理解

标准 I/O 中有三个缓存，分别是用户空间缓存、库函数缓存和内核空间缓存。用户自己写的程序中定义的缓存，即想从内核读写的空间缓存，就是用户空间缓存；标准 I/O 库函数中也有一个缓存，称为库函数缓存；每打开一个文件，内核在内核空间中就会开辟一块缓存，叫内核空间缓存。文件 I/O 中的写即是将用户空间中的缓存写到内核空间的缓存中，文件 I/O 中的读即是将内核空间的缓存写到用户空间的缓存中。下面通过一个示例来验证标准 I/O 中多了一个库函数缓存。

例 5-4　标准 I/O 库缓存大小计算示例。

```
#include "stdio.h"
#define MAX 93
int main()
{
    char buf[]="hello linux";
```

```
        int i=0;
        while(i<MAX)
        {
            printf("%s",buf);
            i++;
          }
        while(1);
        return 0;
      }
```

例 5-4 中不断修改 MAX 的值，当 MAX 等于 93 时，显示器上会显示输出值，当 MAX 小于 93 时，没有输出，因此 printf 行缓存大小可计算为：93*11+1=1024。

3. 标准 I/O 函数

(1) fopen 函数。

函数形式：FILE *fopen (const char *path, const char *mode)。

功能：打开或创建文件。

参数：path 是要打开或创建文件的名称及其路径；mode 是打开文件的方式，如表 5-3 所示；fopen 可以创建一个文件，但是它不能设置文件的权限，其默认设置权限为 0666，最终新建的文件权限也与 umask 有关系，即为 0666 & (～umask)。

返回值：fopen 是一个指针函数，返回值指向结构体 FILE 的指针，该结构体的定义在 /usr/include/libio.h 中。FILE 称为文件流，类似于文件 I/O 中的文件描述符。在文件 I/O 中，标准的输入、输出及出错的文件描述符分别是 0、1 和 2；在标准 I/O 中，标准的输入流、输出流和出错流分别是 stdin、stdout 和 stderr。

表 5-3　fopen 的打开方式

mode	功　　能
r 或 rb	打开只读文件，该文件必须存在
r+或 r+b	打开可读写的文件，该文件必须存在
w 或 wb	打开只写文件，若文件存在则文件长度清零，即会擦除文件以前内容；若文件不存在则建立该文件
w+或 w+b 或 wb+	打开可读写文件，若文件存在则文件长度清零，即会擦除文件以前内容；若文件不存在则建立该文件
a 或 ab	以附加的方式打开只写文件。若文件不存在，则会建立该文件；如果文件存在，写入的数据会被加到文件尾，即文件原先的内容会被保留
a+或 a+b 或 ab+	以附加方式打开可读写的文件。若文件不存在，则会建立该文件；如果文件存在，写入的数据会被加到文件尾，即文件原先的内容会被保留

由表 5-3 总结可知：

- b：二进制文件；
- w 或 a：创建新文件；
- +：读写；
- w 和 a 的区别：w 相当于文件 I/O 中的 O_TRUNC(擦除写)，a 相当于文件 I/O 中的 O_APPEND(附加写)；
- r：只读，该文件必须存在。

例如：要求以读写方式打开一个文件，该文件必须存在，其 mode 为"r+"；若要求以追加方式打开一个文件，若文件不存在，则可以创建文件，其 mode 为"a"或"a+"。

例 5-5　fopen 函数使用示例：在当前目录下，以读写方式打开文件 a.c，若文件存在，则保留原有内容；若不存在，则创建一个新文件。

```
#include "stdio.h"
int main()
{
    FILE *fp;
    fp=fopen("./a.c", "a+");   //以附加方式打开一个可读写的文件
    if(fp==NULL)
    {
        printf("open file a.c failure\n");
        return -1;
    }
    printf("open file a.c success\n");
    fclose(fp);
    return 0;
}
```

(2) fclose 函数。

函数形式：int fclose(FILE *stream)。

功能：关闭文件。

参数：stream 为要关闭的文件流指针。

返回值：成功返回 0，失败返回 EOF(-1)。

注意：

- 被关闭文件在关闭之前，会刷新缓存中的数据。如果标准 I/O 库已经为该 I/O 流自动分配了一个缓存，则释放此缓存。
- 当一个进程正常终止时(直接调用 exit 函数，或从 main 函数返回)，则所有带未写缓存数据的标准 I/O 流都被刷新，所有打开的标准 I/O 流都被关闭。
- 在调用 fclose()关闭流后对流所进行的任何操作，包括再次调用 fclose()，其结果都将是未知的。

(3) 行缓存读函数 fgets 和 gets。

函数形式：char *fgets (char *s, int size, FILE *stream)；
　　　　　char *gets (char *s)。

功能：从内核文件中读取数据到用户空间。

参数：s 为缓存，即读到哪里去；size 为读多少个字节；stream 为从什么地方读。

返回值：成功为 s (缓存的地址)，若已处文件尾端或出错则为 NULL。

fgets 函数和 get 函数的区别如下：

· gets 不指定缓存的长度，可能会导致缓存 s 越界(如若读入的内容比缓存 s 大)，此时写到缓存 s 之后的存储空间中会出现不可预料的后果。

· gets 只能从标准输入中读；而 fgets 不仅可以从标准输入中读，也可以从普通文件中读。

· gets 与 fgets 的另一个区别是：gets 并不将换行符'\n'存入缓存中，fgets 将换行符'\n'存入缓存中。

例 5-6 gets 函数与 fgets 函数的区别示例。

①
```
#include "stdio.h"
#include "string.h"
int main()
{
    char buf[128]={0};
    fgets(buf,128,stdin);
    printf("len=%ld,%s",strlen(buf),buf);
    return 0;
}
```
运行结果如下：
```
abcdef
len=7,abcdef
```

②
```
#include "stdio.h"
#include    "string.h"
int main()
{
    char buf[128]={0};
    gets(buf);
    printf("len=%d,%s",strlen(buf),buf);
    return 0;
}
```
运行结果如下：
```
abcdef
len=6,abcdef
```

(4) 行缓存写函数 fputs 和 puts。

函数形式：int fputs(const char *s,FILE *stream);

int puts(const char *s)。

功能：从用户空间写数据到内核文件中。

参数：s 为缓存，即写什么内容；stream 为写到什么文件中去。

返回值：写入成功为 0，出错为 EOFa(-1)。

fputs 函数和 puts 函数的区别如下：

* puts 只能向标准输出中写；而 fputs 不仅可以向标准输出中写，也可以向普通文件中写。

* puts 输出时会添加一个新行符'\n'，fputs 不会添加'\n'。

例 5-7　fputs 函数使用示例。

```
#include "stdio.h"
#include "string.h"
int main()
{
    FILE *fp;
    char buf[128]={0};
    char write_buf[]="hello linux\n";
    fp=fopen("./a.c","a+");
    if(fp == NULL)
    {
        printf("open a.c failure\n");
        return -1;
    }
    printf("open a.c success\n");
    fputs(write_buf,fp);
    fseek(fp,0,SEEK_SET);
    fgets(buf,128,fp);
    printf("first,read data:%s",buf);
    memset(buf,0,sizeof(buf));
    fgets(buf,128,fp);
    printf("second read data:%s",buf);
    fclose(fp);
    return 0;
}
```

(5) fprintf 函数。

函数形式：int fprintf (FILE* stream, const char*format, [argument] …)。

功能：将格式化的数据写入文件中。

参数：stream 为文件指针，format 是指以什么样的格式输出，[argument] …为可选参数，可以是任何类型的数据。

返回值：正确为输出的字符数，错误返回一个负值。

fprintf 和 printf 函数的区别如下：

- printf 只能向标准输出中写；
- 而 fprintf 不仅可以向标准输出中写，也可以向普通文件中写。

例 5-8　fprintf 函数使用示例。

```
#include "stdio.h"
int main()
{
    int i;
    FILE *fp;

    fp=fopen("./a.c","w+");
    if(fp == NULL)
    {
        printf("fopen a.c failure\n");
        return -1;
    }
    i=1;
    fprintf(fp,"hello linux,i=%d\n",i);
    fclose(fp);
    return 0;
}
```

(6) sprintf 函数。

函数形式：int sprintf(char *buffer, const char *format, [argument] …)。

功能：将格式化的数据写入某个字符串中。

参数：buffer 为指向将要写入的字符串的缓冲区字符指针，format 为格式化字符串，[argument]...为可选参数，可以是任何类型的数据。

返回值：正确为输出的字符数，错误返回一个负值。

例 5-9　sprintf 函数使用示例。

```
#include "stdio.h"
int main()
{
    int i;
    i=1;
    char str[128]={0};
    sprintf(str,"hello linux i=%d\n",i);
    printf("%s",str);
    return 0;
}
```

(7) 单字符读写函数 fgetc 和 fputc。

① fgetc 函数。

函数形式：int fgetc(FILE *fp)。

功能：从文件中读取一个字符。

参数：文件流指针。

返回值：正确为读取的字符，到文件结尾或出错时返回 EOF。

② fputc 函数。

函数形式：int fputc(int c, FILE *fp)。

功能：写一个字符到文件中。

参数：第一个参数为要写的字符，第二个参数为文件流指针。

返回值：成功返回输入的字符，出错返回 EOF。

fgetc 和 fputc 函数既不是无缓存函数，也不是行缓存函数，下面通过一个示例证明。

例 5-10　fputc 既不是无缓存函数，也不是行缓存函数示例证明。

```
#include "stdio.h"
int main(int argc,char *argv[])
{
    FILE *fp;
    fp=fopen("./a.c","w+");
    if(fp==NULL)
    {
        printf("open file a.c failure\n");
        return -1;
    }
    printf("open file a.c success\n");
    fputc('a',fp);
    fputc('\n',fp);
    //fflush(fp);
    while(1);
    fclose(fp);//fflush
    return 0;
}
```

(8) 全缓存读写函数 fread 和 fwrite。

① fread 函数。

函数形式：size_t fread (void *buffer, size_t size, size_t count, FILE *stream)。

功能：从一个文件流中读数据，最多读取 count 个元素，每个元素 size 字节。

参数：buffer 为接收数据的缓存首地址；size 为要读的每个数据项的字节数，单位是字节；count 为要读 count 个数据项；stream 为文件流指针，即从什么地方读。

返回值：成功为实际读取到的元素个数，如果不成功或读到文件末尾返回 0。

② fwrite 函数。

函数形式：size_t fwrite(const void* buffer, size_t size, size_t count, FILE* stream)。

功能：向文件写入一个数据块。

参数：buffer 为写入数据的缓存首地址；size 为要写的每个数据项的字节数，单位是字节；count 为要写 count 个数据项；stream 为文件流指针，即写到什么地方去。

返回值：成功为实际写入的数据块数目。

(9) 定位函数 fseek、rewind 和 ftell。

① fseek 函数。

函数形式：int fseek(FILE *stream, long offset, int fromwhere)。

功能：调整文件读写位置指针。

参数：stream 是要调整的文件流指针。offset 是偏移量，以第三个参数 fromwhere 为基准位置的读写位置指针移动的距离，单位是字节的数量，可正可负(向前移，向后移)。fromwhere 为要调整读写位置指针的基准点，有三个宏(定义在 sys/types.h)：SEEK_SET 表示读写位置指针指向文件的开头；SEEK_CUR 表示当前位置为读写位置指针的位置；SEEK_END 表示读写位置指针为文件的结尾。

返回值：成功为 0，出错为 −1。

② ftell 函数。

函数形式：long ftell(FILE *stream)。

功能：读当前文件的位置。

返回值：成功为当前文件读写位置指针，出错为 −1。

③ rewind 函数。

函数形式：void rewind(FILE *fp)。

功能：设定流的文件读写位置指针为文件开头，等价于 fseek(fp, 0, SEEK_SET)语句。

返回值：无。

(10) 缓存刷新函数 fflush。

函数形式：int fflush(FILE *fp)。

功能：把库函数中缓存的内容强制写到内核中。

参数：fp 为要刷新的文件流指针。

返回值：成功为 0，出错为 −1。

例 5-11　fflush 函数示例。

```
#include "stdio.h"
int main()
{
    printf("hello linux");
    while(1);
    return 0;
}
```

运行结果：因为未写满行缓存大小，所以不会在显示器上输出 hello linux。

```
#include "stdio.h"
```

```
    int main()
    {
        printf("hello linux\n");
        while(1);
        return 0;
    }
```

运行结果：因为遇到新行符，所以会在显示器上输出 hello linux。

```
    #include "stdio.h"
    int main()
    {
        printf("hello linux");
        fflush(stdout);
        while(1);
        return 0;
    }
```

运行结果：因为 fflush 把库函数中缓存的内容强制写到内核中，所以会在显示器上输出 hello linux。

5.1.3　目录 I/O

1．目录中的内容

当我们打开一个目录时，可以看到这个目录中的子文件名和子目录名，即目录中的数据由这个目录中的子文件名和子目录名组成。

目录中的数据是以链表形式存放的，每一个链表节点中包含两部分内容：一个是指针，它指向下一个节点；另一个是结构体，这个结构体名称为 struct dirent，其定义形式如下：

```
    struct dirent
    {
        ino_t           d_ino;              /* inode number */
        off_t           d_off;              /* offset to the next dirent */
        unsigned short  d_reclen;           /* length of this record */
        unsigned char   d_type;             /* type of file; */
        char            d_name[256];        /* filename */
    };
```

2．目录 I/O 相关函数

目录 I/O 相关函数所需的头文件为函数 #include "sys/types.h" 和 #include "dirent.h"。

(1) opendir 函数。

函数形式：DIR　* opendir(const char *name)。

功能：打开目录。

参数：name 为目录名及其所在的路径。

返回值：成功为目录流指针，出错为 NULL。

(2) readdir 函数。

函数形式：struct dirent * readdir(DIR *dirp)。

功能：读取目录中的内容。

参数：dirp 为目录流指针(opendir 的返回值)。

返回值：正确返回 struct dirent 指针，出错为 NULL。

(3) closedir 函数。

函数形式：int closedir(DIR *dirp)。

功能：关闭目录中的内容。

参数：dirp 目录流指针(opendir 的返回值)。

返回值：正确返回 0，出错为 −1。

例 5-12　目录 I/O 函数的使用。

```c
#include "stdio.h"
#include "dirent.h"
#include "sys/types.h"
int main(int argc,char *argv[])
{
    DIR *dp;                    //定义一个 DIR 类型的指针
struct dirent *p;
if(argc < 2)                    //判断命令行参数是否输入了目录名及路径
{
    printf("please input a dirent\n");
     return -1;
}
dp = opendir(argv[1]);
if(dp == NULL)                  //返回地址为空，则打开失败
{
    printf("opendir error\n");
     return -1;
}
printf("opendir success\n");
while(1)
{
    p = readdir(dp);            //读取目录链表中的节点数据，返回一个节点内容的指针
    if(p == NULL)
    {
        break;
    }
    if(p->d_name[0] != '.')     //过滤隐藏文件
```

```
    {
        printf("%s\n",p->d_name);
    }
}
closedir(dp);
return 0;
}
```

3．目录 I/O 综合应用实例

例 5-13　该实例实现了文件服务器的功能：文件的查看、下载、上传和删除。

(1) 查看服务器目录名的格式如下：

```
Search 目录名
```

(2) 从服务器下载文件的格式如下：

```
Get 文件名
```

(3) 上传文件到服务器的格式如下：

```
Put 文件名
```

(4) 删除服务器文件的格式如下：

```
Rm 文件名
```

实例详细程序如下：

```c
#include "stdio.h"
#include "dirent.h"
#include "fcntl.h"
#include "sys/types.h"
#include "string.h"
#include "unistd.h"
#include "stdlib.h"
void menu()
{
    printf("1: Search_Server\n");
    printf("2: Put_File\n");
    printf("3: Get_File\n");
    printf("4: Rm_File\n");
}
void Search_Server(char *name)          //显示目录里面的内容
{
    struct dirent *p;
    DIR *dp;
    dp = opendir(name);
    if(dp == NULL)
```

```
    {
        printf("opendir %s error\n",name);
        return ;
    }
    while(1)
    {
        p = readdir(dp);
        if(p == NULL)
        {
            break;
        }
        if(p->d_name[0] != '.')
        {
            printf("%s\n",p->d_name);
        }
    }
closedir(dp);
}
void Put_Server(char *server,char *file_name)        // Put name /mnt/file.c
{
        int des_fd;
        int src_fd;
        int len;
        char buf[128] = {0};
        char str[128] = {0};
        src_fd = open(file_name + 4,O_RDONLY,0777);
        if(src_fd < 0)
        {
            printf("open %s error\n",file_name);
            return ;
        }
        strcpy(str,server);
        strcat(str,"/");
        strcat(str,file_name + 4);
        des_fd = open(str,O_WRONLY | O_CREAT,0777);
        if(des_fd < 0)
        {
            printf("open %s error\n",str);
            return ;
```

```
        }
        // read src_fd       then    write des_fd
        while(1)
        {
            len = read(src_fd,buf,128);
            write(des_fd,buf,len);
            if(len < 128)
            {
                break;
            }
            memset(buf,0,128);
        }
        close(src_fd);
        close(des_fd);
        return ;
}
void Get_File(char *server,char * file_name)
{
        int des_fd;
        int src_fd;
        int len;
        char buf[128] = {0};
        char str[128] = {0};
        des_fd = open(file_name + 4,O_CREAT|O_WRONLY,0777);
        if(des_fd < 0)
        {
            printf("open %s error\n",file_name + 4);
            return;
        }
        strcpy(str,server);
        strcat(str,"/");
        strcat(str,file_name + 4);              //连接服务器地址与需要复制的文件名
        src_fd = open(str,O_RDONLY,0777);       //将服务器设为来源，只读操作
        if(src_fd < 0)
        {
            printf("open %s error\n",str);
            return;
        }
```

```
        while(1)
        {
            len = read(src_fd,buf,128);
             write(des_fd,buf,len);
             if(len < 128)
             {
                  break;
             }
             memset(buf,0,128);
        }
        return;
    }
    void Rm_File(char *sever,char *file_name)
    {
        char str[128] = {0};
        sprintf(str,"rm %s/%s",sever,file_name);
        system(str);
        return;
    }
    int main(char argc,char **argv)
    {
        int choice;
        char file_name[32] = {0};
        if(argc < 2)
        {
            printf("please input server name\n");
            return -1;
        }
        menu();
        while(1)
        {
            printf("please input a choice\n");
            scanf("%d",&choice);
            switch(choice)
            {
                case 1:
                    Search_Server(argv[1]);
                    break;
                case 2:
```

```
                printf("please input file name: Put filename\n");
                getchar();                          //去除输入函数留下的垃圾
                fgets(file_name,32,stdin);
                file_name[strlen(file_name) - 1] = '\0';
                Put_Server(argv[1],file_name);
                break;
            case 3:
                printf("please input file name: Get filename\n");
                getchar();                          //去除输入函数留下的垃圾
                fgets(file_name,32,stdin);           //从键盘中读取文件名
                file_name[strlen(file_name) - 1] = '\0';    //过滤 fgets 中的回车
                Get_File(argv[1],file_name);
                break;
            case 4:
                printf("please input file name : rm filename\n");
                getchar();                          //去除输入函数留下的垃圾
                fgets(file_name,32,stdin);
                file_name[strlen(file_name) - 1] = '\0';
                Rm_File(argv[1],file_name + 3);
                break;
        }
    }
    return 0;
}
```

5.2　进　　程

多任务处理问题——进程

　　程序是程序员写的代码，包括代码段和数据段。进程是程序的一次执行过程，如果执行 2 次，则产生 2 个进程，以此类推。进程与程序之间的区别如下：

　　(1) 程序是静态的，它包括代码段、数据段(栈、普通数据区、堆区等)。

　　(2) 进程是程序的一次运行过程，即运行一次产生一个进程，运行两次产生两个进程。

　　(3) 进程存在一些状态的变化，它是动态的。

　　(4) 进程不仅包含程序的代码段、数据段内容，还有其他资源(因为要运行这个程序)，如一些系统数据、PC 指针等。

5.2.1　进程相关的命令

1. ps

权限：所有用户。

命令格式：ps [选项]。

功能：查看进程的状态。

常用选项：

- -a：显示一个有控制终端的进程；
- -x：显示没有控制终端的进程，同时显示各个命令的具体路径；
- -j：作业格式。

例如：ps -axj，运行结果为系统中的进程，其相关属性信息如表 5-4 所示。

表 5-4　ps -axj 的运行结果

PPID	PID	PGID	SID	TTY	TPGID	STAT	START	TIME	COMMAND
0	1	1	1	?	−1	Ss	0	0:04	/sbin/init
0	2	0	0	?	−1	S	0	0:00	[kthreadd]
2	3	0	0	?	−1	S	0	0:01	[ksoftirq]
2	4	0	0	?	−1	S	0	0:00	[migratio]
2	5	0	0	?	−1	S	0	0:04	[watchdog]
2	6	0	0	?	−1	S	0	0:05	[events/0]
2	7	0	0	?	−1	S	0	0:00	[cpuset]
2	8	0	0	?	−1	S	0	0:00	[khelper]
2	9	0	0	?	−1	S	0	0:00	[netns]
2	10	0	0	?	−1	S	0	0:00	[async/mg]

其中，PPID 为父进程的 ID 号，PID 为本进程的 ID 号，TTY 为控制终端，如果是"？"则为不受终端控制的进程(守护进程)，STAT 为进程的状态。Linux 的进程状态有：

(1) R(TASK_RUNNING)，可执行状态。

(2) S(TASK_INTERRUPTIBLE)，可被信号中断的睡眠状态。

(3) D(TASK_UNINTERRUPTIBLE)，不可被信号中断的睡眠状态。

(4) T(TASK_STOPPED or TASK_TRACED)，暂停状态或跟踪状态。

(5) Z(TASK_DEAD - EXIT_ZOMBIE)，退出状态，进程成为僵尸进程。

(6) X(TASK_DEAD - EXIT_DEAD)，退出状态，进程即将被销毁。

2. top

权限：所有用户。

命令格式：top。

功能：动态显示系统中的进程，即不断刷新进程的状态。

3. kill

权限：所有用户。

命令格式：kill　[选项]　[进程号]。

功能：发送指定的信号给指定的进程或进程组。

常用选项：

- -l：查看有哪些信号，如 kill –l。
- -9：结束进程(包括后台进程)，如 kill -9 pid。

4．fg

权限：所有用户。

命令格式：fg　[作业号]。

功能：将后台执行的作业放到前台。

5．program + &

权限：所有用户。

命令格式：program　&。

功能：将 program 放到后台运行，等价于 Ctr+Z 快捷键。

5.2.2　进程控制相关的函数

1．创建子进程函数 fork 和 vfork

(1) fork 函数。

函数形式：pid_t　fork()。头文件#include <sys/types.h> 提供类型 pid_t 的定义。

功能：创建一个子进程。

参数：没有参数。

返回值：成功返回两个值。子进程中为 0，父进程中为大于 0 的值(子进程的 PID 号)，出错则返回 −1。

成功时，内核为何会返回两个值？因为用户空间的进程可以认为是一个封闭的房子(在用户空间)，内核通过 PID 对用户空间进程进行管理。fork()调用成功，内核则在用户空间创建一个进程(房子)，这个房子和之前的进程代码段、数据段等都一样(除了 PID 之外)。因此，当函数执行成功时，在父进程和子进程中返回两个不同的值。

例 5-14　fork 函数示例一。

```c
#include "stdio.h"
#include "unistd.h"
#include "sys/types.h"
int main()
{
    pid_t pid;
    pid=fork();
    printf("hello linux\n");
    usleep(200);            //睡眠 200 μs
    printf("11111111111\n");
    while(1);
    return 0;
}
```

程序运行结果可能会出现下列两种情况：

hello linux	或者	hello linux
11111111		hello linux
hello linux		11111111
11111111		11111111

为何会出现两个不同的结果，其原因是 CPU 在微观上是串行执行，宏观上是并行执行。即 CPU 在一个时间片里运行一个进程，在另一个时间片里运行另一个进程，从而导致这两个进程交替运行，且运行顺序随机未知，也可以让父子进程分别执行固定的功能。

例 5-15 fork 函数示例二。

```
#include "stdio.h"
#include "unistd.h"
#include "sys/types.h"
int main()
{
    pid_t pid;
    pid=fork();
    if(pid >0)
    {
        printf("parent process run\n");        //在父进程中
    }
    if(pid ==0)
    {
        printf("child process run\n");        //在子进程中
    }
    while(1);
    return 0;
}
```

(2) vfork 函数。

vfork 函数形式和 fork 函数一样。vfork 函数执行成功，内核也在用户空间创建一个进程，但是不会重新建立一个房子，父子进程共享父进程这个房子，同时子进程先运行，父进程后运行。

2．进程退出函数 exit 和_exit

(1) exit 函数。

函数形式：void exit(int status)。

功能：终止正在执行的进程。

参数：status 为进程退出时的返回值。

返回值：无返回值。

exit 属于库函数，所需头文件是#include "stdlib.h"。函数的参数传递给父进程，父进程根据这些状态判断子进程现在处于什么状态，父进程则通过 wait 或 waitpid 函数接收子进程状态。

注意：若子进程退出，父进程没有退出，此时子进程处于 Z(zobile)僵尸状态，处于此状态的子进程仍要耗费系统资源。子进程自己不能回收资源，只有父进程负责为子进程回收资源。父进程退出，子进程没有退出，此时子进程变为孤儿进程，会被 1 号进程收养，即 init 进程为其父进程。

要求子进程退出，父进程没有退出，同时也不要子进程处于 Z 状态，而是完全结束，怎样处理？

(2) _exit 函数。

函数形式：void _exit(int status)。

功能：终止正在执行的进程。

参数：status 为进程退出时的返回值。

返回值：无返回值。

_exit 属于系统调用函数，所需头文件是#include "unistd.h"。

例 5-16　exit 和 _exit 函数示例。

```
#include "stdio.h"
#include "unistd.h"
#include "stdlib.h"
int main()
{
    printf("hello linux");
    //fflush(stdout);
    //_exit(0);
    exit(0);
    printf("11111111111111");
    return 0;
}
```

exit()库函数首先清理 I/O 缓存(相当于 fllush)，再调用系统调用函数，即

```
    exit()
```

等价于

```
    fllush(stdout);
    _exit()
```

3. 等待子进程结束函数 wait 和 waitpid

(1) wait 函数。

函数形式：pid_t wait(int *status)。

功能：阻塞(睡眠)，等待子进程结束，负责为子进程回收资源。

参数：status 用来接收子进程的退出状态，它可由 Linux 中一些特定的宏来提取。若设为 NULL，则忽略子进程退出状态。

返回值：正确为子进程的 PID 号，出错则为 −1。

wait 函数使进程阻塞(睡眠)，直到任一个子进程结束或者是该进程接收到了一个信号为止。

例 5-17　wait 函数示例一：父进程阻塞，直到子进程睡眠结束子进程退出，则父进程结束阻塞，并为子进程回收资源。

```
#include "sys/types.h"
#include "stdio.h"
#include "unistd.h"
#include "sys/wait.h"

int main()
{
  pid_t pid;
  pid=fork();
  if(pid ==0)    //child process
  {
   printf("this is child process\n") ;
   sleep(200);        //子进程睡眠
  }
  if(pid >0)    //parent process
  {
    printf("this is parent process\n");
    printf("parent process:wait before\n");
    wait(NULL);
    printf("parent process:wait after\n");
    while(1);
  }
  return 0;
}
```

例 5-18　wait 函数示例二：如果进程没有子进程或者其子进程已经结束，wait 函数会立即返回，即不会阻塞。

```
#include "sys/wait.h"
#include "sys/types.h"
#include "stdio.h"
int main()
{
  printf("wait before\n");
  wait(NULL);
```

```
        printf("wait after\n");
        return 0;
    }
```

(2) waitpid 函数。

函数形式：pid_t waitpid(pid_t pid,int *status,int options)。

功能：阻塞(睡眠)，等待子进程结束，负责为子进程回收资源，waitpid 的功能比 wait 功能更强，所需头文件是"#include <sys/types.h>"和"#include <sys/wait.h>"。

参数：参数含义如表 5-5 所示。

返回值：正常时返回结束的子进程的进程号；使用选项 WNOHANG 且没有子进程结束时返回 0，出错返回 −1。

表 5-5　waitpid 参数含义

参　数	含　义	
pid	pid > 0	等待进程 PID 等于 pid 的子进程退出
	pid = 0	等待进程组号为 pid 与目前进程相同的任何子进程退出
	pid = −1	等待任意一个子进程退出，此时 waitpid 与 wait 功能相同
	pid < −1	等待进程组号为 pid 绝对值的任何子进程退出
status	接收子进程的退出状态	
option	0	阻塞
	WNOHANG	非阻塞

例 5-19　waitpid 函数示例：父进程等待子进程 2 退出并回收资源，子进程 1 会变为僵尸进程。

```
#include "sys/types.h"
#include "sys/wait.h"
#include "unistd.h"
#include "stdio.h"
#include "stdlib.h"
int main()
{   pid_t pid;
    int ret;
    int status;
    pid = fork();
    if(pid <0)
    {
        printf("create process failure\n");
        return -1;
    }
```

```
if(pid == 0)                    //子进程 1
{
    printf("this is a child process,pid=%d\n",getpid());
    sleep(10);
    exit(1);
}
if(pid >0)
{   pid_t   pid1;
    pid1=fork();
    if(pid1<0)
    {
        printf("create child process1 failure\n");
        exit(2);
    }
    if(pid1 ==0)                //子进程 2
    {
        printf("this is a child process1 run,pid=%d\n",getpid());
        sleep(20);
        exit(3);
    }
    printf("this is a parent process\n");
    printf("wait before\n");
    ret=waitpid(pid1,&status,0);
    printf("wait after,first wait ret=%d,status=%d\n",ret,WEXITSTATUS(status));
    while(1);
    return 0;
    }
}
```

例 5-19 中，WEXITSTATUS(status)为取得子进程 exit()返回的结束代码。

4. exec 函数族

前面创建子进程时，子进程进行了代码的完全拷贝，虽然我们用不同的返回值使得父子进程执行了两个不同的代码区，但是很多情况下父子进程的代码完全不一样。比如 bash 是父进程，a.out 是子进程，这两段代码没有相似性；或父进程是 C 代码，子进程是一个 Shell 脚本等情况，应该怎么处理？当进程认为自己不能再为系统和用户做出任何贡献时就可以调用 exec 函数，让自己执行新的程序，这时又应该怎么处理？

其实，可以通过 exec 函数族来解决这些问题。exec 函数族共包括 6 个函数，其函数形式如下：

(1) int execl(const char *path, const char *arg, ...)。

(2)　int execv(const char *path, char *const argv[])。

(3)　int execle(const char *path, const char *arg, ..., char *const envp[])。

(4)　int execve(const char *path, char *const argv[], char *const envp[])。

(5)　int execlp(const char *file, const char *arg, ...)。

(6)　int execvp(const char *file, char *const argv[])。

功能：可以调用另外一个程序运行，会把原来程序中的代码段、数据段等都替换掉，从这个调用程序的开始来执行，保留原进程的 PID，其他都不保留；当进程认为自己不能再为系统和用户做出任何贡献时就可以调用 exec 函数，让自己执行新的任务；如果某个进程想同时执行另一个程序，可以调用 fork 函数创建子进程，然后在子进程中调用任何一个 exec 函数。这样看起来就好像通过执行应用程序而产生了一个新进程一样。

返回值：成功为 0，出错为 –1。

参数：exec 函数族参数含义如表 5-6 所示。

表 5-6　exec 函数族参数含义

参　　数		含　　义
第一个参数	path	指定要执行程序的名称和路径
	file	指定要执行程序的名称，不用指定路径(指定路径也可以)，但是路径必须在环境变量 PATH 中能找到
第二个参数	arg...	以逐个列举的方式表示要执行程序的格式。例如，要执行程序 "./a.out test"，则 arg...取值为 "./a.out"、"test"、NULL
	argv[]	以指针数组的方式表示要执行程序的格式。例如，要执行程序 "./a.out test"，则要先定义指针数组 argv[]={ "./a.out"，"test"，NULL}
第三个参数 envp[]		exec 函数族可以默认使用系统的环境变量，也可以传入指定的环境变量。这里 execle、execve 就可以在 envp[]中传递当前进程所使用的变量

例 5-20　exec 函数族的第一个参数和第二个参数使用示例。

```
/*文件 test.c 编译后的可执行文件为 test*/
#include "stdio.h"
int main()
{
    int i;
    for(i=0;i<5;i++)
    {
        printf("hello linux i=%d\n",i);
    }
    return 0;
}
/*使用 execl 函数执行 test 程序*/
#include "stdio.h"
#include "unistd.h"
```

```
int main()
{
    printf("exec before\n");
    execl("./test","./test",NULL);
    printf("exec after\n");
    return 0;
}


/*使用 execv 函数执行 test 程序*/
#include "stdio.h"
#include "unistd.h"
int main()
{
    char *buf[]={"./test",NULL};
    printf("exec before\n");
    execv("./test",buf);
    printf("exec after\n");
    return 0;
}
/*使用 execlp 函数执行 test 程序*/
#include "stdio.h"
#include "unistd.h"
int main()
{
    char *buf[]={"test",NULL};
    printf("exec before\n");
    execlp("test","test", NULL);
    printf("exec after\n");
    return 0;
}
/*使用 execvp 函数执行 test 程序*/
#include "stdio.h"
#include "unistd.h"
int main()
{
    char *buf[]={"test",NULL};
    printf("exec before\n");
    execvp("test",buf);
    printf("exec after\n");
```

```
        return 0;
    }
```

例 5-21　exec 函数族第三个参数使用示例。

```
    #include "stdio.h"
    #include "unistd.h"
    int main()
    {
        int ret;
        char *envp[]={"PATH=/bin",NULL};
        printf("exec before\n");
        system("ls -l");         //在 C 语言里嵌入 shell 命令用 system 函数
        ret=execle("/mnt/mytest","mytest",NULL,envp);
        if(ret<0)
        {
            printf("exec is failure\n");
            return -1;
        }
        printf("exec after\n");
        return 0;
    }
```

例 5-21 中新的运行进程 mytest 中的环境变量 PATH 将变为/bin。

5.2.3　线程

线程其实就是一个子函数，但它不是一个普通函数，它有独立的 PC，所以它既和函数很像，也和进程很像。因此它既有普通函数的优点，可通过全局变量通信；又有进程的优点，可并行处理。

1. 线程控制相关的函数

(1) pthreat_create 函数。

函数形式：int pthread_create(pthread_t *thread, const pthread_attr_t *attr, void * (* routine)(void *), void *arg)。函数所需的头文件是"#include <pthread.h>"。

功能：线程的创建。

参数：

- thread：创建的线程 ID。
- attr：指定线程的属性，NULL 表示使用缺省属性(父线程和子线程的优先级是一样的)。
- routine：线程执行函数。
- arg：传递给线程执行函数的参数。

返回值：成功返回 0，出错返回 –1。

例 5-22　pthread_create 函数使用示例。

```
#include "pthread.h"
#include "stdio.h"
#include "stdlib.h"
#include "unistd.h"
void * myfun(void *arg)
{
    int i;
    for(i=0;i<5;i++)
    {
        usleep(100);
        printf("this is child thread i=%d\n",i);
    }
    return NULL;
}

int main()
{
    pthread_t tid;
    int ret;
    int i;
    char *buf[]="hello linux\n";
    ret=pthread_create(&tid,NULL,myfun,(char *)buf);
    if(ret <0)
    {
        printf("create thread failure\n");
        return -1;
    }
    printf("ret=%d\n",ret);
    for(i=0;i<5;i++)
    {
        usleep(100);
        printf("this is main thread run i=%d\n",i);//如果父线程结束了，则子线程不会执行
    }
    sleep(2);
    return 0;
}
```

如果这个函数调用成功，则子线程函数立即运行。注意：多线程是由第三方库提供的，所以在编译时要加上：-lpthread。

如：gcc phread_creat_test.c -lpthread。

运行结果：父线程与子线程并行运行。

(2) pthread_exit 函数。

函数形式：int　pthread_exit(void *value_ptr)。

功能：线程的退出。

参数：value_ptr 为线程退出时返回的值。

返回值：成功返回 0，出错返回 -1。

(3) pthread_join 函数。

函数形式：int　pthread_join(pthread_t thread,　void **value_ptr)。

功能：线程的等待。

参数：thread 为要等待的线程 ID，value_ptr 为指向线程返回的参数。

返回值：成功返回 0，出错返回 -1。

2. 线程的同步与互斥

线程的优点是可以通过全局变量来通信，但会存在程序处理的无序问题，可通过同步与互斥机制来解决。同步是指多任务之间存在先后；互斥是从共享资源访问的角度考虑的，指多个任务不能同时访问共享资源。信号量可以实现同步和互斥，互斥锁只能实现互斥。

(1) 信号量。信号量是个变量，但它是一个受保护的变量，用户不能直接操作它，只能通过接口(函数)去操作它。信号量有三个函数，头文件为 "#include<semaphore.h>"。

① sem_init 函数。

函数形式：int sem_init(sem_t *sem, int pshared, unsigned int value)。

功能：初始化信号量值。

参数：sem 为信号量变量指针；pshared 指定信号量是由进程内线程共享，还是由进程之间共享，若为 0 则为线程共享，若为非 0 则为进程共享；value 指定信号量 sem 的初始值。

返回值：成功返回 0，出错返回 -1。

② sem_wait 函数。

函数形式：int sem_wait(sem_t * sem)。

功能：sem_wait 以原子操作的方式将信号量的值减 1。原子操作是指如果两个线程企图同时给一个信号量加 1 或减 1，它们之间不会互相干扰。信号量为一个非 0 值时，信号量的值减去 "1"；若信号量值为 0，则线程阻塞。例如，如果对一个值为 2 的信号量调用 sem_wait 函数，线程将会继续执行，但信号量的值变为 1。如果对一个值为 0 的信号量调用 sem_wait 函数，线程就会阻塞，直到其他线程使信号量值不再是 0 为止。

参数：sem 为信号量变量指针。

返回值：成功返回 0，出错返回 -1。

③ sem_post 函数。

函数形式：int sem_post(sem_t * sem)。

功能：sem_post 以原子操作的方式将信号量的值加 1。

参数：sem 为信号量变量指针。

返回值：成功返回 0，出错返回 -1。

信号量使用的步骤如下：

① 定义一个信号量变量：sem_t a。

② 初始化信号量：sem_init(&a,0,value)。

③ P 操作，即申请资源：sem_wait(&a)。

④ V 操作，即释放资源：sem_post(&a)。

例 5-23　信号量使用示例。

```
/*下面的例子中，全局变量的值的结果是不确定的*/
#include "pthread.h"
#include "stdio.h"
#include "stdlib.h"
int j=1;          //全局变量(共享资源)
void * myfun(void *arg)
{
    int i;
    for(i=0;i<5;i++)
    {
        usleep(100);
        j++;
        printf("this is child thread j=%d\n",j);
    }
    return NULL;
}

int main()
{
    pthread_t tid;
    int ret;
    int i;
    ret=pthread_create(&tid,NULL,myfun,NULL);
    if(ret <0)
    {
        printf("create thread failure\n");
        return -1;
    }
    printf("ret=%d\n",ret);
    for(i=0;i<5;i++)
    {
        usleep(100);
        j+=2;
        printf("this is main thread run j=%d\n",j);
```

```
    }
    sleep(2);
    return 0;
}
/*解决办法：通过标志 flag 实现同步与互斥*/
#include "pthread.h"
#include "stdio.h"
#include "stdlib.h"
int j=1;
int flag=0;
void *myfun(void *arg)
{
    int i;
    while(!flag);              //直到 flag=1 时，才执行 for 循环
    for(i=0;i<5;i++)
    {
        usleep(100);
        j++;
        printf("this is child thread j=%d\n",j);
    }
    return NULL;
}

int main()
{
    pthread_t tid;
    int ret;
    int i;
    ret=pthread_create(&tid,NULL,myfun,NULL);
    if(ret <0)
    {
        printf("create thread failure\n");
        return -1;
    }
    printf("ret=%d\n",ret);
    for(i=0;i<5;i++)
    {
        usleep(100);
        j+=2;
```

```
        printf("this is main thread run j=%d\n",j);
    }
    flag=1;              //当主程序 for 循环结束后将标志设置为 1，进行子程序循环
    sleep(2);
    return 0;
}
/*通过信号量实现同步与互斥*/
#include "pthread.h"
#include "stdio.h"
#include "stdlib.h"
#include "semaphore.h"
int j=1;
sem_t mysem;            //定义信号量
void * myfun(void *arg)
{
    int i;
    int value;
    sem_getvalue(&mysem,&value);      //提取信号量的值
    sem_wait(&mysem);                 //P 操作(阻塞子线程)
    for(i=0;i<5;i++)                  //子线程循环开始运行
    {
        usleep(100);
        j++;
        printf("this is child thread j=%d\n",j);
    }
    return NULL;
}

int main()
{
    pthread_t tid;
    int ret;
    int i;
    int value;
    sem_init(&mysem,0,0);             //初始化 value 值为 0
    ret=pthread_create(&tid,NULL,myfun,NULL);  /   if(ret <0)
    {
        printf("create thread failure\n");
        return -1;
```

```
    }
    printf("ret=%d\n",ret);
    for(i=0;i<5;i++)
    {
        usleep(100);
        j+=2;
        printf("this is main thread run j=%d\n",j);
    }
    sem_post(&mysem);        //V 操作(唤醒子线程)
    usleep(100);
    sem_getvalue(&mysem,&value);
    printf("value=%d\n",value);
    sleep(2);
    return 0;
}
```

(2) 互斥锁。互斥锁主要是为了保护共享资源数据操作的完整性，它有三个函数。

① pthread_mutex_init 函数。

函数形式：int pthread_mutex_init (pthread_mutex_t *mutex, pthread_mutexatter_t *attr)。

功能：初始化互斥锁值。

参数：mutex 为互斥锁变量指针；attr 为互斥锁的属性，若设为 NULL，则为普通锁。

返回值：成功返回 0，出错返回 −1。

② pthread_mutex_lock 函数。

函数形式：int pthread_mutex_lock(pthread_mutex_t *mutex)。

功能：pthread_mutex_lock 让互斥锁上锁，如果互斥锁 mutex 已被另一个线程锁定和拥有，则调用该线程将会阻塞，直到该互斥锁变为可用为止。

参数：mutex 为互斥锁变量指针。

返回值：成功返回 0，出错返回 −1。

③ pthread_mutex_unlock 函数。

函数形式：int pthread_mutex_unlock(pthread_mutex_t *mutex)。

功能：释放锁。

参数：mutex 为互斥锁变量指针。

返回值：成功返回 0，出错返回 −1。

互斥锁的使用步骤如下：

① 定义锁变量：pthread_mutex_t mutex。

② 初始化锁：int pthread_mutex_init (pthread_mutex_t *mutex, pthread_mutexatter_t *attr)。

③ 上锁：int pthread_mutex_lock(pthread_mutex_t *mutex)。

④ 解锁：int pthread_mutex_unlock(pthread_mutex_t *mutex)。

例 5-24　互斥锁使用示例。

```c
#include <stdio.h>
#include <stdlib.h>
#include <pthread.h>
void *function(void *arg);
pthread_mutex_t mutex;
int counter = 0;
int main(int argc, char *argv[])
{
    int rc1,rc2;
    char *str1="wenhaoll";
    char *str2="linglong";
    pthread_t thread1,thread2;
    pthread_mutex_init(&mutex,NULL);
    if((rc1 = pthread_create(&thread1,NULL,function,str1)))
    {
        fprintf(stdout,"thread 1 create failed: %d\n",rc1);
    }
    if(rc2=pthread_create(&thread2,NULL,function,str2))
    {
        fprintf(stdout,"thread 2 create failed: %d\n",rc2);
    }
    pthread_join(thread1,NULL);
    pthread_join(thread2,NULL);
    return 0;
}

void *function(void *arg)
{
    char *m;
    m = (char *)arg;
    pthread_mutex_lock(&mutex);
    while(*m != '\0')
    {
        printf("%c",*m);
        fflush(stdout);
        m++;
        sleep(1);
    }
    printf("\n");
```

```
    pthread_mutex_unlock(&mutex);
 }
```

5.2.4　进程通信

进程间的通信方式如表 5-7 所示。

表 5-7　进程间的通信方式

序号	进程间的通信方式	
1	管道通信	无名管道
		有名管道
2	信号通信	
3	IPC 通信	共享内存
		消息队列
		信号灯

1．无名管道

无名管道实现进程之间通信的原理图如图 5-1 所示。

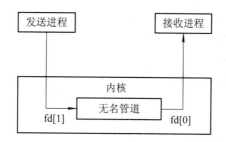

图 5-1　无名管道进程通信的原理图

无名管道文件是一个特殊的文件，它是由队列来实现的。在文件 I/O 中创建一个文件或打开一个文件是由 open 函数来实现的，但 open 函数不能创建无名管道文件，只能用 pipe 函数来创建。

函数形式：int pipe(int fd[2])。

功能：创建无名管道文件。

参数：fd[2]有两个成员 fd[0]和 fd[1]，它们都是文件描述符。

返回值：成功返回 0，出错返回 –1。

无名管道有固定的读端 fd[0]和固定的写端 fd[1]。

注意：

(1) 管道是创建在内存中的，进程结束，空间释放，管道就不存在了。

(2) 管道中的东西，读完了就删除了。

(3) 如果管道中没有东西可读，则会阻塞。

例 5-25　验证 pipe 函数读阻塞示例。

```
#include "unistd.h"
#include "stdio.h"
int main()
{
    int fd[2];
    int ret;
    char read_buf[128]={0};
    char write_buf[]="hello linux\n";
    ret=pipe(fd);
    if(ret <0)
    {
        printf("create pipe failure\n");
        return -1;
    }
    printf("fd[0]=%d,fd[1]=%d\n",fd[0],fd[1]);
    write(fd[1],write_buf,sizeof(write_buf));
    read(fd[0],read_buf,128);        //从管道读完之后，第二次读时，管道是空的，则会阻塞
    printf("read data from pipe %s",read_buf);
    printf("second read before\n");
    read(fd[0],read_buf,128);
    printf("second read after\n");
    close(fd[0]);
    close(fd[1]);
    return 0;
}
```

例 5-26 验证 pipe 函数写阻塞示例。

```
#include "unistd.h"
#include "stdio.h"
int main()
{
    int fd[2];
    int i;
    int ret;
    char read_buf[128]={0};
    char write_buf[]="hello linux\n";
    ret=pipe(fd);
    if(ret <0)
    {
```

```
        printf("create pipe failure\n");
        return -1;
    }
    printf("fd[0]=%d,fd[1]=%d\n",fd[0],fd[1]);
    i=0;
    while(i<5041)
    {
        write(fd[1],write_buf,sizeof(write_buf));
        i++;
    }
    return 0;}
```

系统编程之进程通信

例 5-26 可以计算出内核开辟的管道有多大。

2．有名管道　　　　　　　　　　　　　　　　　　　　　　　——有名管道

无名管道的缺点是不能实现非父子进程(亲缘关系)之间的通信。正由于无名管道的这个缺点，对无名管道进行改进得到有名管道。所谓有名就是文件系统中存在这样一个文件节点，因为用户空间的两个进程都能访问文件系统中的这个节点，所以可以实现无亲缘关系进程之间的通信。文件系统中每一个文件节点都有一个 inode 号，因此有名管道(p)是一种特殊的文件类型，创建这个文件类型不能通过 open 函数，因为 open 函数只能创建普通文件，不能创建特殊文件，如有名管道文件(由 mkdifo 函数创建)、套接字文件(由 socket 函数创建)、字符设备文件(由 mknod 命令创建)、块设备文件(由 mknod 命令创建)、符号链接文件(由 ln -s 命令创建)、目录文件(由 mkdir 命令创建)。有名管道文件只有 inode 号，它和套接字、字符设备文件、块设备文件一样不占用磁盘块空间，普通文件、符号链接文件和目录文件不仅有 inode 号，还占用磁盘块空间。

函数形式：int mkfifo(const char *filename,mode_t mode)。

功能：创建有名管道文件。

参数：filename 是要创建的管道文件名及所在的路径；mode 是创建文件的权限，生成的文件的权限是经过 mode & (~umask)运算后的结果。

返回值：成功返回 0，出错返回-1。

注意：mkfifo 是用来创建管道文件的节点，没有在内核中创建管道。只有通过 open 函数打开这个文件时才会在内核空间创建管道。

例 5-27　有名管道示例，共三个文件，mkfifo.c 是创建管道文件，service.c 和 client.c 为两个通信进程。

```
/*mkfifo.c*/
#include "stdio.h"
#include "unistd.h"
int main()
{
 int ret;
 ret=mkfifo("./a.c",0777);
```

```c
    if(ret<0)
    {
        printf("create fifo a.c failure\n");
        return -1;
    }
    printf("create mkfifo a.c sucess\n");
    return 0;
}


/*server.c*/
#include "unistd.h"
#include "fcntl.h"
#include "stdio.h"
#include "stdlib.h"
#include "string.h"
int main()
{
    int fd;
    char rdbuf[128]={0};
    fd=open("./a.c",O_RDONLY);
    if(fd<0)
    {
        printf("open fifo a.c failure\n");
        return -1;
    }
    while(1)
    {
        read(fd,rdbuf,128);
        printf("recv from fifo data:%s",rdbuf);
        if(!strcmp(rdbuf,"quit\n"))
        break;
        memset(rdbuf,0,128);
    }
    sleep(1);
    close(fd);
    return 0;
}


/*client.c*/
```

```c
#include "unistd.h"
#include "fcntl.h"
#include "stdio.h"
#include "stdlib.h"
#include "string.h"
int main()
{
    int fd;
    char wrbuf[128];
    fd=open("./a.c",O_WRONLY);
    if(fd<0)
    {
        printf("open fifo a.c failure\n");
        return -1;
    }
    while(1)
    {
     memset(wrbuf,0,sizeof(wrbuf));
     fgets(wrbuf,128,stdin);
     write(fd,wrbuf,strlen(wrbuf));
     if(!strcmp(wrbuf,"quit\n"))
     {
        break;
     }
    }
    sleep(1);
    close(fd);
    return 0;
}
```

3. 信号通信

信号实现进程通信的原理图如图 5-2 所示。

系统编程之进程通信
——信号通信

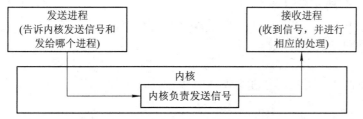

图 5-2　信号实现进程通信的原理图

由图 5-2 可看出，信号通信分为三块内容，分别是信号的发送、信号的接收和信号的处理。信号的发送由发送进程和内核完成，信号的接收和信号的处理由接收进程和内核完成。

(1) 信号的发送。信号是由内核发送的，内核可以发送很多信号(可以通过 kill -l 命令查看内核的信号)，但不知道发送什么信号和将哪个进程发给用户空间，因此发送进程要告诉内核这些信息，这就涉及两个系统调用函数 kill 和 raise。

① kill 函数。

函数形式：int kill (pid_t pid , int sig)。

功能：告诉内核发送 sig 信号和将 pid 进程发给用户空间，所需的头文件是 "#include <signal.h>" 和 "#include <sys/types.h>"。

参数：pid 是接收信号的进程；sig 是信号的 ID 值。

返回值：成功返回 0，出错返回 −1。

② raise 函数。

函数形式：int raise(int sig)。

功能：告诉内核发送信号 sig 给自己。

参数：sig 是信号的 ID 值。

返回值：成功返回 0，出错返回 −1。

(2) 信号的接收。接收信号的进程要想收到信号，这个进程就不能结束，可以有如下三种处理方式：第一种是使用睡眠函数 sleep；第二种是死循环 while(1)；第三种是使用 pause 函数。下面介绍 pause 函数。

函数形式：int pause(void)。

功能：pause 会使当前进程挂起(睡眠)，直到收到信号时，该进程继续运行。

参数：无。

返回值：成功返回 0，出错返回 −1。

例 5-28 pause 函数使用示例。

```
#include "unistd.h"
#include "stdio.h"
#include "stdlib.h"
#include "signal.h"
int main()
{
    printf("pause before\n");
    pause();        //睡眠，当收到信号时，例如 kill -9 pid 终止进程
    printf("pause after\n");
}
```

(3) 信号的处理。接收信号进程收到信号之后的处理方式有两种，分别是默认处理方式和自己的处理方式。

① 默认处理方式。默认处理方式通常是终止进程或忽略该信号，常用信号的默认处理方式如表 5-8 所示。

表 5-8 常用信号的默认处理方式

信号	含 义	默认处理方式
SIGINT	该信号在用户键入 INTR 字符(通常是 Ctrl-C)时发出	终止进程
SIGQUIT	该信号和 SIGINT 类似,但由 QUIT 字符(通常是 Ctrl-\)来发出	终止进程
SIGKILL	该信号用来立即结束程序的运行,并且不能被阻塞、处理和忽略	终止进程
SIGALRM	该信号当一个定时器到时发出	终止进程
SIGSTOP	该信号用于暂停一个进程,且不能被阻塞、处理或忽略	暂停进程
SIGTSTP	该信号用于暂停交互进程,用户可键入 SUSP 字符(通常是 Ctrl-Z)发出这个信号	暂停进程
SIGCHLD	子进程改变状态时,父进程会收到这个信号	忽略
SIGABORT	该信号用于结束进程	终止

② 自己的处理方式。如果接收进程自己处理接收到的信号,则要把处理信号的方法告诉内核,这涉及 signal 函数。

函数形式:void (*signal(int signum,void(*handler)(int))) (int)。

功能:告诉内核自己处理哪个信号和怎样处理这个信号,包含的头文件为#include "signal.h"。

参数:signum 是信号 ID 值,即告诉内核自己处理哪个信号;handler 为收到信号后的处理方式,共有三种,分别是:

- SIG_IGN:忽略该信号。
- SIG_DFL:采用系统默认的方式处理信号。
- 自定义的信号处理函数。

返回值:函数指针。

例 5-29 signal 函数使用示例 1。

```c
#include "stdio.h"
#include "signal.h"
#include "unistd.h"
#include "stdlib.h"
void myfun(int signum)              //自定义的信号处理函数
{
   printf("recv signal:%d\n",signum);
   return;
}

int main()
{
   signal(SIGINT,myfun);
```

```
        while(1)
        {
            printf("this is main fun run\n");
            sleep(1);
        }
    }
```

例 5-30 signal 函数使用示例 2。

```
#include "stdio.h"
#include "signal.h"
#include "unistd.h"
#include "stdlib.h"
void myfun(int signum)
{
    printf("recv signal:%d\n",signum);
    return;
}

int main()
{
    signal(SIGINT,myfun);
    printf("pause before\n");
    pause();
    printf("pause after\n");
    signal(SIGINT,SIG_DFL);
    pause();
    return 0;
}
```

4．IPC 通信

IPC(Inter-Process Communication)实现进程通信的原理图如图 5-3 所示。

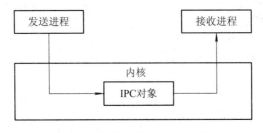

图 5-3　IPC 实现进程通信的原理图

图 5-3 中的 IPC 对象是在内核中的，共有三种，分别是消息队列、共享内存和信号灯。IPC 通信涉及的函数如图 5-4 所示。

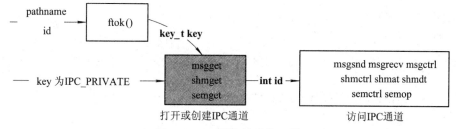

图 5-4　IPC 通信涉及的函数

IPC 基于文件 I/O 原理，图 5-4 中的函数及其与文件 I/O 函数的比较如表 5-9 所示。

表 5-9　IPC 函数及其与文件 I/O 函数的比较

IPC 函数与文件 I/O 函数的比较		
文件 I/O	IPC	
open	msgget	打开或创建消息队列
open	shmget	打开或创建共享内存
open	semget	打开或创建信号灯
close	msgctrl	删除或查看消息队列
close	shmctrl	删除或查看共享内存
close	semctrl	删除或查看信号灯
write /read	msgsnd/msgrecv	消息队列发送和接收
IPC 其他函数		
	shmat/shmdt	共享内存地址映射和取消
	semctrl/semop	信号灯初始化、P 操作和 V 操作
	ftok	用于无亲缘关系的进程通信
	IPC_PRIVATE	用于有亲缘关系的进程通信

(1) 共享内存。共享内存在内存中是一块缓存，类似于用户空间的数组或 malloc 函数分配的空间，相关函数介绍如下。

① shmget 函数。

函数形式：int shmget(key_t key, int size, int shmflg)。

功能：打开或创建一个共享内存对象，头文件有 "#include <sys/ipc.h>" 和 "#include <sys/shm.h>"。

参数：key 为 IPC_PRIVATE 或 ftok 的返回值；size 是设置共享内存大小；shmflg 是权限位和打开方式。

返回值：成功返回共享内存段标识符，即 IPC 的 ID 号，出错返回 –1。

注意：

● 共享内存创建之后，一直存在于内核中，直到被删除或系统关闭。

● 共享内存和管道不一样，读取后，内容仍在其共享内存中。

例 5-31　shmget 函数示例。

```
#include "sys/ipc.h"
#include "sys/shm.h"
```

```
#include "stdio.h"
int main()
{
    int shmid;
    shmid=shmget(IPC_PRIVATE,128,0777);
    if(shmid <0)
    {
        printf("create shm failure\n");
        return -1;
    }
    printf("create shm success,shmid =%d\n",shmid);
    return 0;
}
```

共享内存查看命令是：ipcs -m。

共享内存删除命令是：ipcrm -m shmid。

② shmat 函数。

函数形式：void *shmat (int shmid, const void *shmaddr, int shmflg)。

功能：将内核空间的共享内存对象的地址映射到用户空间。

参数：shmid 是共享内存的 ID 号；shmaddr 是指定映射到用户空间的首地址，如果 shmaddr 被设置为 NULL，则映射到用户空间的首地址由系统自动分配；shmflg 若是 SHM_RDONLY 则共享内存为只读，若是 0 则表示共享内存可读写。

返回值：成功返回映射后的地址，出错返回 NULL。

例 5-32 shmat 函数示例。

```
#include "sys/types.h"
#include "sys/ipc.h"
#include "sys/shm.h"
#include "stdio.h"
int main()
{
    int shmid;
    char *p;
    shmid=shmget(IPC_PRIVATE,128,0777);
    if(shmid <0)
    {
        printf("create shm failure\n");
        return -1;
    }
    printf("create shm success,shmid =%d\n",shmid);
```

```
    p=(char *)shmat(shmid,NULL,0);
    if(p==NULL)
    {
        printf("shmat failure\n");
        return -2;
    }
    fgets(p,128,stdin);
    while(1);
    return 0;
}
```

③ ftok 函数。

例 5-31 中，每次用 IPC_PRIVATE 操作时，共享内存的 key 值都一样为 0，而 ftok 可以让创建的共享内存的 key 不一样。通过相同的 key 可以实现无亲缘关系进程之间的通信。

函数形式：int　ftok(const char *path, char ch)。

功能：创建非 0 的 key 值。

参数：path 为文件名及其所在的路径；ch 为一个字符。

返回值：返回一个 key 值。

例 5-33　ftok 函数示例。

```
#include "sys/types.h"
#include "sys/ipc.h"
#include "sys/shm.h"
#include "stdio.h"
int main()
{
    int shmid;
    char *p;
    key_t key;
    key=ftok("./b.c",'c');
    if(key <0)
    {
     printf("create key failure\n");
     return -2;
    }
    printf("key=%x\n",key);
    shmid=shmget(key,128,IPC_CREAT|0777);
    if(shmid <0)
    {
        printf("create shm failure\n");
        return -1;
```

```
        }
        printf("create shm success,shmid =%d\n",shmid);
        p=(char *)shmat(shmid,NULL,0);
        if(p==NULL)
        {
            printf("shmat failure\n");
            return -2;
        }
        fgets(p,128,stdin);
        while(1);
        return 0;
    }
```

④ shmdt 函数。

函数形式：int shmdt(const void *shmaddr)。

功能：将用户空间的地址映射删除。

参数：shmadd 是共享内存映射到用户空间的首地址。

返回值：成功返回 0，出错返回 −1。

⑤ shmctl 函数。

函数形式：int shmctl(int shmid, int cmd, struct shmid_ds *buf)。

功能：删除或查看共享内存对象。

参数：shmid 是要操作的共享内存标识符。cmd 有三种形式，分别是：IPC_STAT 为获取共享内存属性，读取的内容放在参数 buf 中；IPC_SET 为设置共享内存属性，设置的内容放在参数 buf 中；IPC_RMID 为删除共享内存，此时参数 buf 可设置为 NULL。buf 是共享内存属性缓存。

例如，删除 IPC 共享内存为：shmctl(shmid,IPC_RMID,NULL)。

返回值：成功返回 0，出错返回 −1。

(2) 消息队列。内核中的消息队列为链式队列，其结构图如图 5-5 所示。

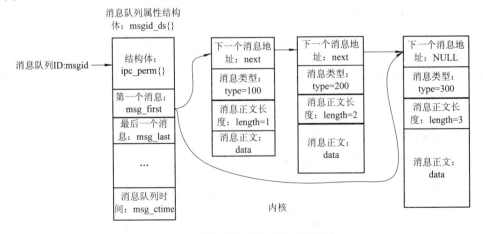

图 5-5　内核中消息队列的结构图

图 5-5 中，msgid_ds 是内核维护消息队列的结构体，msg_first 指向链式队列第一个消息，msg_last 指向链式队列最后一个消息。每一个消息中有一个 next 指向下一个消息；每一个消息中包含 data (数据)、length(消息正文长度)、type(消息类型)。消息队列可以根据消息的类型来接收。

① msgget 函数。

函数形式：int msgget(key_t key, int flag)。

功能：打开或创建消息队列，所需头文件为 "#include <sys/types.h>" "#include <sys/ipc.h>" 和 "#include <sys/msg.h>"。

参数：key 为 IPC_PRIVATE 或 ftok 的返回值；flag 是权限位和打开方式。

返回值：成功返回消息队列标识符，即 IPC 的 ID 号，出错返回 –1。

例 5-34　msgget 函数使用示例。

```
#include "sys/types.h"
#include "sys/ipc.h"
#include "sys/msg.h"
#include "stdio.h"
#include "stdlib.h"
#include "string.h"
#include "unistd.h"
int main()
{
    int msgid;
    msgid=msgget(IPC_PRIVATE,IPC_CREAT|0777);
    if(msgid <0)
    {
        printf("create or open msgqueue failure\n");
        return -1;
    }
    printf("create or open msgqueue success\n");
    system("ipcs -q");
    system("ipcs -q");
    return 0;
}
```

例 5-34 中，消息队列查看命令是：ipcs　-q，消息队列删除命令是：ipcrm　-q　msgid。

② msgctl 函数。

函数形式：int msgctl (int msggid, int cmd, struct msgid_ds *buf)。

功能：删除或查看消息队列对象。

参数：msggid 是要操作的消息队列标识符。cmd 有三种形式，分别是：IPC_STAT 为获取消息队列属性，读取的内容放在参数 buf 中；IPC_SET 为设置消息队列属性，设置的内容放在参数 buf 中；IPC_RMID 为删除消息队列，此时参数 buf 可设置为 NULL。buf 是消息队列属性缓存。

例如，删除 IPC 消息队列为：shmctl(msggid,IPC_RMID,NULL)。

返回值：成功返回 0；出错返回 −1。

③ msgrcv 函数。

函数形式：int msgrcv(int msgid,void *msgp, size_t size, long msgtype, int flag)。

功能：读取消息队列内容。

参数：msgrcv 函数的参数及其含义如表 5-10 所示。

返回值：成功返回接收到的消息的长度，出错返回−1。

表 5-10　msgrcv 函数的参数及其含义

参　　数	含　　义	
msgid	消息队列的 ID	
msgp	接收消息的缓存	
size	接收消息的字节数	
msgtype	0	接收消息队列中第一个消息
	大于 0	接收消息队列中第一个类型为 msgtyp 的消息
	小于 0	接收消息队列中类型值不大于 msgtyp 的绝对值，且类型值又最小的消息
flag	0	若无消息，函数会一直阻塞
	IPC_NOWAIT	若无消息，进程会立即返回 ENOMSG(-1)

注意：消息队列中的数据读过后就不存在了。

④ msgsnd 函数。

函数形式：int msgsnd(int msgid, const void *msgp, size_t size, int flag)。

功能：按照类型把消息添加到已打开的消息队列的队尾。

参数：msgsnd 函数的参数及其含义如表 5-11 所示。消息结构 msgbuf 如下：

```
struct msgbuf
{
    long mtype;          //消息类型
    char mtext[N];       //消息正文
};
```

返回值：成功返回 0，出错返回 −1。

表 5-11　msgsnd 函数的参数及其含义

参　　数	含　　义	
msgid	消息队列的 ID	
msgp	指向消息的指针	
size	发送的消息正文的字节数	
flag	0	直到发送完成函数才返回
	IPC_NOWAIT	消息没有发送完成，函数也会立即返回

例 5-35　消息队列函数使用示例。

```
#include "sys/types.h"
#include "sys/ipc.h"
#include "sys/msg.h"
#include "stdio.h"
#include "stdlib.h"
#include "string.h"
#include "unistd.h"
struct mymessage
{
    long msgtype;
    char buf[128];
};
int main()
{
    int msgid;
    struct mymessage msgdata;
    key_t key;
    key=ftok("./ex1.c",'a');
    if(key <0)
    {
printf("create key failure\n");
return -2;
    }
    printf("create key success key=%x\n",key);
    msgid=msgget(key,IPC_CREAT|0777);
    if(msgid <0)
    {
        printf("create or open msgqueue failure\n");
        return -1;
    }
    printf("create or open msgqueue success\n");
    system("ipcs -q");

    msgdata.msgtype=100;                    //100 voltage
    printf("please input voltage data:\n");
    fgets(msgdata.buf,128,stdin);
    msgsnd(msgid,(struct mymessage *)&msgdata,strlen(msgdata.buf),0);  //写
    system("ipcs -q");
```

msgctl(msgid,IPC_RMID,NULL);　　　　　　　//删除消息队列

system("ipcs -q");

return 0;

　　}

(3) 信号灯。IPC 对象的信号灯是一个信号灯集合，即包含多个信号灯，因此信号灯中的函数都是对信号灯集合的操作。

① semget 函数。

函数形式：int semget(key_t key, int nsems, int semflg)。

功能：打开或创建信号灯集，所需头文件为"#include <sys/types.h>""#include <sys/ipc.h>"和"#include <sys/sem.h>"。

参数：key 是 IPC_PRIVATE 或 ftok 的返回值；nsems 是设置信号灯集中包含的信号灯数目；semflg 是权限位和打开方式。

返回值：成功返回信号灯集 ID，出错返回 −1。

② semop 函数。

函数形式：int semop (int semid, struct sembuf *opsptr, size_t nops)。

功能：信号灯的操作函数，包括 P 操作和 V 操作。

参数：semid 是信号灯集 ID 值；nops 是要操作信号灯的个数。struct sembuf 结构体内容如下：

```
struct sembuf
{
    short   sem_num;      //要操作的信号灯的编号
    short   sem_op;       //0：等待，直到信号灯的值变成 0
                          //1：释放资源，V 操作
                          //−1：分配资源， P 操作
    short   sem_flg;      //0：IPC_NOWAIT， SEM_UNDO
};
```

struct sembuf 结构体参数及其含义如表 5-12 所示。

返回值：成功返回 0，出错返回 −1。

表 5-12　struct sembuf 结构体参数及其含义

参　数	含　义	
sem_num	信号灯的编号	
sem_op	0	等待，直到信号灯的值变成 0
	1	V 操作
	−1	P 操作
sem_flg	0	阻塞
	IPC_NOWAIT	非阻塞
	SEM_UNDO	撤销操作

③ semctl 函数。

函数形式：int semctl (int semid, int semnum, int cmd…/*union semun arg*/)。

功能：删除信号灯集对象，读取或修改信号灯值。

参数：semctl 函数的参数及含义如表 5-13 所示。

返回值：成功返回 0，出错返回 −1。

表 5-13　semctl 函数的参数及含义

参数	含　　义	
semid	信号灯集 ID .	
semnum	要修改的信号灯编号	
cmd	GETVAL	获取信号灯的值
	SETVAL	设置信号灯的值
	IPC_RMID	删除信号灯集合

例 5-36　信号灯函数示例：实现父子进程之间的同步。

```
#include "unistd.h"
#include "sys/types.h"
#include "stdio.h"
#include "unistd.h"
#include "sys/ipc.h"
#include "sys/sem.h"
union semun
{
    int val;
    struct semid_ds *buf;
    unsigned short *array;
};                                          //初始化信号灯
int main()
{
    pid_t pid;
    int i;
    key_t key;
    int semid;
    union semun myun;
    struct sembuf mysembuf;
    int ret;

    key=ftok("./a.c",'a');
    if(key<0)
        return -2;
    semid=semget(key,1,IPC_CREAT|0777);       //创建 IPC 对象
```

```
if(semid <0)
    return -3;
printf("semid=%d\n",semid);
myun.val=0;
ret=semctl(semid,0,SETVAL,myun);
if(ret<0)
{
    printf("sem init failure\n");
    return -4;
}
pid=fork();
if(pid <0)
    return -1;
if(pid ==0)//child process
{
    //P 操作
    mysembuf.sem_num=0;
    mysembuf.sem_op=-1;
    mysembuf.sem_flg=0;
    semop(semid,&mysembuf,1);
    for(i=0;i<5;i++)
    {
        printf("child process i=%d\n",i);
    }
}
if(pid >0)                                    //parent process
{
    sleep(5);
    for(i=0;i<5;i++)
    {
        printf("parent process,i=%d\n",i);
        sleep(1);
    }
    //V 操作
    mysembuf.sem_num=0;
    mysembuf.sem_op=1;
    mysembuf.sem_flg=0;
    semop(semid,&mysembuf,1);}
    return 0;
}
```

5.3　网　络　编　程

TCP/IP 协议结构分为 4 层，如图 5-6 所示。

由图 5-6 可知，Linux 内核实现了传输层和网络层的协议，网卡实现了网络接口层协议，Linux 内核向应用程序空间提供了一个接口 socket，所以网络编程也称为 socket 编程。程序员可以通过 socket 中的接口函数把应用层的数据传递给 Linux 内核，Linux 内核会将数据送给传输层和网络层，最后再通过网卡的驱动程序将数据通过网卡硬件传送到以太网中。

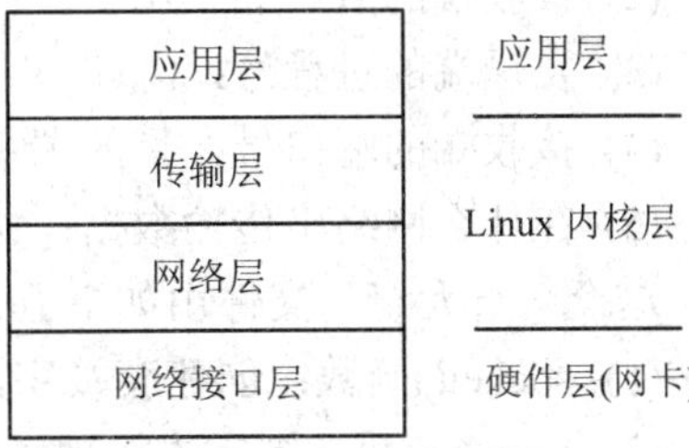

网络通信

应用层	应用层
传输层	Linux 内核层
网络层	
网络接口层	硬件层(网卡)

图 5-6　TCP/IP 协议结构

5.3.1　网络编程中的 C/S 模式

C/S 是 Client 和 Server 的缩写，网络编程存在 C/S 模式的原因有以下两点：

(1) 网络中客户端和服务器端存在资源不对等关系，服务器资源丰富，因此它可以服务多个客户端的请求任务。

(2) 网络编程也属于进程间通信，但前面讲述的进程通信是在一个 Linux 内核管理下的进程间通信，而网络的进程间通信有发送端和接收端两个 Linux 内核，因此要求有一个作为请求端，另一个作为服务端，这样才能使进程间正常通信。

5.3.2　socket 编程简介

socket 编程分三类，第一类是流式套接字，使用传输层的 TCP 协议；第二类为数据报套接字，使用传输层的 UDP 协议；第三类为原始套接字，不用传输层的协议，Linux 内核直接将应用程序的数据传送到网络层。

socket 编程也是基于文件 I/O 原理的，socket 编程函数和文件 I/O 函数的比较如表 5-14 所示。

表 5-14　socket 编程函数和文件 I/O 函数的比较

文件 I/O 函数	socket 编程	功　　能
open	(1) socket； (2) bind； (3) connect； (4) listen； (5) accept	打开或创建文件
close	close	关闭文件
write	write	写
read	read	读

由表 5-14 可知，read、write 和 close 函数在 socket 编程中仍然使用，不同的是打开或

创建文件的函数不一样。在文件 I/O 函数中，open 函数只能打开或创建普通文件；而网络是动态变化的，同时网络中两个进程之间的通信也是动态变化的，所以这个特殊的文件也是变化的。在网络编程中可用"五元组"来描述这个特殊的文件，"五元组"由以下五部分构成。

(1) 发送端的 IP：源 IP。

(2) 接收端的 IP：目的 IP。

(3) 发送端的进程号：源端口号。

(4) 接收端的端口号；目的端口号。

(5) 在什么网络中传输数据：协议族。

这个"五元组"文件由如下五个函数创建。

(1) socket()函数：创建套接字，实现了用什么协议族。

(2) bind()函数：绑定本机地址和端口，实现了源 IP 和源端口号。

(3) connect()函数：建立连接，用于客户端向服务器的连接请求。

(4) listen()函数：设置监听套接字，用于服务器端监听客户端的连接请求。

(5) accept()函数：接收 TCP 连接，用于服务器端等待客户端的连接请求。

可见，connect()和 accept()函数实现了目的 IP 和目的端口号。

5.3.3　socket 编程相关函数

1. socket 函数

函数形式：int socket (int domain, int type, int protocol)。

功能：创建套接字，所需头文件为"#include <sys/socket.h>"。

参数：socket 函数参数及其含义如表 5-15 所示。

返回值：成功返回一个文件描述符，出错返回-1。

表 5-15　socket 函数参数及其含义

参　数	含　义
domain	协议族，常见的协议族有： (1) PF_INET 或 AF_INET：internet 协议； (2) PF_UNIX：unix internet； (3) PF_NS：xerox NS 协议； (4) PF_IMDLINK：interface messege 协议
type	套接字类型，Linux 有三种套接字类型： (1) SOCK_STREAM：流式套接字 TCP； (2) SOCK_DGRAM：数据报套接字 UDP； (3) SOCK_RAW：原始套接字
protocol	默认是 0

2. bind 函数

函数形式：int bind(int sockfd, struct sockaddr *my_addr, int addrlen)。

功能：绑定本机 IP 和端口号，所需头文件为"#include <sys/socket.h>"和"#include

<sys/types.h>"。

参数：bind 函数参数及其含义如表 5-16 所示。

返回值：成功返回 0，出错返回 -1。

表 5-16　bind 函数参数及其含义

参　数	含　　义
sockfd	socket 函数的返回值(文件描述符)

my_addr	含有本机 IP 地址和端口号结构体成员的结构体，其结构体定义如下：
	struct sockaddr
	{
	　u_short sa_family;　//协议族
	　char sa_data[14];　//14 字节协议地址，包含本机的 IP 地址和端口号
	};

addrlen	my_addr 占用的空间大小

由于在 struct sockaddr 结构体中初始化 IP 地址和端口号不方便，便衍生了 Internet 协议地址结构 struct sockaddr_in，其形式如下：

```
struct sockaddr_in
{
    u_short sin_family;          // 地址族, AF_INET，2 bytes
    u_short sin_port;            // 端口，2 bytes   0--65536
    struct in_addr sin_addr;     // IPv4 地址，4 bytes
    char sin_zero[8];            // 8 bytes unused，作为填充
};
```

在 struct sockaddr_in 结构体中，struct in_addr 为 IPv4 地址成员，其形式如下：

```
struct in_addr
{
    in_addr_t   s_addr;              // in_addr_t 是无符号长整型类型
};
```

但是，IP 地址通常是字符串形式或点分形式，例如 192.168.1.100。由于 struct in_addr 的成员 s_addr 是无符号长整型的，因此要进行变量转换，相关函数如下。

(1) inet_addr 函数。

函数形式：unsigned long inet_addr(char *address)。

功能：将点分形式的 IP 地址转换为无符号长整型。

参数：address 是以 NULL 结尾的点分 IPv4 字符串。

返回值：成功返回无符号长整型的 IP 地址，出错返回 -1。

例如：addr=**inet_addr**("192.168.1.100")。

(2) inet_ntoa 函数。

函数形式：char* inet_ntoa(struct in_addr address)。

功能：将长整型的 IP 地址转换为点分形式。

参数：address 是 IPv4 地址结构。

返回值：成功返回一指向包含点分 IP 地址的字符指针，出错返回 NULL。

在 struct sockaddr_in 结构体中，sin_port 为端口号，端口号是为了区分一台主机接收到的数据包应该转交给哪个应用进程来进行处理，类似于一台主机中的进程号。

注意：

- TCP 端口号与 UDP 端口号是相互独立的。
- 端口号由 IANA(Internet Assigned Numbers Authority) 管理，IANA 将端口号分配如表 5-17 所示。

表 5-17　IANA 端口号分配

端口号	作　　用
1~255	众所周知端口
256~1023	UNIX 系统占用
1024~49151	已登记端口
49152~65535	动态或私有端口

网络中的字节序为大端模式，大端模式是高字节数据存放在低地址空间中，低字节数据存放在高地址空间中。不同的 CPU，字节序是不一样的，比如 ARM 默认的是大端模式，Intel 是小端模式，小端模式是高字节数据存放在高地址空间中，低字节数据存放在低地址空间中。因此，在网络编程中要有小端转大端或大端转小端的相关函数(头文件为#include <arpa/inet.h>)，如表 5-18 所示。

表 5-18　字节序转换函数

函　　数	介　　绍
uint32_t htonl(uint32_t hostlong)	功能：主机字节序到网络字节序。 参数：hostlong 为 32 位主机字节序变量。 返回值：32 位网络字节序变量
uint16_t htons(uint16_t hostshort)	功能：主机字节序到网络字节序。 参数：hostshort 为 16 位主机字节序变量。 返回值：16 位网络字节序变量
uint32_t ntohl(uint32_t netlong)	功能：网络字节序到主机字节序。 参数：netlong 为 32 位网络字节序变量。 返回值：32 位主机字节序变量
uint16_t ntohs(uint16_t netshort)	功能：网络字节序到主机字节序。 参数：netshort 为 16 位网络字节序变量。 返回值：16 位主机字节序变量

3. accept 函数

函数形式：int accept(int sockfd, struct sockaddr *addr, socklen_t *addrlen)。

功能：服务器端等待客户端连接请求，所需头文件为"#include <sys/socket.h>"和"#include<sys/types.h>"。

参数：accept 函数参数及其含义如表 5-19 所示。

返回值：成功返回一个文件描述符，这个文件描述符是用来为后面的 read、write 和 close

函数使用的，出错返回 −1。

表 5-19　accept 函数参数及其含义

参　　　数	含　　　义
sockfd	socket 函数的返回值(文件描述符)
addr	保存客户端地址(包括客户端 IP 和端口信息等)
addrlen	保存客户端地址长度

4. listen 函数

函数形式：int listen(int sockfd, int backlog)。

功能：服务器端监听函数，它监听是否有客户端请求数据。

参数：sockfd 是 socket 函数的返回值(文件描述符)；backlog 是设置等待客户端请求的队列长度。大多数系统的允许数目是 20，也可以设置为 5～10。

返回值：成功返回 0，出错返回 −1。

5. connect 函数

函数形式：int connect(int sockfd, struct sockaddr *serv_addr, int addrlen)。

功能：客户端向服务器端请求连接，所需头文件为"#include <sys/socket.h>"和"#include <sys/types.h>"。

参数：connect 函数参数及其含义如表 5-20 所示。

返回值：成功返回 0，出错返回 −1。

表 5-20　connect 函数参数及其含义

参　　　数	含　　　义
sockfd	socket 函数的返回值(文件描述符)
serv_addr	服务器端的地址信息
addrlen	serv_addr 占用的空间大小

5.3.4　socket 编程实例

基于 TCP 的客户端和服务器端通信的流程图如图 5-7 所示。

例 5-37　socket 编程示例。

网络通信——TCP

```
/*server.c*/
#include "sys/socket.h"
#include "stdio.h"
#include "fcntl.h"
#include "sys/types.h"
#include <arpa/inet.h>
int main()
{
    int fd,rw_fd;
    int ret;
    char buf[128]={0};
```

```c
        struct sockaddr_in myaddr;
        fd=socket(PF_INET,SOCK_STREAM,0);
        if(fd<0)
        {
            printf("create socket failure\n");
            return -1;
        }
        printf("fd=%d\n",fd);

        myaddr.sin_family=PF_INET;
        myaddr.sin_port=htons(8888);
        myaddr.sin_addr.s_addr=inet_addr("192.168.1.34");

        ret=bind(fd,(struct sockaddr *)&myaddr,sizeof(struct sockaddr));
        if(ret <0)
        {
            printf("bind failure\n");
            return -2;
        }

        listen(fd,5);
        printf("accept before\n");
        rw_fd=accept(fd,NULL,NULL);//sleep function
        printf("accept after\n");
        read(rw_fd,buf,128);
        printf("recv from %s",buf);
        return 0;
}

/*client.c*/
#include "sys/socket.h"
#include "stdio.h"
#include "fcntl.h"
#include "sys/types.h"
#include <arpa/inet.h>
int main()
{
    int fd,rw_fd;
    int ret;
    char buf[]="hello linux\n";
```

```
struct sockaddr_in server_addr;
fd=socket(PF_INET,SOCK_STREAM,0);
if(fd<0)
{
    printf("create socket failure\n");
    return -1;
}
printf("fd=%d\n",fd);
server_addr.sin_family=PF_INET;
server_addr.sin_port=htons(8888);
server_addr.sin_addr.s_addr=inet_addr("192.168.1.34");
connect(fd,(struct sockaddr *)&server_addr,sizeof(struct sockaddr));
write(fd,buf,sizeof(buf));
return 0;
}
```

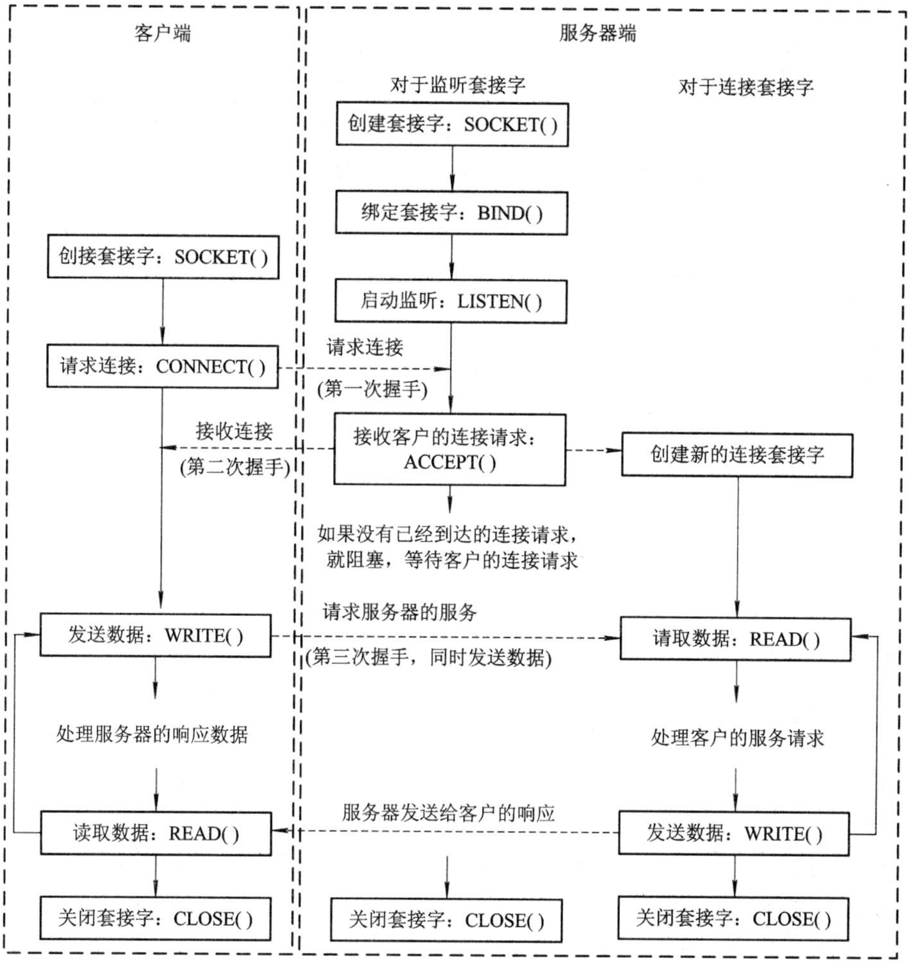

图 5-7　基于 TCP 的客户端和服务器端通信的流程图

5.3.5　服务器功能扩展

在网络程序中，一般来说都是许多客户对应一个服务器，为了处理客户的请求，对服务器端的程序就提出了特殊的要求。目前常用的服务器模型有以下两种。

(1) 循环服务器：在同一时刻只能响应一个客户端的请求。

(2) 并发服务器：服务器在同一时刻可以响应多个客户端的请求。

1．循环服务器

循环服务器是指一个一个地处理请求的服务器。例如：

```
while(1)
  {
    rw_fd=accept(sockfd,(struct sockaddr *)&clientsockaddr,&len);
    ...
    close()
  }
    ...
```

TCP 循环服务器接收一个客户端的连接，然后处理，完成了这个客户端的所有任务后，断开连接。TCP 循环服务器一次只能处理一个客户端的请求，只有在这个客户端的所有任务都满足后，服务器才可以继续后面的请求。如果有一个客户端占用服务器不放时，其他客户端都不能工作了，因此，TCP 服务器一般很少用循环服务器模型。

TCP 循环服务器模型如下：

```
socket(...);
bind(...);
listen(...);
while(1)
{
accept(...);
 process(...);
 close(...);
}
```

2．并发服务器

一个好的服务器，一般都是并发服务器。并发服务器设计技术一般有多进程服务器、多线程服务器、I/O 多路复用服务器等。

(1) 多进程并发服务器。多进程服务器是当客户端有请求时，服务器用一个子进程来处理客户请求。父进程继续等待其他客户的请求。这种方法的优点是当客户端有请求时，服务器能及时处理，特别是在客户端服务器交互系统中，对于一个 TCP 服务器，客户端与服务器的连接可能并不会马上关闭，而是会等到客户端提交某些数据后再关闭，这段时间服务器端的进程会阻塞，所以这时操作系统可能调度其他客户端服务进程。并发服务器较循环服务器而言大大提高了服务性能。

TCP 多进程并发服务器模型如下：

```
socket(...);
bind(...);
listen(...);
while(1)
{
    accept(...);
    if(fork(...) == 0)
    {
        process(...);
        close(...);
        exit(...);
    }
    close(...);
}
```

例 5-38　TCP 多进程并发服务器使用示例。

```
...
signal(17,myhandle);
pid=fork();
if(pid<0)
    return -3;
if(pid ==0)
{
    while(1)
    {
        read(rw_fd,readbuf,128);
        if(!strncmp(readbuf,"quit",4))
            break;
        printf("recv from client data:%s",readbuf);
        memset(readbuf,0,128);
    }
    sleep(2);
    exit(0);
    }
    close(rw_fd);
}
    return 0;
}
```

(2) 多线程并发服务器。多线程服务器是对多进程服务器的改进，由于多进程服务器在创建进程时要消耗较大的系统资源，所以用线程来取代进程，这样服务处理程序可以较快地创建。

TCP 多线程并发服务器模型如下:

```
socket(...);
bind(...);
listen(...);
while(1)
{
    accept(...);
    if((pthread_create(...))!==-1)
     {
          process(...);
          close(...);
          pthread_exit(...);
     }
    close(...);
}
```

(3) I/O 多路复用并发服务器。I/O 多路复用技术是为了解决进程或线程阻塞到某个 I/O 系统调用而出现的技术,使进程不阻塞于某个特定的 I/O 系统调用。它也可用于并发服务器的设计,常用函数 select 或 poll 来实现。

TCP I/O 多路复用并发服务器模型如下:

```
socket(...);
bind(...);
listen(...);
while(1)
{
    if(select(...)>0)
    if(FD_ISSET(...)>0)
    {
    accept(...);
        process(...);
    }
    close(...);
}
```

TCP I/O 多路复用并发服务器示例可参看例 5-42。

以上都是 TCP 服务器端的程序,TCP 客户端的程序可以通用。

5.3.6　I/O 的处理方式

1. 阻塞 I/O 与非阻塞 I/O

阻塞 I/O 就是当进程没有收到 I/O 数据时,进程会睡眠在那里,不会去运行后面的代码。阻塞 I/O 的好处是节省 CPU，缺点是进程后面的任务不能被处理，进程的效率不高。例如，accept( )函数默认是阻塞函数，当没有客户请求时，则进程会阻塞在 accept 处。

非阻塞 I/O 就是当进程没有收到 I/O 数据时，进程不会睡眠在那里，直接返回继续运行后面的代码。例如，若 accept()是非阻塞函数，当没有客户请求时，则进程不会阻塞在 accept 处，而是继续运行 accept 后面的代码。

很多函数默认的都是阻塞方式，如果要使其成为非阻塞方式，就要通过系统调用函数告诉内核，这是因为用户空间的进程 I/O 的处理方式是由内核来决定(驱动程序来决定)的，这个系统调用函数就是 fcntl(#include "fcntl.h")。

(1) 函数 fcntl。

函数形式：int fcntl(int fd, int cmd, long arg)。

功能：设置 I/O 的处理方式。

参数：fcntl 函数参数及其含义如表 5-21 所示。

返回值：成功返回 0，出错返回 −1。

表 5-21　fcntl 函数参数及其含义

参　数	含　义	
fd	文件描述符，即要设置哪一个文件的 I/O 处理方式	
cmd	F_GETFL	读内核的文件描述符属性
	F_SETFL	设置内核的文件描述符属性
arg	当 cmd=F_GETFL 时，arg =0	
	当 cmd=F_SETFL 时，若设置为非阻塞 I/O 方式，则 arg= O_NONBLOCK	

(2) fcntl 函数设置非阻塞 I/O 使用的模板如下：

```
int flag;
flag = fcntl(sockfd, F_GETFL, 0);        //读内核的文件描述属性
flag |= O_NONBLOCK;                      //设置为非阻塞 I/O 方式
fcntl(sockfd, F_SETFL, flag);            //设置内核的文件描述属性
```

例 5-39　fcntl 设置 accept 函数为非阻塞 I/O 方式示例。

```
/*server.c*/
#include "stdio.h"
#include "unistd.h"
#include "sys/socket.h"
#include "sys/types.h"
#include "arpa/inet.h"
#include "fcntl.h"
int main()
{
    int fd,ret,acc_fd;
    int Oflags;
```

```
    char buf[]="hello linux\n";
    struct sockaddr_in    my_sockaddr;
    fd=socket(PF_INET,SOCK_STREAM,0);
    if(fd <0)
     {
        printf("create socket error\n");
        return -1;
     }
    printf("fd=%d\n",fd);
    my_sockaddr.sin_family=PF_INET;
    my_sockaddr.sin_port=htons(8888);
    my_sockaddr.sin_addr.s_addr=inet_addr("192.168.1.110");
    ret=bind(fd,(struct sockaddr *)&my_sockaddr,sizeof(struct sockaddr_in));
    if(ret <0)
         {
            printf("bind failure\n");
            return -2;
         }
    printf("bind success\n");
    listen(fd, 5);
    Oflags = fcntl(fd,F_GETFL,0);
    fcntl(fd, F_SETFL,Oflags | O_NONBLOCK);
    printf("accept before\n");
    acc_fd=accept(fd,NULL, NULL);
    printf("accept after acc_fd=%d\n",acc_fd);
    write(acc_fd,buf,sizeof(buf));
    return 0;
}
/*client.c*/
#include "sys/socket.h"
#include "stdio.h"
#include "fcntl.h"
#include "sys/types.h"
#include <arpa/inet.h>
int main()
{
    int fd,fd1,rw_fd;
    int ret;
    char buf[]="hello linux\n";
```

```
struct sockaddr_in server_addr;
fd=socket(PF_INET,SOCK_STREAM,0);
if(fd<0)
{
    printf("create socket failure\n");
    return -1;
}
printf("fd=%d\n",fd);
server_addr.sin_family=PF_INET;
server_addr.sin_port=htons(8888);
server_addr.sin_addr.s_addr=inet_addr("192.168.1.110");
connect(fd,(struct sockaddr *)&server_addr,sizeof(struct sockaddr));
write(fd,buf,sizeof(buf));
return 0;
}
```

2. 异步 I/O

异步 I/O 是指当无 I/O 数据时，进程运行正常代码；当有 I/O 数据到来时，进程会收一个 SIGIO 信号；若在进程中设置了 SIGIO 信号的处理函数，则进程会运行信号处理函数代码(处理 I/O 数据)；信号处理函数代码运行结束，则返回进程正常运行的代码处。异步 I/O 的工作原理如图 5-8 所示。

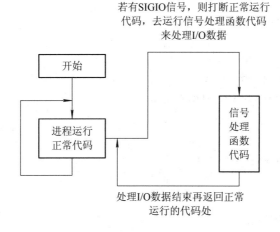

图 5-8　异步 I/O 的工作原理

当内核检测到有 I/O 数据时，并不向用户空间发送 SIGIO 信号，且用户进程正常状态下不支持异步 I/O，因此仍要用 fcntl 函数告诉内核以下一些事情：

(1) 当内核收到 I/O 数据时，发送 SIGIO 信号。

(2) 告诉内核将 SIGIO 信号发送给用户空间哪个进程。

(3) 用户空间支持异步 I/O 处理方式。

fcntl 函数设置异步 I/O 使用的模板如下：

```
fcntl(fd, F_SETOWN,getpid());          //告诉内核要发送 SIGIO 信号，而且要发给本进程
Oflags = fcntl(fd,F_GETFL，0);         //获得文件描述符的属性
Oflags |= FASYNC                       //设置为异步 I/O 方式
fcntl(fd, F_SETFL,oflags);             //设置文件描述符的属性
```

例 5-40　fcntl 设置 accept 函数为异步 I/O 处理方式示例。

```c
#include "stdio.h"
#include "unistd.h"
#include "sys/socket.h"
#include "sys/types.h"
#include "arpa/inet.h"
#include "signal.h"
#include "fcntl.h"
int fd;
int acc_fd;
void handle(int sig_num)
{
    printf("recv signal %d\n",sig_num);
    acc_fd=accept(fd,NULL, NULL);       //处理 I/O 数据
}
int main()
{
    int ret;
    int Oflags;
    char buf[]="hello linux\n";
    struct sockaddr_in   my_sockaddr;
    fd=socket(PF_INET,SOCK_STREAM,0);
    if(fd <0)
    {
        printf("create socket error\n");
        return -1;
    }
    printf("fd=%d\n",fd);
    my_sockaddr.sin_family=PF_INET;
    my_sockaddr.sin_port=htons(8888);
    my_sockaddr.sin_addr.s_addr=inet_addr("192.168.1.110");
    ret=bind(fd,(struct sockaddr *)&my_sockaddr,sizeof(struct sockaddr_in));
    if(ret <0)
        {
```

```
            printf("bind failure\n");
        return -2;
        }
    printf("bind success\n");
    listen(fd, 5);
    signal(SIGIO, handle);

    fcntl(fd,F_SETOWN,getpid());
    Oflags = fcntl(fd,F_GETFL);
    fcntl(fd, F_SETFL,Oflags | FASYNC);
    while(1)
        {
            printf("process thing\n");    //正常运行代码
        sleep(1);
        }
    return 0;
    }
```

3．多路复用 I/O

前面的 I/O 处理方式都只是针对一个 I/O 数据的处理，若进程同时有两个 I/O 数据要处理时，例如键盘的数据和网络的客户请求数据同时到来时，进程如何处理这两个 I/O 数据呢？可以采用多路复用 I/O 处理方式。

多路复用 I/O 处理方式可以由 select 函数实现，select 函数负责管理文件描述符集变量。文件描述符集定义为 fd_set，它是一个变量类型。它同信号量及锁的变量一样，用户不能直接操作 fd_set 定义的变量，必须通过接口函数去操作它，相关的接口函数如表 5-22 所示。

表 5-22　fd_set 相关的接口函数

函　　数	介　　绍
void FD_ZERO(fd_set *fdset)	功能：清空文件描述符集。 参数：fdset 为文件描述符集变量指针。 返回值：无
void FD_SET(int fd,fd_set *fdset)	功能：添加某一个文件描述符到文件描述符集。 参数：fd 为文件描述符；fdset 为文件描述符集变量指针。 返回值：无
void FD_CLR(int fd,fd_set *fdset)	功能：在文件描述符集删除某一个文件描述符。 参数：fd 为文件描述符；fdset 为文件描述符集变量指针。 返回值：无
int FD_ISSET(int fd,fd_set *fdset)	功能：判断某一个文件描述符是否在文件描述符集中。 参数：fd 为文件描述符；fdset 为文件描述符集变量指针。 返回值：在文件描述符集中返回非 0，否则返回 0

select 函数即是通过 fd_set 来实现多路复用 I/O 功能的。

函数形式：int select(int n, fd_set *read_fds, fd_set *write_fds, fd_set *except_fds, struct timeval *timeout);

功能：实现多路复用 I/O。

参数：select 函数参数及其含义如表 5-23 所示。

表 5-23   select 函数参数及其含义

参　　数	含　　义	
n	监视的最大的文件描述符值+1	
read_fds	检测的可读文件描述符的集合	
write_fds	检测的可写文件描述符的集合	
except_fds	检测的异常文件描述符的集合	
timeout	NULL	select 将一直被阻塞，直到某个文件描述符上发生了事件
	特定的时间值	在指定的时间段里没有事件发生，select 将超时返回

struct timeval 的定义如下：

```
struct timeval
{
    long   tv_sec；   //秒
    long   tv_uset；  //微秒
}
```

返回值：成功返回 0，出错返回 −1。

使用 select 函数时应注意：

(1) select 管理的所有文件描述符都没有 I/O 数据时，select 会进入阻塞；如果有一个或多个文件描述符有 I/O 数据，则 select 从阻塞进入到运行。

(2) select 是通过 FD_ISSET 函数来判断有哪些 I/O 数据需要处理的。

例 5-41   select 函数使用示例。

```
/*server.c*/
#include <sys/types.h>
#include <sys/socket.h>
#include <arpa/inet.h>
#include "unistd.h"
#include "stdlib.h"
#include "stdio.h"
#include "string.h"
#include "sys/select.h"
int main()
{
```

```
    int sockfd,rw_fd;
    pid_t pid;
    char readbuf[128]={0};
    char writebuf[128]={0};
    int ret;
    struct sockaddr_in mysockaddr,clientsockaddr;
    socklen_t len;
    fd_set readfd;
    sockfd=socket(PF_INET,SOCK_STREAM,0);
    if(sockfd<0)
    {
       printf("create socket fd failure\n");
       return -1;
    }
    printf("sockfd=%d\n",sockfd);

    mysockaddr.sin_family=PF_INET;
    mysockaddr.sin_port= htons(8888);
    mysockaddr.sin_addr.s_addr= inet_addr("192.168.1.100");
    ret=bind(sockfd,(struct sockaddr *)&mysockaddr,sizeof(struct sockaddr));

    if(ret<0)
    {
       printf("bind failure\n");
       sleep(1);
       goto abc;
    }
    listen(sockfd,5);
    FD_ZERO(&readfd);
    FD_SET(sockfd,&readfd);
    printf("select before\n");
    select(sockfd+1,&readfd,NULL,NULL,NULL);
    printf("select after\n");
    return 0;
}
/*client.c*/
#include "sys/socket.h"
#include "stdio.h"
#include "fcntl.h"
```

```c
#include "sys/types.h"
#include <arpa/inet.h>
int main()
{
    int fd,rw_fd;
    int ret;
    char buf[]="hello linux\n";
    struct sockaddr_in server_addr;
    fd=socket(PF_INET,SOCK_STREAM,0);
    if(fd<0)
    {
        printf("create socket failure\n");
        return -1;
    }
    printf("fd=%d\n",fd);
    server_addr.sin_family=PF_INET;
    server_addr.sin_port=htons(8888);
    server_addr.sin_addr.s_addr=inet_addr("192.168.1.110");
    connect(fd,(struct sockaddr *)&server_addr,sizeof(struct sockaddr));
    write(fd,buf,sizeof(buf));
    return 0;
}
```

例 5-42　select 函数实现并发服务器示例。

```c
/*server.c*/
#include <stdio.h>
#include <stdlib.h>
#include <string.h>
#include <unistd.h>
#include <sys/types.h>
#include <sys/socket.h>
#include <netinet/in.h>
#include <arpa/inet.h>
#define MAXLINE 50
typedef struct sockaddr SA;
int main(int argc, char **argv)
{
    int listenfd, connfd, maxfd, i, nbyte;
    struct sockaddr_in   myaddr;
    char   buf[MAXLINE];
```

```
fd_set global_rdfs, current_rdfs;

if ((listenfd = socket(PF_INET, SOCK_STREAM, 0)) < 0)
{
    perror("socket error");
    exit(-1);
}
bzero(&myaddr, sizeof(myaddr));
myaddr.sin_family      = PF_INET;
myaddr.sin_addr.s_addr = inet_addr("192.168.1.100");   //htonl(INADDR_ANY);
myaddr.sin_port        = htons(8888);     /* port number */

if (bind(listenfd, (SA *) &myaddr, sizeof(myaddr)) < 0)
{
    perror("bind error");
    exit(-1);
}
listen(listenfd, 5);
FD_ZERO(&global_rdfs);
FD_SET(listenfd, &global_rdfs);
maxfd = listenfd;
while ( 1 )
{
    current_rdfs = global_rdfs;
    if (select(maxfd+1, &current_rdfs, NULL, NULL, 0) < 0)
    {
        perror("select error");
        exit(-1);
    }
    else
    {
        for (i=0; i<=maxfd; i++)
        {
                if (FD_ISSET(i, &current_rdfs))    // fd i is ready
                {
                    if (i == listenfd)    // new connection is coming
                    {
                        connfd = accept(listenfd, NULL, NULL);
                        FD_SET(connfd, &global_rdfs);
```

```
                                 maxfd = maxfd > connfd ? maxfd : connfd;
                    }
                    else    // client send message
                    {
                        if ((nbyte = recv(i, buf, sizeof(buf), 0)) <= 0)
                        {
                            close(i);
                            FD_CLR(i, &global_rdfs);
                        }
                        else
                        {
                            send(i, buf, sizeof(buf), 0);
                        }
                    }
                }
            }    // end for
        }
    }
    return 0;
}
/*client.c*/
#include "sys/socket.h"
#include "stdio.h"
#include "fcntl.h"
#include "sys/types.h"
#include <arpa/inet.h>
int main()
{
    int fd,rw_fd;
    int ret;
    char buf[]="hello linux\n";
    struct sockaddr_in server_addr;
    fd=socket(PF_INET,SOCK_STREAM,0);
    if(fd<0)
    {
        printf("create socket failure\n");
        return -1;
    }
    printf("fd=%d\n",fd);
```

```
    server_addr.sin_family=PF_INET;
    server_addr.sin_port=htons(8888);
    server_addr.sin_addr.s_addr=inet_addr("192.168.1.110");
    connect(fd,(struct sockaddr *)&server_addr,sizeof(struct sockaddr));
    write(fd,buf,sizeof(buf));
    return 0;
}
```

5.3.7 UDP

基于 TCP 的网络通信，要求服务器先运行，客户端才可以请求数据，相对于基于 UDP 的网络通信来说，其优点是通信可靠，缺点是通信速度慢。基于 UDP 的网络通信，其服务器与客户端运行时无顺序要求，其优点是通信速度快。

网络通信——UDP

UDP 相关函数如下：

(1) sendto 函数。

函数形式：

int sendto(int s, const void *buf, int len, unsigned int flags, const struct sockaddr *to, int tolen);

功能：数据的发送。

参数：

s：socket 描述符；

buf：UDP 数据报缓存区(包含待发送数据)；

len：UDP 数据报的长度；

flags：调用方式标志位(一般设置为 0)；

to：指向接收数据的主机地址信息的结构体(sockaddr_in 需类型转换)；

tolen：to 所指结构体的长度。

返回值：成功则返回实际传送出去的字符数，失败返回 –1。

(2) recvfrom 函数。

函数形式：

int recvfrom(int s, void *buf, int len, unsigned int flags,struct sockaddr *from, int *fromlen);

功能：数据的接收。

参数：

s：socket 描述符；

buf：UDP 数据报缓存区(包含所接收的数据)；

len：缓冲区长度；

flags：调用操作方式(一般设置为 0)；

from：指向发送数据的客户端地址信息的结构体(sockaddr_in 需类型转换)；

fromlen：指针，指向 from 结构体长度值。

返回值：成功则返回实际接收到的字符数，失败返回 –1。

例 5-43 基于 UDP 的网络通信。

(1) UDP 服务器程序如下:

```c
#include "stdio.h"
#include "sys/socket.h"
#include "sys/types.h"
#include "arpa/inet.h"
#include "string.h"
int main()
{
    int fd;
    int ret;
    char buf[32] = {0};
    struct sockaddr_in    var = {0};
    fd = socket(PF_INET,SOCK_DGRAM,0);
    if(fd == -1)
    {
        printf("socket error\n");
        return -1;
    }
    var.sin_family = PF_INET;
    var.sin_port = htons(8888);                 // host to net short
    var.sin_addr.s_addr = inet_addr("192.168.1.120");
start:
    ret = bind(fd,(struct sockaddr *)&var,sizeof(struct sockaddr));
    if(ret == -1)
    {
        printf("bind error\n");
        sleep(1);
        goto start;
    }
    while(1)
    {
        recvfrom(fd,buf,32,0,NULL,NULL);
        if(strcmp(buf,"quit") == 0)
        {
            break;
        }
        printf("recv= %s\n",buf);
        memset(buf,0,32);
```

```
        }
        return 0;
    }
```

(2) UDP 客户端程序如下：

```
#include "stdio.h"
#include "sys/socket.h"
#include "sys/types.h"
#include "arpa/inet.h"
#include "string.h"
int main()
{
    int fd;
    int ret;
    char buf[32] = {0};
    struct sockaddr_in    var = {0};
    fd = socket(PF_INET,SOCK_DGRAM,0);
    if(fd == -1)
    {
        printf("socket error\n");
        return -1;
    }
    var.sin_family = PF_INET;
    var.sin_port = htons(8888);                // host to net short
    var.sin_addr.s_addr = inet_addr("192.168.1.120");
    while(1)
    {
        printf("please input a string\n");
        scanf("%s",buf);
        sendto(fd,buf,strlen(buf),0,(struct sockaddr *)&var,sizeof(struct sockaddr));
        if(strcmp(buf,"quit") == 0)
        {
            break;
        }
        memset(buf,0,32);
    }
    return 0;
}
```

5.4 数据库编程

数据库是存储数据的仓库，类似于 Excel 软件，数据库中也是由各个表组成的，每张表有表头，但是数据库的操作与 Excel 软件不同，它不可以直接操作，要通过数据库语言进行操作。数据库语言是通用的，对任何数据库类型，如 Access、SQLite、Mysql 和 Oracle 等都适用，因此在学习数据库前，先要学习常用的数据库语言。

5.4.1 数据库语言

数据库是一个文件，数据库操作语言主要包括：创建表、插入、查询、删除、更新、排序等。下面以 SQLite3 数据库为例，通过命令的方式熟悉数据库语言。

1. 打开或创建数据库

    sqlite3   mydatabase.db

该语句表示：打开或创建一个数据库文件，其名称为 mydatabase.db，该语句运行后会进入 SQLite3 数据库的命令环境。

2. 创建一个表

    create   table   mytable   (id   text, name   text)

该语句中，mytable 为表名，这个表的表头包含两个关键字：id 和 name，其数据类型都是字符串(text)类型。

3. 数据插入

    insert   into   mytable   values   ('123', 'abc')

该语句中，'123' 和 'abc' 分别表示插入表 mytable 中的一条数据，数据库中字符串使用单引号 '' 表示。

4. 数据查询

    select   *   from   mytable

该语句表示：查询表 mytable 中的所有记录。

    select   *   from   mytable   where   id='123'

该语句表示：查询的是特定记录(id='123')。

    select   *   from   mytable   order   by   id

该语句表示：查询表 mytable 中的所有记录，并按 id 从小到大顺序排列。

    select   *   from   mytable   order   by   id   desc

该语句表示：查询表 mytable 中的所有记录，并按 id 从大到小顺序排列。

5. 数据删除

    delete from mytable   where   id='123'

该语句表示：从表 mytable 中删除所有 id='123' 的数据记录。

6. 数据更新

　　　update mytable　set　id='234' name='rrrr' where　id='123';

该语句表示：将表 mytable 中所有 id='123' 的数据记录，更新为 id='234' 和 name='rrrr'。

5.4.2　数据库函数

（1）sqlite3_open 函数。

函数形式：int sqlite3_open(const char *filename,　sqlite3 **ppDb);

功能：打开或创建数据库文件。

参数：filename 为数据库文件名及所在的路径，ppDb 为 sqlite3_open 通过参数返回的指针，它是指向打开这个数据库文件的指针。

返回值：成功为 0，出错为 −1。

（2）sqlite3_close 函数。

函数形式：int sqlite3_close(sqlite3 *ppDb);

功能：关闭数据库文件。

参数：ppDb 为指向打开这个数据库文件的指针，由 sqlite3_open 函数通过参数返回的指针。

返回值：成功为 0，出错为 −1。

（3）sqlite3_exec 函数。

函数形式：

```
    int sqlite3_exec(
            sqlite3* ppDb,
            int (*callback)(void*,int,char**,char**),
        void *arg,
            char **errmsg
    );
```

功能：执行数据库语言。

参数：① ppDb 为操作哪个数据库，是 sqlite3_open 返回的指针；② sql 为数据库语言语句，它是一个字符串；③ callback 是一个回调函数，sql 语句执行之后会去执行这个函数；④ arg 是任意类型指针变量，该参数最终会传递给回调函数的第 1 个参数，如果不传递，则可以设置为 NULL；⑤ errmsg 是返回 sql 语句执行不成功的原因。

返回值：成功为 0，出错为−1。

（4）回调函数 callback。

函数形式：int callback(void *arg, int nColumn,char*column_value[],char* column_name[])

功能：获取数据库查询到的数据。

参数：① arg 是 sqlite3_exec 函数中第 4 个参数；② nColumn 是查询的数据库表中有多少个字段(即有多少列)；③ column_value 是查询到数据库表中，一条数据记录中各个列的数据；④ column_name 是查询的数据库表的关键字段名。

返回值：返回 1 为中断查找，返回 0 则为继续查找。

注意：编译时要加上-lsqlite3，类似多线程编程。

例 5-44 sqlite 应用示例。

```c
#include "sqlite3.h"
#include "stdio.h"
#include "string.h"


int A(void *arg,int num, char *column_data[],char *head_name[])
{
    static int flag = 0;
    int i;
    if(flag == 0)
    {
        printf("%s\n",(char *)arg);
        for(i = 0 ;i < num ;i ++)
        {
            printf("%-10s",head_name[i]);
        }
        printf("\n");
        flag = 1;
    }
    for(i = 0; i < num ;i ++)
    {
        printf("%-10s",column_data[i]);
    }
    printf("\n");
    return 0;
}
int main()
{
    int i;
    int ret;
    sqlite3 *dp;
    char buf[] = "hello";
    char sql_buf[128] = {0};
    ret = sqlite3_open("./new.db",&dp);
    if(ret == -1)
    {
        printf("create or open new.db error\n");
        return -1;
```

```
    }
    printf("create or open new.db success\n");
    sprintf(sql_buf,"create table kkk (id text,name text)");
    ret = sqlite3_exec(dp,sql_buf,NULL,NULL,NULL);
    if(ret == 0)
    {
        printf("create table kkk success\n");
    }
    else
    {
        printf("create table kkk error\n");
    }
    for(i = 1 ;i <= 4 ;i ++)
    {
        memset(sql_buf,0,128);
        sprintf(sql_buf,"insert into kkk values ('%d','abc%d')",i,i);
        ret = sqlite3_exec(dp,sql_buf,NULL,NULL,NULL);
        if(ret == -1)
        {
            printf("insert error\n");
        }
    }
    memset(sql_buf,0,128) ;
    sprintf(sql_buf,"select * from kkk");
    sqlite3_exec(dp,sql_buf,A,(void *)buf,NULL);
    sqlite3_close(dp);
    return 0;
}
```

本 章 小 结

　　本章主要讲述系统编程相关内容，主要包括四部分：I/O、进程、网络编程和数据库。其中 I/O 包含文件 I/O 和标准 I/O；进程包括进程相关的命令、进程控制、线程(线程的控制、线程的同步与互斥)、进程通信(无名管道、有名管道信号、IPC(共享内存、消息队列、信号灯))；网络编程包括 C/S 模式、socket 编程、socket 编程相关函数、TCP 实例、循环服务器、并发服务器及 I/O 的处理方式(阻塞 I/O、非阻塞 I/O、异步 I/O 和多路复用 I/O)；数据库主要包括数据库语言和数据库相关函数及使用方法。

　　本章知识点和实际应用紧密联系，不仅要求对单个知识点理解，还要求使用知识点解决实际应用中的问题。因此，本章主要培养读者运用科学知识去分析和解决实际应用问题，培养终身学习的能力。

习　题

1．分别使用文件 I/O 和标准 I/O 中的相关函数，实现 cp 和 cat 命令的功能。

2．使用 fork 函数实现一个父进程、四个子进程。

3．分别使用有名管道、消息队列实现两个进程 A 和 B 之间的双向聊天功能，并具备聊天退出功能。

4．分别使用多进程、多线程和多路复用 I/O 方法实现 TCP 的并发服务器程序。

5．编写一个 QQ 服务器和 QQ 应用程序，实现 QQ 的登录、注册、好友显示、聊天和退出等功能。

第 6 章 ARM 基础知识

6.1 ARM 简介

ARM 系统结构

6.1.1 ARM 公司简介

ARM 公司成立于 1990 年 11 月,其前身为 Acorn 计算机公司,主要设计 ARM 系列 RISC 处理器内核,并授权 ARM 内核给生产和销售半导体的合作伙伴。ARM 公司不生产芯片,它提供基于 ARM 架构的开发设计技术,如软件工具、评估板、调试工具、应用软件、总线架构、外围设备单元等。

6.1.2 ARM 主流芯片系列

ARM 主流芯片系列有:ARM 公司的 ARM7 系列、ARM9 系列、ARM9E 系列、ARM10E 系列、SecurCore 系列、Intel 的 StrongARM、ARM11 系列、Intel 的 Xscale 等。其中,ARM7、ARM9、ARM9E 和 ARM10 为通用处理器系列,每一个系列提供一套相对独特的性能来满足不同应用领域的需求。SecurCore 系列专门为安全要求较高的应用而设计。ARM 公司在经典处理器 ARM11 以后的产品改用 Cortex 命名,并分成 A、R 和 M 三类,旨在为各种不同的市场提供服务。

6.1.3 ARM 芯片特点

ARM 芯片的三大特点是:耗电少、功能强、16 位/32 位双指令集及合作伙伴众多。具体特点如下:

(1) 体积小、低功耗、低成本和高性能。

(2) 支持 Thumb(16 位)/ARM(32 位)双指令集,能很好地兼容 8 位/16 位器件。

(3) 大量使用寄存器,指令执行速度更快。

(4) 大多数数据操作都在寄存器中完成。

(5) 寻址方式灵活简单,执行效率高。

(6) 指令长度固定。

6.1.4 ARM 微处理器应用选型

1. ARM 微处理器内核的选择

从前面所介绍的内容可知,ARM 微处理器包含一系列的内核结构,以适应不同的应用领域。用户如果希望使用标准 Linux 等操作系统以减少软件开发时间,就需要选择

ARM720T 以上带有 MMU(Memory Management Unit)功能的 ARM 芯片，如 ARM720T、ARM920T、ARM922T、ARM946T、Strong-ARM 都带有 MMU 功能。而 ARM7TDMI 则没有 MMU，它不支持标准 Linux，但 uCLinux 等不需要 MMU 支持的操作系统便可运行于 ARM7TDMI 硬件平台之上。

2．工作频率的选择

系统的工作频率在很大程度上决定了 ARM 微处理器的处理能力。ARM7 系列微处理器的典型处理速度为 0.9MIPS/MHz，常见的 ARM7 芯片系统主时钟为 20 MHz～133 MHz。ARM9 系列微处理器的典型处理速度为 1.1 MIPS/MHz，常见的 ARM9 芯片系统主时钟频率为 100 MHz～233 MHz，ARM10 最高可以达到 700 MHz。不同芯片对时钟的处理不同，有的芯片只需要一个主时钟频率，有的芯片内部时钟控制器又可以分别为 ARM 核和 USB、UART、DSP、音频等功能部件提供不同频率的时钟。

3．片内存储器容量的选择

大多数的 ARM 微处理器片内存储器的容量都不太大，需要用户在设计系统时外扩存储器。但也有部分芯片具有相对较大的片内存储空间，如 ATMEL 的 AT91F40162 就具有高达 2 MB 的片内程序存储空间，用户在设计时可考虑选用，以简化系统的设计。

4．片内外围电路的选择

除 ARM 微处理器核以外，几乎所有的 ARM 芯片均根据各自不同的应用领域扩展了相关功能模块，并集成在芯片之中，称为片内外围电路，如 USB 接口，IIS 接口，LCD 控制器，键盘接口，RTC、ADC、DAC 和 DSP 协处理器等。设计者应分析系统的需求，尽可能采用片内外围电路完成所需的功能，这样既可简化系统的设计，同时又可提高系统的可靠性。

6.2　RealView 开发工具

6.2.1　RealView 开发工具简介

RealView 源自德国 Keil 公司，它被全球超过 10 万的嵌入式开发工程师验证和使用，同时，它也是 ARM 公司最新推出的软件开发工具。RealView MDK 集成了业内最领先的技术，包括集成开发环境与 RealView 编译器，支持 ARM7、ARM9 和 Cortex-M 等系列核处理器，自动配置启动代码，集成 Flash 烧写模块，强大的 Simulation 设备模拟和性能分析等功能，其性能超过 ARM 之前的工具包 ADS。RealView MDK 的突出特性如下：

(1) 启动代码生成向导，自动引导。

(2) 软件模拟器，完全脱离硬件的软件开发过程。

(3) 性能分析器，能看得更远、更细、更清。

(4) RealView 编译器，代码更小，性能更高，配备 ULINK 仿真器且无须安装驱动。

(5) 轻松实现 Flash 烧写。

(6) 高性价比。

RealView 工具可从网络下载安装。

6.2.2　RealView 使用

1. 创建一个工程

uVision 是 Keil 软件一个标准的窗口应用程序，可以点击程序按钮开始运行。为了创建一个新的 uVision 工程必须要进行三步：选择工具集、创建工程文件和选择设备。

(1) 选择工具集。uVision 可以使用 ARM RealView 编译工具、ARM ADS 编译器、GNU GCC 编译器和 Keil C ARM 编译器。当使用 GNU GCC 编译器或 ARM ADS 编译器时必须另外安装它们的编译集。实际使用的工具集可以在 uVision IDE 的 "Project" → "Manage" → "Components，Environment and Books" 对话框中的 "Folders/Extensions" 选项卡(见图 6-1)中选择。

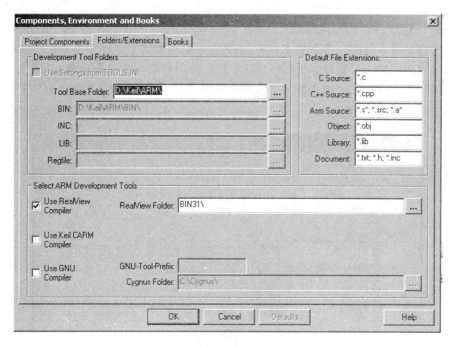

图 6-1　选择工具集

① Use RealView Compiler 复选框表示本工程使用 ARM 开发工具。RealView Folder 文本框指定开发工具的路径。下面的例子显示了各种版本的 ARM ADS/RealView 开发工具的路径：

- uVision 的 RealView 编译器: BIN31\
- ADS V1.2: C:\Program Files\ARM\ADSv1_2\Bin
- RealView 评估版 2.1：
  C:\Program Files\ARM\RVCT\Programs\2.1\350\eval2-sc\win_32-pentium

② Use Keil CARM Compiler 复选框表示本工程使用 Keil CARM 编译器、Keil ARM 汇编器和 Keil LARM 链接器/装载器。

③ Use GNU Compiler 复选框表示本工程使用 GNU 开发工具。Cygnus Folder 文本框

指定 GNU 的安装路径。GNU-Tool-Prefix 文本框指定不同的 GNU 工具链。下面是各种
GNU 版本的例子:

- 带 uclib 的 GNU V3.22: GNU-Tool-Prefix: arm-uclibc- Cygnus Folder: C:\Cygnus
- 带标准库的 GNUARM V4: GNU-Tool-Prefix: arm-elf- Cygnus Folder: C:\Program
Files\GNUARM\

④ Keil 根目录的设置是基于 uVision/ARM 开发工具的安装目录的。对于 Keil ARM 工
具来说,工具组件的路径是在开发工具目录中配置的。

(2) 创建工程文件。单击"Project"→"New..."→"uVision Project"菜单项,uVision 3
将打开一个标准对话框,输入希望新建工程的名字即可创建一个新的工程。建议对每个新
建工程使用独立的文件夹。例如,先建立一个新的文件夹,然后选择这个文件夹作为新建
工程的目录,输入新建工程的名字 Project1,uVision 将会创建一个以 Project1.UV2 为名字
的新工程文件,它包含了一个缺省的目标(Target)和文件组名。这些内容在"Project
Workspace"→"Files"中可以看到。

(3) 选择设备。创建一个新的工程时,uVision 要求为这个工程选择一款 CPU。选择设
备对话框显示了 uVision 的设备数据库,只需要选择用户所需的微控制器即可。如图 6-2 所
示,选择 Philips LPC2106 微控制器,这个选择设置了 LPC2106 设备的必要工具选项,简
化了工具的配置。

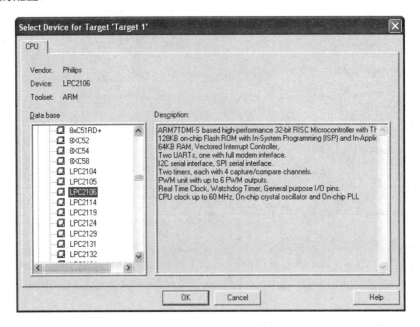

图 6-2　选择设备

注意:

① 当创建一个新的工程时,uVision 会自动为所选择的 CPU 添加合适的启动代码。

② 对于一些设备而言,uVision 需要用户手动输入额外的参数。请仔细阅读图 6-2 对
话框右边的信息,因为它可能包含所选设备的额外配置要求。

创建源文件以后,就可以将这个文件添加到工程中。uVision 提供了几种方法将源文件

添加到工程中。例如，在"Project Workspace"→"Files"页面的文件组上点击鼠标右键，然后在弹出的菜单中选择"Add Files"菜单项，这时将打开标准的文件对话框，选择创建的 Asm 或 C 文件即完成源文件的添加。

2. 编译、链接工程

(1) 设置目标硬件的工具选项。uVision 可以设置目标硬件的工具选项。通过工具栏按钮或"Project"→"Options for Target"菜单项打开 Options for Target 对话框，在 Target 页面中设置目标硬件及所选 CPU 片上组件的参数。图 6-3 是 LPC2106 的一些参数设置。

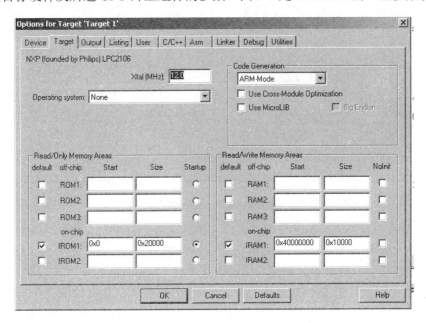

图 6-3　设置目标硬件

图 6-3 中的选项及其含义如表 6-1 所示。

表 6-1　Target 对话框的选项及其含义

对话框选项	含　义
Xtal	设备的晶振(Xtal)频率。大多数基于 ARM 的微控制器都使用片上 PLL 来产生 CPU 时钟。所以，一般情况下 CPU 的时钟与 Xtal 的频率是不同的
Read/Only Memory Areas	目标硬件片内、片外的 ROM 区地址以及大小
Read/Write Memory Areas	目标硬件片内、片外的 RAM 区地址以及大小
Code Generation	产生 ARM Mode 还是 Thumb Mode

(2) 增加链接控制文件。对于 GNU 和 ARM ADS/RealView 工具链来说，链接器的配置是通过链接器控制文件实现的。这个文件指定了 ARM 目标硬件的存储配置，预配置的链接器控制文件在文件夹..\ARM\GNU 或..\ARM\ADS 中。为了与目标硬件相匹配，用户可能会修改链接器控制文件，所以工程中的那个文件是预配置的连接控制文件的一个副本。这个文件可以通过"Project"→"Options for Target"对话框的 Linker 页面添加到工程中，如

图 6-4 所示。

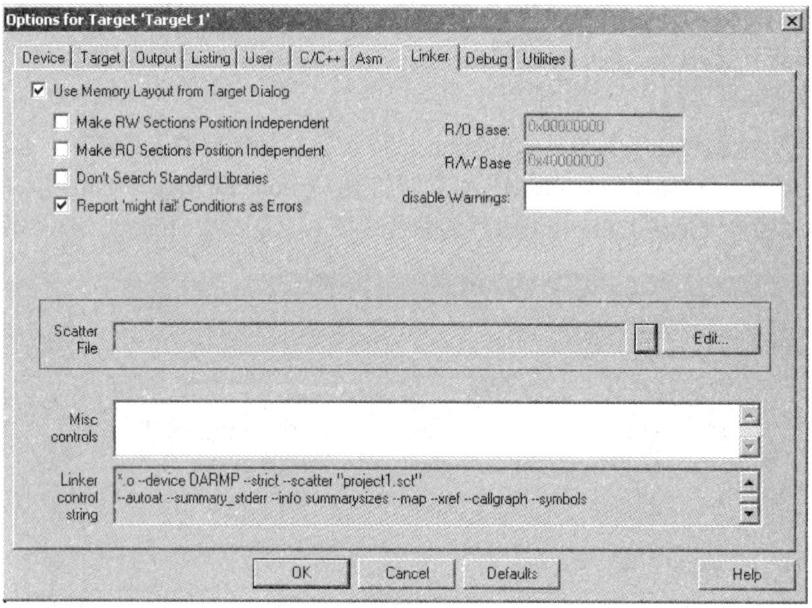

图 6-4　设置 Linker 选项

对于复杂的 Memory Layout 分配方式，应该采用 Scatter File，对于简单的工程，直接指定图 6-4 中 R/O 和 R/W 的基地址即可。

(3) 编译链接。一般来说，新建一个应用程序时，"Options"→"Target"页中所有的工具和属性都要配置。单击"Build Target"工具栏按钮将编译所有的源文件，链接应用程序。当编译有语法错误的应用程序时，uVision 将在"Output Window"→"Build"窗口中显示错误和警告信息，如图 6-5 所示。单击这些信息行，uVision 将会定位到相应的源代码处。

```
Build target 'Target 1'
assembling Startup.s...
compiling main.c...
linking...
Program Size: Code=1268 RO-data=16 RW-data=0 ZI-data=1256
"project1.axf" - 0 Error(s), 0 Warning(s).
```

图 6-5　编译结果

源文件编译成功产生应用程序以后就可开始调试了，点击"Debug"→"Start/Stop debug session"(Ctrl+F5)即进入调试模式。

3. 程序调试

进入调试模式后，可以选择单步、全速运行，设置断点等常规的调试，所有有关调试的操作都可以在 Debug 菜单下找到。图 6-6 为进入调试模式时的界面。

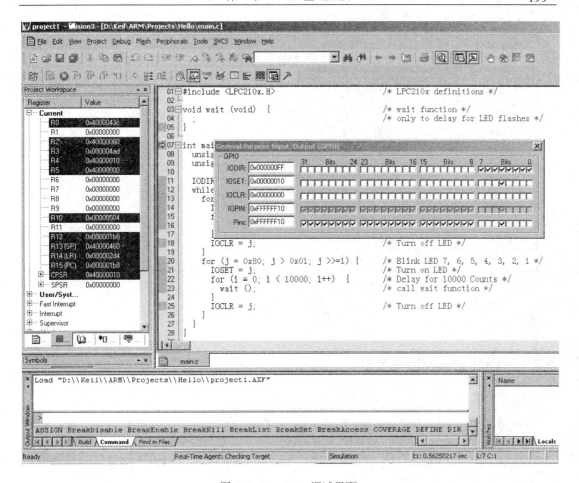

图 6-6　Simulator 调试界面

常用的调试手段如下：

(1) 单步、全速运行程序。快捷键 F10 为单步运行，F5 为全速运行。

(2) 各种模式下的寄存器可以在图 6-6 左边的窗口中查看。

(3) 设置断点：选中需要设置断点的行，然后按下 F9 键即在该行设置断点，程序运行到此处就停止运行。

(4) 查看变量的实时值。打开"View"→"Watch&Call Stack Window"，在此 Window 中，选择 Locals tab 就可以查看所有的 local 变量；选择 Watch Window 中的 Watch #1，加入需要查看的变量就可以查看实时全局变量的值。

(5) 外设模块仿真。若选择的是 Simulator，可以通过 RealView MDK 强大的仿真功能来调试程序。打开"Peripheral"→"GPIO"可以看到每一个 GPIO 引脚的实时状态信息。全速运行程序后，GPIO 的状态就开始按照程序的控制变化。

4. 工程选项页概述

在"Project-Options"对话框页可以设置所有的工具选项，所有的选项都保存在 uVision 工程文件中。在"Project Workspace"→"Files"窗口点击鼠标右键，在弹出的菜单中可以设置文件夹或单个文件的不同选项。表 6-2 概述了各种选项对话框的功能。

表 6-2　各种选项对话框的功能

对话框页	描　述
Device	从 uVision 的设备数据库中选择设备
Target	为应用程序指定硬件环境
Output	定义工具链的输出文件，在编译完成后运行用户程序
Listing	指定工具链产生的所有列表文件
C/C++	设置 C/C++ 编译器的工具选项，例如代码优化和变量分配
Asm	设置汇编器的工具选项，如宏处理
Linker	设置链接器的相关选项。一般来说，链接器的设置需要配置目标系统的存储分配、设置链接器定义存储器类型和段的位置
Debug	uVision 调试器的设置
Utilities	配置 Flash 编程实用工具

6.3　ARM 编程模型

6.3.1　ARM 数据和指令类型

1. 字节顺序

ARM 可以用小/大端(Little/Big Endian)格式存取数据。小端是指数据的低字节被存储在内存的低地址空间；大端是指数据的高字节被存储在内存的低地址空间，具体如图 6-7 所示。ARM 可以使用 BIGEND 信号或 CP15 两种方法来配置字节顺序。Intel 处理器使用小端，网络上使用大端。

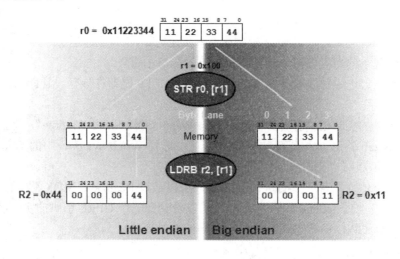

图 6-7　字节顺序

2. 指令格式

ARM 采用的是 32 位架构，ARM 约定：Byte 为 8 bits，Halfword 为 16 bits (2 Byte)，

Word 为 32 bits(4 Byte)。大部分 ARM 芯片提供 ARM 指令集(32-bit)和 Thumb 指令集(16-bit)。Thumb 指令集是由 ARM 指令集的一个子集经过重新编码后产生的，它在性能和代码大小之间提供了出色的折中。嵌入式产品通常对代码的密度要求比较高，Thumb 代码可以在牺牲一点性能的情况下，减少程序占用的存储空间，最多可节省高达 35%的存储空间。通常，执行 ARM 指令集的状态称为 ARM 状态，执行 Thumb 指令集的状态称为 Thumb 状态。ARM 的 Jazelle 技术在硬件上提供了对 Java 字节码的支持，大大提高了系统的性能。Jazelle 芯片支持 Java 字节码、Java 字节码 8-bit 独立架构的指令集。Jazelle 用硬件执行大多数的字节码(另一些则使用高度优化了的 ARM 代码)。

3. 对齐方式

存储器访问必须始终适当地保持地址对齐，非对齐地址将产生不可预测的未定义结果。用 "Data Abort" 异常来检测无效的非对齐数据存取需要额外的扩展逻辑，或者用 MMU 来谨防指令读取时出现非对齐。非对齐数据存取能够完成，但不是用 LDR，而是使用 LDRB、STRB 传递字节，或使用 LDM 加移位/屏蔽。ARM 对齐方式如图 6-8 所示。

图 6-8　ARM 对齐方式

图 6-8 是针对不同数据宽度的有效存取方式。数字是最低位十六进制地址，注意地址取决于基址寄存器的值和偏移，所以需要检查基址寄存器的值。ARM 架构已被设计成快速而简单的 32 位存储器接口，每次存取只需一个存储周期，因此不能跨 4 字节边界存取，所有非对齐字和非对齐半字都是不允许的。编译器将保证变量和结构区域是对齐的，因此不必担心编译出的代码。编译器支持_packed，即允许非对齐存取，但这样做代码量将非常大且昂贵，检测不正确的非对齐对保证程序的正确是非常重要的。在数据异常处理中使用 lr_abt，注意指令预取可能出现非对齐，由于 pc[1:0] 没有被有效的取指地址所驱动，存储器系统在取指时必须忽略这两位以避免对齐错误。

6.3.2　处理器工作模式

ARM 微处理器支持 7 种工作模式，也正因为这 7 种工作模式的不同，使得 ARM 微处理器嵌入操作系统成为可能。

(1) 用户模式(usr)：ARM 处理器正常的程序执行状态。

(2) 快速中断模式(fiq)：用于高速数据传输或通道处理。

(3) 外部中断模式(irq)：用于一般的中断处理。

(4) 管理模式(svc)：操作系统使用的保护模式。

(5) 数据访问终止模式(abt)：当数据或指令预取终止时进入该模式，可用于虚拟存储及存储保护。

(6) 系统模式(sys)：运行具有特权的操作系统任务。

(7) 未定义指令终止模式(und)：当执行未定义的指令时进入该模式，可用于支持硬件协处理器的软件仿真。

ARM 微处理器的运行模式可以通过软件改变，也可以通过外部中断改变。当应用程序、处理器运行在用户模式下时，某些被保护的系统资源是不能被访问的。7 种工作模式中，除用户模式以外，其余 6 种模式称为非用户模式或特权模式；除去用户模式和系统模式以外，其余 5 种又称为异常模式。

6.3.3　寄存器组织

ARM 微处理器共有 37 个 32 位寄存器，其中 31 个为通用寄存器，6 个为状态寄存器，但是这些寄存器不能被同时访问。具体哪些寄存器是可编程访问的，取决于微处理器的工作状态(ARM 微处理器有两种工作状态，分别是 ARM 状态和 Thumb 状态)及具体的工作模式。

1. ARM 状态下的寄存器组织

(1) 通用寄存器。通用寄存器包括 R0～R14，可以分为 2 类。

① 未分组寄存器 R0～R7。在所有的工作模式下，未分组寄存器都是相同的，因此，在切换工作模式时，可能会破坏寄存器中的数据。这一点在进行程序设计时应引起注意。

② 分组寄存器 R8～R14。对于分组寄存器来说，工作模式不同，对应的寄存器是不同的。

对于 R8～R12 来说，每个寄存器对应两个不同的物理寄存器，当使用 fiq 模式时，访问寄存器 R8_fiq～R12_fiq；当使用除 fiq 模式以外的其他模式时，访问寄存器 R8_usr～R12_usr。

对于 R13 和 R14 来说，每个寄存器对应 6 个不同的物理寄存器，其中一个是用户模式与系统模式共用，另外 5 个物理寄存器对应其他 5 种不同的工作模式。通常采用以下的记号来区分不同的物理寄存器：

- R13_<mode>
- R14_<mode>

其中，mode 为以下几种模式之一：usr、fiq、irq、svc、abt、und。

寄存器 R13 在 ARM 指令中常用作堆栈指针。这只是一种习惯用法，用户也可使用其他寄存器作为堆栈指针。由于处理器的每种工作模式均有自己独立的物理寄存器 R13，在用户应用程序的初始化部分，一般都要初始化每种模式下的 R13，使其指向该运行模式的栈空间。这样当程序的运行进入异常模式时，可以将需要保护的寄存器放入 R13 所指向的堆栈，而当程序从异常模式返回时，则从对应的堆栈中恢复。采用这种方式可以保证异常发生后程序的正常执行。

R14 也称作链接寄存器 LR。当执行 BL 子程序调用指令时，R14 中得到 R15(程序计数器 PC)的备份。其他情况下，R14 用作通用寄存器。当发生异常时，对应的分组寄存器 R14_svc、R14_irq、R14_fiq、R14_abt 和 R14_und 用来保存 R15 的返回值。寄存器 R14 常用在如下的情况：

- 在每一种工作模式下，都可用 R14 保存子程序的返回地址。当用 BL 或 BLX 指令调用子程序时，将 PC 的当前值复制给 R14，执行完子程序后，又将 R14 的值复制回 PC，即可完成子程序的调用返回。代码如下：

　　　　MOV PC, LR

　　　　BX LR

- 在子程序入口处使用以下指令将 R14 存入堆栈：

　　　　STMFD SP！,{<Regs>,LR}

- 使用以下指令可以完成子程序的返回：

　　　　LDMFD SP！,{<Regs>,PC}

(2) 程序计数器 PC(R15)。寄存器 R15 用作程序计数器(PC)。在 ARM 状态下，位[1:0]为 0，位[31:2]用于保存 PC；在 Thumb 状态下，位[0]为 0，位[31:1]用于保存 PC。由于 ARM 体系结构采用了多级流水线技术，对于 ARM 指令集而言，PC 总是指向当前指令的下两条指令的地址，即 PC 的值为当前指令的地址值加 8 个字节。

(3) 寄存器 R16。寄存器 R16 用作 CPSR(Current Program Status Register，当前程序状态寄存器)。ARM 体系结构包含一个当前程序状态寄存器(CPSR)和 5 个备份的程序状态寄存器(SPSR)。备份的程序状态寄存器用来进行异常处理，当异常发生时，SPSR 用于保存 CPSR 的当前值，从异常退出时则可由 SPSR 来恢复 CPSR。用户模式和系统模式不属于异常模式，它们没有 SPSR。

　　　　程序状态寄存器每一位的安排如图 6-9 所示。

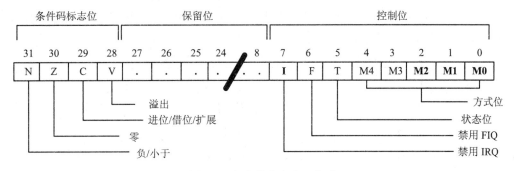

图 6-9　程序状态寄存器格式

① 条件码标志位(Condition Code Flags)。N、Z、C、V 均为条件码标志位。它们的内容可被算术或逻辑运算的结果所改变，并且可以决定某条指令是否被执行。在 ARM 状态下，所有指令都是有条件执行的。条件码标志位各位的具体含义如表 6-3 所示。

表 6-3　条件码标志位各位的具体含义

标志位	含　　义
N	当用两个补码表示的带符号数进行运算时，N=1 表示运算的结果为负数；N=0 表示运算的结果为正数或零
Z	Z=1 表示运算的结果为零；Z=0 表示运算的结果为非零
C	有 4 种方法可以设置 C 的值： (1) 加法运算(包括比较指令 CMN)：当运算结果产生了进位时(无符号数溢出)，C=1，否则 C=0。 (2) 减法运算(包括比较指令 CMP)：当运算时产生了借位(无符号数溢出)，C=0，否则 C=1

标志位	含　义
C	(3) 对于包含移位操作的非加/减运算指令，C 为移出值的最后一位。 (4) 对于其他的非加/减运算指令，C 的值通常不改变
V	有 2 种方法可以设置 V 的值： (1) 对于加/减法运算指令，当操作数和运算结果为二进制的补码表示的带符号数时，V=1 表示符号位溢出。 (2) 对于其他的非加/减运算指令，V 的值通常不改变
Q	(1) 在 ARMv5 及以上版本的 E 系列处理器中，用 Q 标志位指示增强的 DSP 运算指令是否发生了溢出。 (2) 在其他版本的处理器中，Q 标志位无定义

② 控制位。CPSR 的低 8 位(包括 I、F、T 和 M[4:0])称为控制位，当发生异常时这些位可以被改变。

中断禁止位 I、F：I=1，禁止 IRQ 中断；F=1，禁止 FIQ 中断。

T 标志位：该位反映处理器的运行状态。对于 ARM v5 及以上版本的 T 系列处理器，当该位为 1 时，程序运行于 Thumb 状态，否则运行于 ARM 状态。

工作模式位 M[4:0]：M0、M1、M2、M3、M4 是模式位。这些位决定了处理器的工作模式，具体含义如表 6-4 所示。

表 6-4　工作模式位 M[4:0]的具体含义

M[4:0]	处理器模式	可访问的寄存器
0b10000	用户模式	PC，CPSR，R0-R14
0b10001	快速中断模式	PC，CPSR，SPSR_fiq，R14_fiq-R8_fiq，R7~R0
0b10010	外部中断模式	PC，CPSR，SPSR_irq，R14_irq，R13_irq，R12~R0
0b10011	管理模式	PC，CPSR，SPSR_svc，R14_svc，R13_svc，R12~R0
0b10111	数据访问终止模式	PC，CPSR，SPSR_abt，R14_abt，R13_abt，R12~R0
0b11011	未定义指令中止模式	PC，CPSR，SPSR_und，R14_und，R13_und，R12~R0
0b11111	系统模式	PC，CPSR(ARMv4 及以上版本)，R14~R0

综上所述，ARM 状态下的寄存器组织如表 6-5 所示。

表 6-5　ARM 状态下的寄存器组织(斜体为分组寄存器)

用户/系统模式	管理模式	数据访问终止模式	未定义指令中止模式	外部中断模式	快速中断模式
R0	R0	R0	R0	R0	R0
R1	R1	R1	R1	R1	R1
R2	R2	R2	R2	R2	R2
R3	R3	R3	R3	R3	R3

用户/系统模式	管理模式	数据访问终止模式	未定义指令中止模式	外部中断模式	快速中断模式
R4	R4	R4	R4	R4	R4
R5	R5	R5	R5	R5	R5
R6	R6	R6	R6	R6	R6
R7	R7	R7	R7	R7	R7
R8	R8	R8	R8	R8	*R8_FIQ*
R9	R9	R9	R9	R9	*R9_FIQ*
R10	R10	R10	R10	R10	*R10_FIQ*
R11	R11	R11	R11	R11	*R11_FIQ*
R12	R12	R12	R12	R12	*R12_FIQ*
R13	*R13_SVC*	*R13_ABT*	*R13_UND*	*R13_IRQ*	*R13_FIQ*
R14	*R14_SVC*	*R14_ABT*	*R14_UND*	*R14_IRQ*	*R14_FIQ*
PC	PC	PC	PC	PC	PC
CPSR	CPSR	CPSR	CPSR	CPSR	CPSR
	SPSR_SVC	*SPSR_ABT*	*SPSR_UND*	*SPSR_IRQ*	*SPSR_FIQ*

2. Thumb 状态下的寄存器组织

Thumb 状态下的寄存器集是 ARM 状态下寄存器集的一个子集，程序可以直接访问通用寄存器(R7~R0)、程序计数器(PC)、堆栈指针(SP)、连接寄存器(LR)和 CPSR。同时，在每一种特权模式下都有一组 SP、LR 和 SPSR。表 6-6 给出了 Thumb 状态下的寄存器组织。

表 6-6　Thumb 状态下的寄存器组织(斜体为分组寄存器)

用户/系统模式	管理模式	数据访问终止模式	未定义指令中止模式	外部中断模式	快速中断模式
R0	R0	R0	R0	R0	R0
R1	R1	R1	R1	R1	R1
R2	R2	R2	R2	R2	R2
R3	R3	R3	R3	R3	R3
R4	R4	R4	R4	R4	R4
R5	R5	R5	R5	R5	R5
R6	R6	R6	R6	R6	R6
R7	R7	R7	R7	R7	R7
SP	*SP_SVC*	*SP_ABT*	*SP_UND*	*SP_IRQ*	*SP_FIQ*
LR	*LR_SVC*	*LR_ABT*	*LR_UND*	*LR_IRQ*	*LR_FIQ*
PC	PC	PC	PC	PC	PC
CPSR	CPSR	CPSR	CPSR	CPSR	CPSR
	SPSR_SVC	*SPSR_ABT*	*SPSR_UND*	*SPSR_IRQ*	*SPSR_FIQ*

Thumb 状态下的寄存器组织与 ARM 状态下的寄存器组织的关系如下：

(1) Thumb 状态下和 ARM 状态下的 R0～R7 是相同的。

(2) Thumb 状态下和 ARM 状态下的 CPSR 和所有的 SPSR 是相同的。

(3) Thumb 状态下的 SP 对应于 ARM 状态下的 R13。

(4) Thumb 状态下的 LR 对应于 ARM 状态下的 R14。

(5) Thumb 状态下的程序计数器对应于 ARM 状态下的 R15。

上述对应关系如图 6-10 所示。

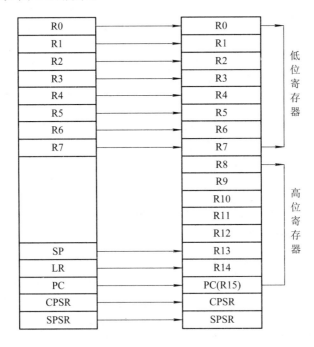

图 6-10　Thumb 状态下的寄存器组织与 ARM 状态下的寄存器组织的关系

6.3.4　异常

当正常的程序执行流程发生暂时的停止时，称为异常(Exceptions)。例如处理一个外部的中断请求，在处理异常之前，当前处理器的状态必须保留，这样当异常处理完成之后，当前程序可以继续执行。处理器允许多个异常同时发生，它们将会按固定的优先级进行处理。ARM 体系结构中的异常，与 8 位/16 位体系结构的中断有很大的相似之处，但异常与中断的概念并不完全等同。

ARM 体系结构所支持的异常类型及含义如表 6-7 所示。

表 6-7　ARM 体系结构所支持的异常类型及含义

异常类型	含　　义
复位	当 CPU 刚上电时或按下 reset 重启键之后进入该异常，该异常在管理模式下处理
未定义指令	该异常发生在流水线技术里的译码阶段，如果当前指令不能被识别为有效指令，则产生未定义指令异常，该异常在未定义异常模式下处理

续表

异常类型	含　义
软件中断	该异常是应用程序自己调用时产生的，用于用户程序申请访问硬件资源时，例如：printf()打印函数，要将用户数据打印到显示器上，用户程序要想实现打印必须申请使用显示器，而用户程序又没有外设硬件的使用权，只能通过使用软件中断指令切换到内核状态，通过操作系统内核代码来访问外设硬件，内核状态工作在特权模式下，操作系统在特权模式下将用户数据打印到显示器上。这样做的目的无非是为了保护操作系统的安全和硬件资源的合理使用，该异常在管理模式下处理
指令预取中止	该异常发生在 CPU 流水线取指阶段，如果目标指令地址是非法地址，进入该异常，该异常在中止异常模式下处理
数据中止	该异常发生在要访问的数据地址不存在或者为非法地址时，该异常在中止异常模式下处理
IRQ(一般中断请求)	CPU 和外部设备是分别独立的硬件执行单元。CPU 对全部设备进行管理和资源调度处理，CPU 要想知道外部设备的运行状态，要么定时去查看外部设备特定寄存器，要么让外部设备在出现需要 CPU 干涉处理时"打断"CPU，让它来处理外部设备的请求。毫无疑问第二种方式更合理，可以让 CPU"专心"工作，这里的"打断"操作就叫作中断请求。根据请求的紧急情况，中断请求分为一般中断和快速中断，IRQ 为一般中断请求。绝大部分外设使用一般中断请求
FIQ(快速中断请求)	快速中断具有最高中断优先级和最小的中断延迟，通常用于处理高速数据传输及通道中的数据恢复处理，如 DMA 等

当多个异常同时发生时，系统根据固定的优先级决定异常的处理次序。异常优先级(Exception Priorities)由高到低的排列次序如表 6-8 所示。

表 6-8　异常优先级

优先级	异　常
1 (最高)	复位
2	数据中止
3	FIQ
4	IRQ
5	预取指令中止
6 (最低)	未定义指令、SWI

6.3.5　流水线技术

一段程序的执行时间可用下面的表达式来表示：

$$T_{\text{prog}} = \frac{N_{\text{inst}} \times \text{CPI}}{f_{\text{clk}}}$$

其中，T_{prog} 是执行程序所需的时间，N_{inst} 为程序的指令条数，CPI(Cycle Per Instruction)是一条指令的平均周期数，f_{clk} 是处理器的时钟频率。

对于 ARM 体系结构来说，增加时钟频率 f_{clk} 会增加处理器的功耗。N_{inst} 通常是一个变化不大的常数，在 ARM 体系结构的指令设计中，已使一条指令具有多种操作的功能。因此，最有效的办法是减少执行一条指令所需的平均周期数 CPI，而减少执行一条指令的平均周期数 CPI 的最有效办法是增加流水线的级数。

流水线技术是一种将每条指令分解为多步，并让各步操作重叠从而实现几条指令并行处理的技术。程序中的指令仍是一条条地顺序执行，但可以预先取若干条指令，并在当前指令尚未执行完时，提前启动后续指令的另一些操作步骤，这样可加速一段程序的运行过程。流水线技术是通过增加计算机硬件来实现的，例如要预取指令，就需要增加取指令的硬件电路，并把取来的指令存放到指令队列缓存器中，使 CPU 能同时进行取指令、分析指令和执行指令的操作。因此，在 16 位/32 位微处理器中一般含有两个算术逻辑单元 ALU，一个主 ALU 用于执行指令，另一个 ALU 专用于地址生成，这样才可使地址计算与其他操作重叠进行。

ARM 7 采用 3 级流水线，分别为取指、译码和执行，如图 6-11 所示为一单周期指令 3 级流水线的操作示意图。

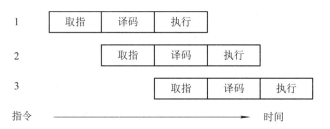

图 6-11　ARM 7 单周期指令 3 级流水线的操作示意图

在 3 级流水线中，取指的存储器访问和执行的数据通路占用的都是不可同时共享的资源，对于多周期指令，会产生流水线阻塞。如图 6-12 所示为一个多周期 3 级流水线阻塞实例。

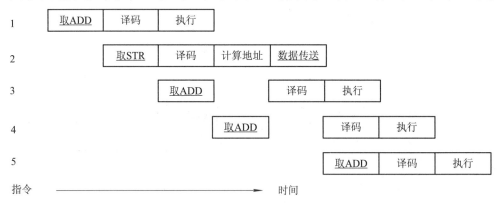

图 6-12　ARM 7 多周期指令 3 级流水线阻塞实例

图 6-12 中，画下划线部分的周期与存储器访问有关，因此不允许重叠。而数据传送周期不仅要存储器访问还要占用数据通路，因此第 3 条指令的执行周期不得不等待第 2 条指令的数据传送结束后才能执行。译码主要是为下一周期的执行产生相应的控制信号，原则

上与执行周期要连接在一起，故第 3 条指令取指后要延迟 1 个周期才能进入译码周期。

　　上述的 3 级流水线阻塞主要产生在存储器访问和数据通路的占用上，因此 ARM7 采用了 5 级流水线，即取指→指令译码→执行→数据缓存→写回。

　　注意：5 级流水线中的取指和执行的相对位置没有变化，所以执行阶段代码的地址和 PC 的关系还是 PC-8。

本 章 小 结

　　本章主要介绍 ARM 的一些基础知识，包括 ARM 简介、ARM 开发环境 RealView 和 ARM 的编程模型。

　　通过本章的学习读者会发现，基于 ARM 芯片的强大功能和它的广泛应用领域，也使我们明白科技是第一生产力，核心技术是国之重器，是国家实力的关键，作为新时代学生，应该肩负着我们民族复兴和国家富强的历史重担。

习　　题

1．简述 CPU、SoC 和嵌入式产品的关系。
2．ARM 公司主要做什么？是否生产芯片？
3．在 keil 开发环境中新建一个工程，在工程中编写一段汇编代码，并能成功编译。
4．流水线技术为什么会提高 CPU 的运行速度？

第 7 章　基于 ARM 的接口开发

7.1　ARM 汇编

ARM 接口开发

7.1.1　ARM 汇编指令格式

ARM 汇编指令的格式如下：

  <opcode>　{cond}　{S}　<Rd>　,<Rn> , {operand2}

其中各字段及含义如表 7-1 所示。

表 7-1　ARM 汇编指令字段及含义

字段	含　　义
<>	<>号内的项是必须的
{}	{}号内的项是可选的
opcode	指令助记符
cond	执行条件
S	是否影响 CPSR 寄存器的值
Rd	目标寄存器
Rn	第 1 个操作数的寄存器
operand2	第 2 个操作数

1. operand2

operand2 有以下三种形式。

(1) 常数。该常数作为 operand2 只有 12 bit 大小。以 S3C2440 为例，S3C2440 为 32 bit 芯片，立即数应为 32 bit 大小，所以需使用 12 bit 的编码去表示 32 bit 的立即数。为此，ARM 将这 12 bit 的高 4 bit 的值作为 x，低 8 bit 的值作为 y，则这 12 bit 编码表示的立即数为

  op2=y ROR (x<<2)

虽然使用这个公式可以使 12 bit 表示 32 bit 的数，但是有些 32 bit 立即数无法满足这个公式的数，因此存在合法立即数和不合法立即数。

判断一个立即数是否合法可以用以下方法：即对这个立即数进行循环左移或右移操作，看看移动偶数位后，是否可以得到一个不大于 0xFF 的立即数(即不超过 8 位的立即数)；如果可以得到，则这个立即数就是合法的，否则就是非法的。如 0x1010、0x1FA、0x1FF 都是不合法的。

(2) 寄存器(Rm)。寄存器的数值即为操作数，如

  SUB R1, R1, R2

(3) 寄存器移位方式(Rm,shif.)。将寄存器的移位结果作为操作数，但 Rm 值保持不变，如

```
ADD R1, R1, R1, LSL #3    //R1=R1+R1*8=9R1
```

2. cond

ARM 指令可以通过添加适当的条件码 cond 前缀来实现条件执行。这样可以提高代码密度，减少分支跳转指令数目，从而提高性能。

```
CMP     r3,#0
BEQ     skip
ADD     r0,r1,r2
skip
```

上述代码可用如下的条件指令实现：

```
CMP      r3, #0
ADDNE    r0, r1, r2
```

默认情况下，数据处理指令不影响条件码标志位，但可以选择通过添加"S"来影响标志位。而 CMP 不需要增加"S"就可改变相应的标志位。

```
loop
…
SUBS  r1,r1,#1   //R1 减 1，并设置标志位
BNE   loop       //如果 Z 标志清零则跳转
```

ARM 指令有一个与众不同且功能强大的特点，即所有 ARM 指令(V5T 以前的版本)都可以条件执行。一些新添加的 ARM 指令(如在 V5T 和 V5TE 体系中)是不能条件执行的，如 V5T 体系中的 BLX 偏移量。内核把指令中的条件代码区域与 NZCV 标志位进行比较，从而判断指令是否该执行。

表 7-2 为 ARM 指令条件码。注意：AL 即为 always(默认状态)，总是执行。

表 7-2　ARM 指令条件码

码	助记符	标志位	含　义
0000	EQ	Z 置位	相等
0001	NE	Z 清零	不相等
0010	CS	C 置位	无符号大于或等于
0011	CC	C 清零	无符号小于
0100	MI	N 置位	负数
0101	PL	N 清零	正数或零
0110	VS	V 置位	溢出
0111	VC	V 清零	未溢出
1000	HI	C 置位并且 Z 清零	无符号大于
1001	LS	C 清零或 Z 置位	无符号小于或等于
1010	GE	N 等于 V	大于或等于
1011	LT	N 不等于 V	小于
1100	GT	Z 清零和(N 等于 V)逻辑与	大于
1101	LE	Z 置位和(N 不等于 V)逻辑或	小于或等于
1110	AL	(忽略)始终	

例 7-1 条件执行示例一。

```
if (a==0)
        func(1);
```

等价于下面的汇编代码：

```
CMP        r0,#0
MOVEQ      r0,#1
BLEQ       func
```

例 7-2 条件执行示例二。

先置标志位，再使用不同的条件码。

```
if (a==0)
    x=0;
if (a>0)
    x=1;
```

等价于下面的汇编代码：

```
CMP        r0,#0
MOVEQ      r1,#0
MOVGT      r1,#1
```

例 7-3 条件执行示例三。

使用条件比较指令：

```
if (a==4 || a==10)
        x=0;
```

等价于下面的汇编代码：

```
CMP        r0,#4
CMPNE      r0,#10
MOVEQ      r1,#0
MOV  r0，  #???
```

7.1.2 分支指令

在 ARM 中有两种方式可以实现程序的跳转，一种使用分支指令直接跳转，另一种则是直接向 PC 寄存器赋值实现跳转。

分支指令有以下三种：

(1) 分支指令 B。

(2) 带链接的分支指令 BL。

(3) 带状态切换的分支指令 BX。

1. 分支指令 B

B 指令跳转范围限制在当前指令 ±32 MB 的地址内(ARM 指令为字对齐，最低 2 位的地址固定为 0)。

指令格式：B{cond} Label

例 7-4　B 指令应用示例。

　　B WAITA　　　　//跳转到 WAITA 标号处

　　B 0x1234　　　　//跳转到绝对地址 0x1234 处

2. 带链接的分支指令 BL

BL 指令适用于子程序调用。使用该指令后，下一条指令的地址首先被拷贝到 R14(即 LR)链接寄存器中，然后跳转到指定地址运行程序。跳转范围限制在当前指令±32 MB 的地址内。

　　指令格式：BL{cond} Label

例 7-5　BL 指令应用示例。

　　　BL DELAY　　　　//调用子函数 DELAY

3. 带状态切换的分支指令 BX

BX 指令可以根据跳转地址(Rm)的最低位来切换处理器状态，其跳转范围限制在当前指令 ±32 MB 的地址内(ARM 指令为字对齐，最低 2 位的地址固定为 0)。

　　指令格式：BX{cond} Rm

例 7-6　BL 指令应用示例。

　　　ADRL R0,ThumbFun+1　　　　//将 ThumbFun 程序的入口地址加 1 存入 R0

　　　BX　　　　　　　　　　　　//跳转到 R0 指定的地址，并根据 R0 的最低位来切换处理器状态

7.1.3　数据处理指令

数据处理指令如表 7-3 所示。

表 7-3　数据处理指令

类　型	指　令
算术指令	ADD、ADC、SUB、SBC、RSB、RSC
逻辑指令	AND、ORR、EOR、BIC
比较指令	CMP、CMN、TST、TEQ
数据搬移	MOV、MVN

1. 算术指令

1) ADD 指令

指令格式：ADD {cond}{S}　Rd, Rn, operand2

ADD 指令将 operand2 的值与 Rn 的值相加，结果保存到 Rd 寄存器。

例 7-7　ADD 指令应用示例。

　　　ADDS R1,R1,#1　　　//R1=R1+1，并影响标志位

　　　ADD R1,R1,R2　　　//R1=R1+R2

2) ADC 指令

指令格式：ADC{cond}{S} Rd,Rn,operand2

ADC 将 operand2 的值与 Rn 的值相加，再加上 CPSR 中的 C 条件标志位，结果保存到 Rd 寄存器。

例 7-8 ADC 指令应用示例(使用 ADC 实现 64 位加法,结果存于 R1、R0 中)。

```
ADDS R0,R0,R2        //R0 等于低 32 位相加,并影响标志位
ADC R1,R1,R3;        //R1 等于高 32 位相加,并加上低位进位
```

3) SUB 指令

指令格式:SUB{cond}{S} Rd,Rn,operand2

SUB 指令用寄存器 Rn 减去 operand2,结果保存到 Rd 中。

例 7-9 SUB 指令应用示例。

```
SUBS R0,R0,#1;       //R0=R0-1,并影响标志位
SUBS R2,R1,R2        //R2=R1-R2,并影响标志位
```

4) SBC 指令

指令格式:SBC{cond}{S} Rd,Rn,operand2

SBC 指令用寄存器 Rn 减去 operand2,再减去 CPSR 中的 C 条件标志位的非(即若 C 标志清零,则结果减去 1),结果保存到 Rd 中。

例 7-10 SBC 指令应用示例(使用 SBC 实现 64 位减法,结果存于 R1、R0 中)。

```
SUBS R0,R0,R2        //低 32 位相减,并影响标志位
SBC R1,R1,R3         //高 32 位相减,并减去低位借位
```

5) RSB 指令

指令格式:RSB{cond}{S} Rd,Rn,operand2

RSB 指令将 operand2 的值减去 Rn,结果保存到 Rd 中。

例 7-11 RSB 指令应用示例。

```
RSB R3, R1, #0xFF00       //R3=0xFF00-R1
RSBS R1, R2, R2, LSL #2   //R1=(R2<<2)-R2=R2×3
```

6) RSC 指令

指令格式:RSC{cond}{S} Rd,Rn,operand2

RSC 指令用寄存器 operand2 减去 Rn,再减去 CPSR 中的 C 条件标志位的非,结果保存到 Rd 中。

例 7-12 RSC 指令应用示例(使用 RSC 指令实现求 64 位数值的负数)。

```
RSBS R2, R0, #0
RSC R3, R1, #0
```

2. 逻辑指令

1) AND 指令

指令格式:AND{cond}{S} Rd,Rn,operand2

AND 指令将 operand2 的值与寄存器 Rn 的值按位做逻辑"与"操作,结果保存到 Rd 中。

例 7-13 AND 指令应用示例。

```
ANDS R0, R0, #0x01       //R0=R0&0x01,取出最低位数据
AND R2, R1, R3           //R2=R1&R3
```

2) ORR 指令

指令格式:ORR{cond}{S} Rd, Rn, operand2

例 7-14　ORR 指令应用示例。

ORR 指令将 operand2 的值与寄存器 Rn 的值按位做逻辑"或"操作，结果保存到 Rd 中。

　　ORR R0, R0, #0x0F　　　　//将 R0 的低 4 位置 1

　　MOV R1, R2, LSR #24　　　//使用 ORR 指令将 R2 的高 8 位

　　ORR R3, R1, R3, LSL #8　　//数据移入到 R3 低 8 位中

3) EOR 指令

指令格式：EOR{cond}{S} Rd, Rn, operand2

EOR 指令将 operand2 的值与寄存器 Rn 的值按位做逻辑"异或"操作，结果保存到 Rd 中。

例 7-15　EOR 指令应用示例。

　　EOR R1,R1,#0x0F　　//将 R1 的低 4 位取反

　　EOR R2,R1,R0　　　//R2=R1^R0

　　EORS R0,R5,#0x01　//将 R5 和 0x01 作逻辑"异或"操作，结果保存到 R0，并影响标志位

4) BIC 指令

指令格式：BIC{cond}{S} Rd,Rn, operand24

BIC 指令将寄存器 Rn 的值与 operand2 的值的反码按位做逻辑"与"操作，结果保存到 Rd 中。

例 7-16　BIC 指令应用示例。

　　BIC R1,R1,#0x0F ;　　//将 R1 的低 4 位清零，其他位不变

　　BIC R1,R2,R3　　　　//将 R3 的反码和 R2 作逻辑"与"操作，结果保存到 R1 中

3．比较指令

比较指令只改变 CPSR 中的条件标志位，不影响参与比较的寄存器的内容。

1) CMP 指令

指令格式：CMP{cond} Rn, operand2

CMP 指令将寄存器 Rn 的值减去 operand2 的值，根据操作的结果更新 CPSR 中相应的条件标志位，以便后面的指令根据相应的条件标志来判断是否执行。

例 7-17　CMP 指令应用示例。

　　CMP R1,#10 ;　　　//R1 与 10 比较，设置相关标志位

　　CMP R1,R2　　　　//R1 与 R2 比较，设置相关标志位

注意：CMP 指令与 SUBS 指令的区别在于 CMP 指令不保存运算结果。在进行两个数的大小判断时，常用 CMP 指令及相应的条件码来操作。

2) CMN 指令

指令格式：CMN{cond} Rn, operand2

CMN 指令将寄存器 Rn 的值加上 operand2 的值，根据操作的结果更新 CPSR 中相应的条件标志位，以便后面的指令根据相应的条件标志来判断是否执行。

例 7-18　CMN 指令应用示例。

　　CMN R0,#1　　//R0+1，判断 R0 是否为 1 的补码，如果是，则设置 Z 标志位

注意：CMN 指令与 ADDS 指令的区别在于 CMN 指令不保存运算结果。CMN 指令可

用于负数比较，比如 CMN R0,#1 指令表示 R0 与−1 比较，若 R0 为−1，则 Z 置位，否则 Z 复位。

3) TST 指令

指令格式：TST{cond} Rn, operand2

TST 指令将寄存器 Rn 的值与 operand2 的值按位做逻辑"与"操作，根据操作的结果更新 CPSR 中相应的条件标志位，以便后面的指令根据相应的条件标志来判断是否执行。

例 7-19　TST 指令应用示例。

```
TST R0, #0x01        //判断 R0 的最低位是否为 0
TST R1, #0x0F        //判断 R1 的低 4 位是否为 0
```

注意：TST 指令与 ANDS 指令的区别在于 TST 指令不保存运算结果。TST 指令通常与 EQ、NE 条件码配合使用，当所有测试位均为 0 时，EQ 有效，而只要有一个测试位不为 0，则 NE 有效。

4) TEQ 指令

指令格式：TEQ{cond} Rn, operand2

TEQ 指令将寄存器 Rn 的值与 operand2 的值按位做逻辑"异或"操作，根据操作的结果更新 CPSR 中相应的条件标志位，以便后面的指令根据相应的条件标志来判断是否执行。

例 7-20　TEQ 指令应用示例。

```
TEQ R0,R1        //比较 R0 与 R1 是否相等(不影响 V 位和 C 位)
```

注意：TEQ 指令与 EORS 指令的区别在于 TEQ 指令不保存运算结果。使用 TEQ 进行相等测试时，常与 EQ、NE 条件码配合使用。当两个数据相等时，EQ 有效；否则 NE 有效。

4. 数据搬移指令

1) MOV 指令

指令格式：MOV{cond}{S} Rd,operand2

MOV 指令将 operand2 传送到寄存器 Rd 中。

例 7-21　MOV 指令应用示例。

```
MOV R1, #0x10           //R1=0x10
MOV R0, R1              //R0=R1
MOVS R3, R1, LSL #2     //R3=R1<<2，并影响标志位
MOV PC, LR             //PC=LR，子程序返回
```

2) MVN 指令

指令格式：MVN{cond}{S} Rd,operand2

MVN 指令将 operand2 取反后传送到寄存器 Rd 中。

例 7-22　MVN 指令应用示例。

```
MVN R1, #0xFF          //R1=0xFFFFFF00
MVN R1, R2             //将 R2 取反，结果存到 R1
```

7.1.4　存储/装载指令

存储/装载指令有单寄存器存储/加载和多寄存器存储/加载两种。

1．单寄存器加载/存储

(1) LDR 加载指令格式：

LDR{cond} Rd,addressing

LDRB{cond} Rd,addressing

LDR 将内存地址 addressing 中的字数据加载到 Rd；LDRB 将内存地址 addressing 中的字节数据加载到 Rd。

STR 使用方法与 LDR 相同，只是意义相反，STR 表示将寄存器内容存储至内存中。

(2) STR 存储指令格式：

STR{cond} Rd,addressing

STRB{cond} Rd,addressing

STR 存储字数据 Rd 到内存地址 addressing 中；LDRB 存储字节数据 Rd 到内存地址 addressing 中。

cond 类型及其含义如表 7-4 所示。

表 7-4　cond 类型及其含义

T	以用户模式加载/存储
BT	以用户模式加载/存储无符号字节数据
H	加载/存储无符号半字节数据
SB	加载/存储有符号字节数据
SH	加载/存储有符号半字节数据

例 7-23　LDR 指令应用示例一。

LDR R0, [R1, #4]

解释：R0←[R1 + 4]，将 R1 的内容加上 4 形成操作数的地址，取得的操作数存入寄存器 R0 中。

例 7-24　LDR 指令应用示例二。

LDR R0, [R1, #4]!

解释：R0←[R1+4]，R←R1+4，将 R1 的内容加上 4 形成操作数的地址，取得的操作数存入寄存器 R0 中，然后，R1 的内容自增 4 个字节。其中，! 表示指令执行完毕把最后的数据地址写到 R1 中。

例 7-25　LDR 指令应用示例三。

LDR R0, [R1, R2]

解释：R0←[R1 + R2]，将寄存器 R1 的内容加上寄存器 R2 的内容形成操作数的地址，取得的操作数存入寄存器 R0 中。

LDR R0, [R1], #4

解释：R0←[R1]、R1←R1+4

例 7-26　STR 指令应用示例一。

STR R0, [R1, #-4]

解释：表示 R0→[R1 -4]，将 R1 中的数值减 4 作为地址，把 R0 中的数据存放到这个地址中。

2．多寄存器加载/存储

多寄存器加载/存储指令可以实现在一组寄存器和一块连续的内存单元之间传输数据，允许一条指令传送 16 个寄存器的任何子集或所有寄存器，主要用于现场保护、数据复制、常数传递等。

指令格式：

LDM {cond} <模式> Rn{!}, reglist{^}

STM {cond} <模式> Rn{!}, reglist{^}

指令模式及其含义如表 7-5 所示。

例 7-27 LDMIA 指令应用示例一。

LDMIA R0, {R1, R2, R3, R4}

解释：R1←[R0], R2←[R0+4], R3←[R0+8], R4←[R0+12]，该指令的后缀 IA 表示在每次执

表 7-5 多寄存器加载/存储指令模式及其含义

IA	每次传送后的地址增加 4
IB	每次传送前的地址增加 4
DA	每次传送后的地址减少 4
DB	每次传送前的地址减少 4

行完加载/存储操作后，R0 按字长度增加，因此，指令可将连续存储单元的值传送到 R1～R4。

例 7-28 LDMIA 指令应用示例二。

LDMIA R0, {R1-R4}

解释：功能同例 7-29。

使用多寄存器寻址指令时，寄存器子集如果按由小到大的顺序排列，可以使用"-"连接，否则，用","分隔书写。

例 7-29 STMFD 指令应用示例。

STMFD SP!, {R1-R7, LR}

解释：将 R1～R7, LR 压入堆栈，它是满递减堆栈。

例 7-30 LDMFD 指令应用示例。

LDMFD SP!, {R1-R7, LR}

解释：将堆栈中的数据取回到 R1～R7, LR 寄存器，它是空递减堆栈。

例 7-31 STMIA 指令应用示例。

STMIA R0!, {R1-R7}

解释：将 R1～R7 的数据保存到 R0 指向的存储器中，存储器指针在保存第一个值之后增加 4，向上增长。R0 作为基址寄存器。

例 7-32 STMIB 指令应用示例。

STMIB R0!, {R1-R7}

解释：将 R1～R7 的数据保存到存储器中，存储器指针在保存第一个值之前增加 4，向上增长。R0 作为基址寄存器。

例 7-33 STMDA 指令应用示例。

STMDA R0!, {R1-R7}

解释：将 R1～R7 的数据保存到 R0 指向的存储器中，存储器指针在保存第一个值之后减少 4，向下减少。R0 作为基址寄存器。

例 7-34 STMDB 指令应用示例。

STMDB R0!, {R1-R7}

解释：将 R1～R7 的数据保存到存储器中，存储器指针在保存第一个值之前减少 4，向下减少。R0 作为基址寄存器。

ARM 指令中{!}为可选后缀，若选用该后缀，则当数据传送完毕之后，将最后的地址写入基址寄存器；否则基址寄存器的内容不改变。

注意：基址寄存器不允许为 R15，寄存器列表 reglist 可以为 R0～R15 的任意组合。{^}为可选后缀，当指令为 LDM 且寄存器列表中包含 R15，选用该后缀时表示除了正常的数据

传送之外，还将 SPSR 复制到 CPSR。同时，该后缀还表示传入或传出的是用户模式下的寄存器，而不是当前模式下的寄存器。

例 7-35　LDMIA 指令应用示例。

```
LDMIA   R0, {R1, R2, R3, R4}
LDM IA  R0!, {R1, R2, R3, R4}
```

这两条指令的区别是：前一条指令执行完毕之后，R0 的值保持不变；后一条指令执行完毕之后，R0 的值发生了变化。

7.1.5　寄存器和存储器交换指令

SWP 指令用于将一个内存单元(该单元地址放在寄存器 Rn 中)的内容读取到一个寄存器 Rd 中，同时将另一个寄存器 Rm 的内容写入到该内存单元中。

指令格式如下：

```
SWP{cond}{B}   Rd, Rm, [Rn]
```

其中，B 为可选后缀，若有 B，则交换字节，否则交换 32 位字；Rd 用于保存从存储器中读入的数据；Rm 的数据用于存储到存储器中，若 Rm 与 Rn 相同，则为寄存器与存储器内容进行交换；Rn 为要进行数据交换的存储器地址。

例 7-36　SWP 指令应用示例。

```
SWP Rd,Rm,[Rn ]       //寄存器和存储器字数据交换
SWPB Rd,Rm,[Rn ]      //寄存器和存储器字节数据交换
```

7.1.6　PSR 寄存器传送指令

PSR 寄存器为 ARM 的程序状态寄存器，有两个，分别是 CPSR 和 SPSR。在 ARM 处理器中，只有 MSR 指令和 MRS 指令可以实现对 CPSR 或 SPSR 寄存器的读、修改、写操作，可以切换处理器模式，或者允许/禁止 IRQ/FIQ 中断等。MRS 是读操作指令，MSR 是写操作指令。

MRS 指令格式：

```
MRS{cond} Rm, PSR
```

MSR 指令格式 1：

```
MSR{cond} PSR_fields, #immed_8r
```

MSR 指令格式 2：

```
MSR{cond} PSR_fields, Rm
```

例 7-37　MRS 和 MSR 指令应用示例(子程序：使能 IRQ 中断)。

```
ENABLE_IRQ
    MRS     R0,   CPSR
    BIC     R0,  R0,  #0x80
    MSR     CPSR_c. R0
    MOV     PC, LR
```

例 7-38 MRS 和 MSR 指令应用示例(子程序：禁止 IRQ 中断)。

```
ENABLE_IRQ
    MRS     R0,   CPSR
    ORR      R0,   R0,  #0x80
    MSR     CPSR_c. R0
    MOV     PC, LR
```

7.1.7 ARM 处理器的寻址方式

寻址方式就是处理器根据指令中给出的地址信息来寻找物理地址的方式。目前 ARM 处理器支持 9 种寻址方式，分别是立即数寻址、寄存器寻址、寄存器偏移寻址、寄存器间接寻址、基址变址寻址、多寄存器寻址、相对寻址、堆栈寻址和块拷贝寻址。

1. 立即数寻址

立即数寻址是一种特殊的寻址方式，操作数本身包含在指令中，只要取出指令就取到了操作数，这个操作数叫作立即数。

例 7-39 立即数寻址示例。

```
MOV R0,#64            //R0= 64
ADD R0, R0, #1        //R0=R0 + 1
SUB R0, R0, #0X3D     //R0= R0 - 0X3D
```

在立即数寻址中，要求立即数以 "#" 为前缀，对于以十六进制表示的立即数，还要求在 "#" 后加上 "0X" 或 "&" 或 "0x"。

2. 寄存器寻址

寄存器寻址就是利用寄存器中的数值作为操作数，也称为寄存器直接寻址。

例 7-40 寄存器寻址示例。

```
ADD R0，R1，   R2
```

该指令的执行效果是将寄存器 R1 和 R2 的内容相加，其结果存放在寄存器 R0 中。这种寻址方式是各类微处理器经常采用的一种方式，也是执行效率较高的寻址方式。

3. 寄存器间接寻址

寄存器间接寻址是把寄存器中的值作为地址，再通过这个地址去存储器取操作数，操作数本身存放在存储器中。

例 7-41 寄存器间接寻址示例。

```
LDR R0，[R1]           //R0←[R1]
ADD R0，R1，[R2]        //R0←R1 + [R2]
```

4. 寄存器偏移寻址

寄存器偏移寻址是 ARM 指令集特有的寻址方式，它是指在寄存器寻址得到操作数后再进行移位操作，得到最终的操作数。

例 7-42 寄存器偏移寻址示例。

```
MOV R0，R2，LSL  #3         //R2 的值左移 3 位，结果赋给 R0
MOV R0，R2，LSL   R1        //R2 的值左移 R1 位，结果放入 R0
```

5. 寄存器基址变址寻址

寄存器基址变址寻址又称为基址变址寻址，它是在寄存器间接寻址的基础上扩展而来的。它将寄存器(该寄存器一般称作基址寄存器)中的值与指令中给出的地址偏移量相加，从而得到一个地址，通过这个地址取得操作数。

例 7-43　寄存器基址变址寻址示例。

```
LDR R0，  [R1，#4]              //R0←[R1 + 4]
STR R0，  [R1，#−4]             //R0←[R1−4]
```

6. 多寄存器寻址

多寄存器寻址方式可以一次完成多个寄存器值的传送。

例 7-44　多寄存器寻址示例。

```
LDMIA   R0，{R1，R2，R3，R4}
```

解释：R1←[R0]，R2←[R0+4]，R3←[R0+8]，R4←[R0+12]

7. 相对寻址

相对寻址是一种特殊的基址寻址，其特殊性在于它把程序计数器 PC 中的当前值作为基地址，语句中的地址标号作为偏移量，将两者相加之后得到操作数的地址。

例 7-45　相对寻址示例。

```
BL     NEXT；              //相对寻址，跳转到 NEXT 处执行
...
NEXT：
...
```

8. 堆栈寻址

堆栈是一种数据结构，按先进后出(First In Last Out，FILO)的方式工作，使用堆栈指针(Stack Pointer, SP)指示当前的操作位置，堆栈指针总是指向栈顶。

(1) 根据堆栈的生成方式不同，可以把堆栈分为递增堆栈和递减堆栈两种类型。

- 递增堆栈：向堆栈写入数据时，堆栈由低地址向高地址生长。
- 递减堆栈：向堆栈写入数据时，堆栈由高地址向低地址生长。

(2) 根据堆栈指针指向的位置，又可以把堆栈分为两种类型。

- 满堆栈(Full Stack)：堆栈指针指向最后压入堆栈的数据。满堆栈在向堆栈存放数据时的操作是先移动 SP 指针，然后存放数据。在从堆栈取数据时是先取出数据，随后移动 SP 指针。这样保证了 SP 一直指向有效的数据。

- 空堆栈(Empty Stack)：堆栈指针 SP 指向下一个将要放入数据的空位置。空堆栈在向堆栈存放数据时的操作是先放数据，然后移动 SP 指针。在从堆栈取数据时先移动指针，再取数据。这种操作方式保证了堆栈指针一直指向一个空地址(没有有效数据的地址)。

(3) 将上述堆栈类型进行组合，可以得到四种基本的堆栈类型。

- 满递增堆栈(FA)：堆栈指针指向最后压入的数据，且由低地址向高地址生长。
- 满递减堆栈(FD)：堆栈指针指向最后压入的数据，且由高地址向低地址生长。
- 空递增堆栈(EA)：堆栈指针指向下一个将要压入数据的地址，且由低地址向高地址

生长。

    ● 空递减堆栈(ED)：堆栈指针指向下一个将要压入数据的地址，且由高地址向低地址生长。

例 7-46　堆栈寻址示例一。

      STMFD　SP！，{R1-R7, LR}

解释：将 R1-R7, LR 压入堆栈，它是满递减堆栈。

例 7-47　堆栈寻址示例二。

      LDMED　SP！，{R1-R7, LR}

解释：将堆栈中的数据取回到 R1-R7，LR 寄存器，它是空递减堆栈。

9. 块拷贝寻址

块拷贝寻址用于寄存器数据的批量复制，它实现了从由基址寄存器所指示的一片连续存储器到寄存器列表所指示的多个寄存器传送数据。块拷贝寻址与堆栈寻址有所类似，两者的区别在于：堆栈寻址中数据的存取是面向堆栈的，块拷贝寻址中数据的存取是面向寄存器指向的存储单元的。对于 32 位的 ARM 指令，每次地址增加和减少的单位都是 4 个字节单位。

例 7-48　块拷贝寻址示例。

      STMIA　R0！，{R1-R7}

解释：将 R1～R7 的数据保存到 R0 指向的存储器中，存储器指针在保存第一个值之后增加 4，向上增长。R0 作为基址寄存器。

7.2　基于 ARM 汇编的 GPIO 接口编程

本节以 S3C2440 芯片为例，介绍基于 ARM 汇编的 GPIO 接口编程。S3C2440 包含了 130 个多功能输入/输出口引脚，它们被分类成如下 9 种端口。

    (1) 端口 A (GPA)：25 位输出端口；

    (2) 端口 B (GPB)：11 位输入/输出端口；

    (3) 端口 C (GPC)：16 位输入/输出端口；

    (4) 端口 D (GPD)：16 位输入/输出端口；

    (5) 端口 E (GPE)：16 位输入/输出端口；

    (6) 端口 F (GPF)：8 位输入/输出端口；

    (7) 端口 G(GPG)：16 位输入/输出端口；

    (8) 端口 H (GPH)：9 位输入/输出端口；

    (9) 端口 J(GPJ)：13 位输入/输出端口。

每个端口都可以由寄存器进行设置。

7.2.1　S3C2440 GPIO 寄存器介绍

1. 端口配置寄存器 GPnCON(GPACON 至 GPJCON)

S3C2440 中大多数端口为复用引脚。GPnCON 决定了每个引脚使用哪项功能。

2. 端口数据寄存器 GPnDAT(GPADAT 至 GPJDAT)

如果端口配置为输出端口，则可以写数据到 GPnDAT 的相应位。如果端口配置为输入端口，则可以从 GPnDAT 的相应位读取数据。

3. 端口上拉寄存器 GPnUP(GPBUP 至 GPJUP)

GPnUP 端口上拉寄存器控制每个端口组的使能/禁止上拉电阻。当相应位为 0 时，使能引脚的上拉电阻；当相应位为 1 时，禁止上拉电阻。

4. 外部中断控制寄存器

端口 F 和端口 G 可作为外部中断输入，对应的功能引脚分别是 EINT0～EINT23，其相应的寄存器如表 7-6 所示。

表 7-6　外部中断控制寄存器

外部中断控制寄存器	功　　　能
EXTINT0～EXTINT2	设定 EINT0～EINT2 的触发方式
EINTPEND	外部中断挂起寄存器，注意：清除时要写 1
EINTFLT0～EINTFLT3	控制滤波时钟和滤波宽度
EINTMASK	外部中断屏蔽寄存器

7.2.2　GPIO 使用举例

1. 硬件原理图

设 nLED0～nLED2 硬件连接 S3C2440 芯片的 GPF4～GPF6 三个端口，其硬件原理图如图 7-1 所示。

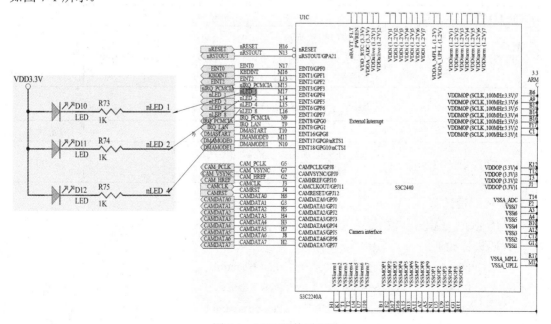

图 7-1　LED 硬件原理图

GPF 端口寄存器如表 7-7～表 7-10 所示。

表 7-7　GPF 端口寄存器

寄存器	地址	读/写	描　　述	复位值
GPFCON	0x56000050	读/写	配置端口 F 的引脚	0x0
GPFDAT	0x56000054	读/写	端口 F 的数据寄存器	—
GPFUP	0x56000058	读/写	端口 F 的上拉使能寄存器	0x00
保留	0x5600005C	—	保留	—

表 7-8　GPF 端口配置寄存器

GPFCON	位	描　　述	初始状态
GPF7	[15:14]	00 = 输入，01 = 输出，10 = EINT[7]，11 = 保留	0
GPF6	[13:12]	00 = 输入，01 = 输出，10 = EINT[6]，11 = 保留	0
GPF5	[11:10]	00 = 输入，01 = 输出，10 = EINT[5]，11 = 保留	0
GPF4	[9:8]	00 = 输入，01 = 输出，10 = EINT[4]，11 = 保留	0
GPF3	[7:6]	00 = 输入，01 = 输出，10 = EINT[3]，11 = 保留	0
GPF2	[5:4]	00 = 输入，01 = 输出，10 = EINT[2]，11 = 保留	0
GPF1	[3:2]	00 = 输入，01 = 输出，10 = EINT[1]，11 = 保留	0
GPF0	[1:0]	00 = 输入，01 = 输出，10 = EINT[0]，11 = 保留	0

由表 7-3 和图 7-4 可知，GPF4～GPF6 三个端口应配置为输出，因此 GPFCON 应为 0x1500。

表 7-9　GPF 端口数据寄存器

GPFDAT	位	描　　述	初始状态
GPF[7:0]	[7:0]	当端口配置为输入端口时，相应位为引脚状态； 当端口配置为输出端口时，引脚状态将与相应位相同； 当端口配置为功能引脚，将读取到未定义值	—

表 7-10　GPF 端口上拉寄存器

GPFUP	位	描　　述	初始状态
GPF[7:0]	[7:0]	0：使能附加上拉功能到相应端口引脚； 1：禁止附加上拉功能到相应端口引脚	0x00

2. 代码设计

功能要求：LED1、LED2 和 LED4 同时交替亮灭。

代码设计如下：

```
GPFCON      EQU   0x56000050      ;Port F control
GPFDAT      EQU   0x56000054      ;Port F data
GPFUP       EQU   0x56000058      ;Pull-up control F
     AREA myarea, CODE,READONLY
     ENTRY
     CODE32
```

```
start
        mov    r0,#0x1500
        LDR    r1, = GPFCON
        STR    r0,[r1]
start_while
        mov  r0 ,#0x8f          //led on
        LDR r1, =GPFDAT
        STR  r0,[r1]
        ldr    r2,=0xffff        //count =0xffff
led_on_while                     //while
        subs  r2,r2,#0x1
        bne   led_on_while
        mov  r0 ,#0xff ;    led off
        LDR r1, =GPFDAT
        STR  r0,[r1]
        ldr    r2,=0xffff        //count =0xffff    led on
led_off_while
        subs  r2,r2,#0x1
        bne   led_off_while
        b      start_while
        END
```

7.3　ARM C 语言编程

在项目开发中，若所有的编程任务均由汇编语言来完成，则工作量大且代码可移植性差，因此基于 C 语言的 ARM 编程是重点内容。需要读写 ARM 芯片中硬件寄存器的程序一般使用汇编语言来编写，比如 ARM 的启动代码、基于 ARM 的引导程序部分代码等，除此之外，使用 C 语言来完成。

ARM 的开发环境 RealView 中嵌入了一个 C 语言的集成开发环境，因为它和 ARM 的硬件紧密相关，因此在使用 C 语言的集成开发环境时，会用到 C 语言和 ARM 汇编语言的混合编程。若汇编代码较为简单，则可使用内嵌汇编的方法，否则可以将汇编程序以文件的形式加入项目当中，通过 ATPCS(ARM/Thumb Procedure Call Standard)的规定与 C 语言程序相互调用与访问。ATPCS 规定了子程序间调用的基本规则，如寄存器、堆栈的使用规则以及参数的传递规则等。在 C 语言程序和 ARM 汇编程序之间相互调用时，必须遵守 ATPCS 的规则。

7.3.1　ATPCS 规则

ATPCS 规则包括以下 4 个方面。

1. 各寄存器的使用规则及其相应的名称

(1) 子程序间通过寄存器 R0~R3 来传递参数,被调用的子程序在返回前无须恢复寄存器 R0~R3 的内容。

(2) 在子程序中,使用寄存器 R4~R11 保存局部变量,这时寄存器可以记作 V1~V8。如果在子程序中用到了寄存器 V1~V8 中的某些寄存器,则子程序进入时必须保存这些寄存器的值,在返回前必须恢复这些寄存器的值;对于子程序中没有用到的寄存器则不必进行这些操作。在 Thumb 程序中,通常只能使用寄存器 R4~R7 来保存局部变量。

(3) 寄存器 R12 用作子程序间的 Scratch 寄存器(用于保存 SP,在函数返回时使用该寄存器出栈),记作 IP。

(4) 寄存器 R13 用作数据栈指针,记作 SP。在子程序中寄存器 R13 不能用作其他用途,寄存器 SP 在进入子程序时的值和退出子程序的值必须相等。

(5) 寄存器 R14 称为连接寄存器,记作 LR。它用于保存子程序的返回地址,如果在子程序中保存了返回地址,寄存器 R14 则可以用作其他用途。

(6) 寄存器 R15 是程序计数器,记作 PC。它不能用作其他用途。

ATPCS 中的各寄存器在 ARM 编译器和汇编器中都是预定义的。

2. 数据栈的使用规则

栈指针保存了栈顶地址的寄存器值,通常可以指向不同的位置。一般地,栈可以有以下 4 种数据栈。

(1) FD:满递减(Full Descending)。

(2) ED:空递减(Empty Descending)。

(3) FA:满递增(Full Ascending)。

(4) EA:空递增(Empty Ascending)。

当栈指针指向栈顶元素时,称为 Full 栈。当栈指针指向与栈顶元素相邻的一个元素时,称为 Empty 栈。数据栈的增长方向也可以不同,当数据栈向内存减少的地址方向增长时,称为 Descending 栈;反之称为 Ascending 栈。ARM 的 ATPCS 规则默认的数据栈为 Full Descending(FD)类型,并且对数据栈的操作是 8B 对齐的。

3. 参数传递的规则

参数不超过 4 个时,可以使用寄存器 R0~R3 来传递参数,当参数超过 4 个时,可以使用数据栈来传递参数。在传递参数时,将所有参数看作存放在连续内存单元中的字数据。然后,依次将各字数据传送到寄存器 R0~R3 中。如果参数多于 4 个,则将剩余的字数据传送到数据栈中,入栈的顺序与参数顺序相反,即最后一个字数据先入栈。

4. 子程序结果的返回规则

(1) 如果结果为一个 32 位的整数,可以通过寄存器返回。

(2) 如果结果为一个 64 位的整数,可以通过寄存器 R0 和 R1 返回,以此类推。

(3) 对于位数更多的结果,需要通过内存来传递。

7.3.2 C 语言内联汇编

内联汇编是指在 C 函数定义中使用 _asm 或者 asm 的方法,格式有以下两种。

1. 格式一

```
_asm
{
    instruction[; instruction]
     …… …
    [instruction]
}
```

2. 格式二

```
asm("instruction[; instruction]")
```

例 7-49　内联汇编示例。

```
void my_fun(int a,int b) //
{
    int c;
    _asm
    {
        add    b,b,#0x01
        add    a,a,#0x01
    }
    c=a+b;
    temp(c);
    return ;
}
```

从例 7-49 可以看出，ARM 内联汇编的用法跟真实 ARM 汇编之间有很大的区别，且不支持 Thumb 汇编。

7.3.3　C 语言内嵌汇编

与内联汇编不同，内嵌汇编具有真实汇编的所有特性，同时支持 ARM 和 Thumb，但是不能直接引用 C 语言的变量定义，数据交换必须通过 ATPCS 进行。嵌入式汇编在形式上表现为独立定义的函数体。

例 7-50　内嵌汇编示例。

```
_asm void temp(int t)        //内嵌汇编
{
    add r0,r0,#0x01
    add r1,r1,#0x01
}
void my_fun(int a,int b)
{
    int c;
```

```
        _asm                    //内联汇编
        {
            add    b,b,#0x01
            add    a,a,#0x01
        }
        c=a+b;
        temp(c);
        return ;
    }
```

在例 7-50 中，r0 为第一个参数 t。

7.3.4 汇编调用 C 函数

汇编调用 C 函数的关键问题是函数参数传递、现场保护及返回。

1. 函数参数传递

如果传递的参数少于 4 个，则直接使用 R0~R3 来进行传递；如果参数多于 4 个，则必须使用栈来传递多余的参数。

下面举例说明函数参数传递的用法。

例 7-51 参数个数为 4 个的函数参数传递示例。

my_main.s 代码如下:

```
        AREA   MY_MAIN, CODE,  READONLY      //定义代码段 MY_MAIN，属性为只读
        ENTRY
        CODE32
        import my_fun ;                       //等价于 C 语言中的 include
        PRESERVE8
        str lr，  [sp，  #-4]!                 //保存当前 lr
        ldr r0，  =0x01                        //第一个参数 r0
        ldr r1，  =0x02                        //第二个参数 r1
        ldr r2，  =0x03                        //第三个参数 r2
        ldr r3，  =0x04                        //第四个参数 r3
        bl   my_fun                           //调用 C 函数
        LDR pc，  [sp]，  #4                   //将 lr 装进 pc，返回 main 函数
        END
```

my_fun.c 代码如下:

```
        void my_fun(int a，  int b，  int c，  int d)
        {
            d=a+b+c;
            return;
        }
```

例 7-52　参数个数多于 4 个的函数参数传递示例。

arm_test.s 代码如下：

```
    IMPORT c_test ;
    AREA ARM_TEST，CODE，READONLY
    EXPORT arm_test          //使用 EXPORT 伪指令声明全局变量，等价于 C 语言中的 extern
    str lr，  [sp，  #-4]!      //保存当前 lr
    ldr r0，=0x01             //第一个参数 r0
    ldr r1，=0x02             //第二个参数 r1
    ldr r2，=0x03             //第三个参数 r2
    ldr r3，=0x04             //第四个参数 r3
    ldr r4，=0x08
    str r4，[sp，#-4]!         //第八个参数，压入堆栈
    ldr r4，=0x07
    str r4，[sp，#-4]!         //第七个参数，压入堆栈
    ldr r4，=0x06
    str r4，[sp，#-4]!         //第六个参数，压入堆栈
    ldr r4，=0x05
    str r4，[sp，#-4]!         //第五个参数，压入堆栈
    bl c_test2               //调用 C 函数
    add sp，  sp， #4          //清除栈中第五个参数，执行完后 sp 指向第六个参数
    add sp，  sp， #4          //清除栈中第六个参数，执行完后 sp 指向第七个参数
    add sp，  sp， #4          //清除栈中第七个参数，执行完后 sp 指向第八个参数
    add sp，  sp， #4          //清除栈中第八个参数，执行完后 sp 指向 lr
    ldr pc，  [sp]，#4          //将 lr 装进 pc，返回 main 函数
    END
```

c_test.c 代码如下：

```
    void c_test(int a，int b，int c，int d，int e，int f，int g，int h)
    {
        h=a+b+c+d+e+f+g;
        return;
    }
```

main.c 代码如下：

```
    int main()
    {
        arm_test();          //调用汇编程序
        for(;;);
    }
```

例 7-52 中，参数个数大于 4 个时，需要使用堆栈来进行参数传递。第 1 个到第 4 个参数还是通过 R0～R3 这 4 个寄存器进行传递的。第 5 个到第 8 个参数则是通过把其压入堆

栈的方式进行传递的。

注意:

(1) 第 5 个到第 8 个这 4 个参数的入栈顺序是第 8 个参数→第 7 个参数→第 6 个参数
→第 5 个参数,出栈的顺序正好相反。

(2) 调用汇编语言的开头保存好 lr,以便在最后恢复 pc 返回到 main 函数。

(3) import 等价于 C 语言中的 include。

(4) 使用 EXPORT 伪指令声明全局变量,等价于 C 语言中的 extern。

2. 函数现场保护及返回

因为在编译 C 函数的时候,编译器会自动在函数入口的地方加上现场保护的代码(如部
分寄存器入栈,返回地址入栈等),在函数出口的地方加入现场恢复的代码(即出栈代码)。
同时由于汇编代码是不经过编译器处理的代码,所以现场保护和返回都必须由程序员自己
完成。现场保护代码就是将本函数内用到的 R4~R12 寄存器压栈保护,并且将 R14 寄存器
压栈保护,汇编函数返回时将栈中保护的数据弹出。

下面举例说明函数的现场保护及返回。

例 7-53 函数的现场保护及返回示例。

假设要设计一汇编函数完成两整数相减(假设必须用 R7 和 R8 寄存器完成),并在 C 函
数中调用。设计代码如下:

汇编代码文件 myfun.s

```
AREA Init, CODE, READONLY
ENTRY
EXPORT myfun                //声明该函数
myfun
STMFD sp!, {r7-r8, lr}      //保存现场
MOV R7, R0                  //通过 R0、R1 寄存器传送参数
MOV R8, R1
SUB R7, R8
MOV R0, R7
LDMFD sp!, {r7-r8, pc}      //返回
END
```

C 代码文件 main.c

```
int sub1(int, int);         //函数声明
int main( )
{
    int x=20, y=10;
    myfun(x, y);
}
```

注意:例 7-53 中,myfun.s 文件中可以不保存 LR 寄存器,但如果在此汇编函数中调用
其他函数,就必须保存 LR 寄存器。

7.4 基于 ARM C 语言的 GPIO 接口编程

1. 硬件原理图

LED 的硬件原理图如图 7-1 所示，按键的硬件原理图如图 7-2 所示。

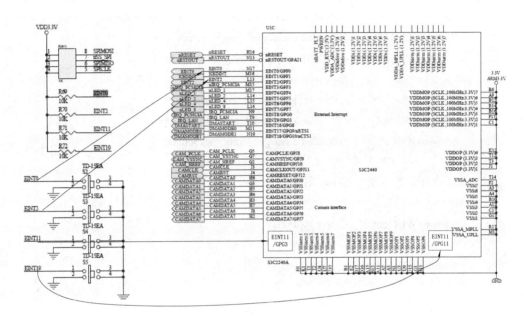

图 7-2 按键的硬件原理图

由图 7-2 可知，按键 EINT0、EINT2、EINT11 和 EINT19 分别接 S3C2440 芯片的 GPF0、GPF2、GPG3 和 GPG11。GPG 相关寄存器可参看 S3C2440 芯片文档。

2. 代码设计

功能要求：EINT0 按下时 LED1 灯亮，EINT2 按下时 LED2 灯亮，EINT11 按下时 LED4 灯亮，代码设计如下。

(1) 启动文件 key_led.s。

```
        AREA KEY_LED_S,CODE,READONLY
        ENTRY
        CODE32
        import main
        PRESERVE8
start
        ldr    r0, =0x53000000      //关闭看门狗
        mov    r1, #0x0
        str    r1, [r0]
        ldr    sp, =1024*4          //栈初始化
```

```
            bl      main            //运行 C 语言的 main 函数
halt_loop
            b       halt_loop

            end
```

(2) 主文件 key_led.c。

```
#define GPFCON      (*(volatile unsigned long *)0x56000050)
#define GPFDAT      (*(volatile unsigned long *)0x56000054)
#define GPFUP       (*(volatile unsigned long *)0x56000058)

#define GPGCON      (*(volatile unsigned long *)0x56000060)
#define GPGDAT      (*(volatile unsigned long *)0x56000064)
#define GPGUP       (*(volatile unsigned long *)0x56000068)
/*
 * LED1、2、4 对应 GPF4、GPF5、GPB6
 */
#define GPF4_out        (1<<(4*2))
#define GPF5_out        (1<<(5*2))
#define GPF6_out        (1<<(6*2))
/*
 * K0、K2、K11 对应 GPF0、GPF2、GPG3
 */
#define GPG3_in     ~(3<<(3*2))
#define GPF2_in     ~(3<<(2*2))
#define GPF0_in     ~(3<<(0*2))
int main()
{
        unsigned long dwDat;
        GPFUP=0x0;
        GPGUP=0x0;
        // K0、K2、K11 对应的根引脚设为输入
        GPFCON = GPF2_in & GPF0_in ;
        GPGCON = GPG3_in;
        // LED1、2、4 对应的 3 根引脚设为输出
        GPFCON = GPF5_out | GPF6_out | GPF4_out;
        while(1)
        {
            //若 Kn 为 0(表示按下)，则令 LEDn 为 0(表示点亮)
                dwDat = GPFDAT;              // 读取 GPF 管脚电平状态
```

```
        if (dwDat & (1<<0))              // K0 没有按下
            GPFDAT |= (1<<4);            // LED1 熄灭
        else
            GPFDAT &= ~(1<<4);           // LED1 点亮


        if (dwDat & (1<<2))              // K2 没有按下
            GPFDAT |= (1<<5);            // LED2 熄灭
        else
            GPFDAT &= ~(1<<5);           // LED2 点亮


        dwDat = GPGDAT;                  // 读取 GPG 管脚电平状态


        if (dwDat & (1<<3))              // K11 没有按下
            GPFDAT |= (1<<6);            // LED4 熄灭
        else
            GPFDAT &= ~(1<<6);           // LED4 点亮
    }
    return 0 ;
}
```

7.5 ARM 异常处理流程

1. ARM 核会自动做的工作

在异常发生后，ARM 核会自动做以下工作。

(1) 保存执行状态。当前程序的执行状态是保存在 CPSR 里面的，异常发生时，要保存当前 CPSR 中的执行状态到异常模式的 SPSR 中，目的是异常返回时恢复 CPSR。

(2) 模式切换。ARM 核自动根据当前的异常类型，将异常码写入 CPSR 中的 M[4:0]模式位，此时 CPU 进入异常模式。不管是在 ARM 状态下还是在 Thumb 状态下发生异常，都会自动切换到 ARM 状态下进行异常的处理，即将 CPSR[5]设置为 0。同时，CPU 会关闭中断 IRQ(设置 CPSR 寄存器 I 位)，防止中断进入，如果当前是快速中断 FIQ 异常，则关闭快速中断(设置 CPSR 寄存器 F 位)。

(3) 保存返回地址。当前程序被异常打断时，切换到异常处理程序里，异常处理完之后，返回当前被打断模式继续执行，因此必须要保存当前执行指令的下一条指令的地址到 LR_excep(异常模式下 LR，并不存在 LR_excep 寄存器，为方便读者理解加上_excep)中。由于异常模式的不同以及 ARM 内核采用流水线技术，异常处理程序中要根据异常模式计算返回地址。

(4) 跳入异常向量表。当异常发生时，CPU 强制将 PC 的值修改为一个固定的内存地址，这个固定地址叫作异常向量。

2. 异常向量表

异常向量表是一段特定内存地址空间。每种 ARM 异常对应一个字空间(4Bytes)，正好是一条 32 位的指令长度，当异常发生时，CPU 强制将 PC 的值设置为当前异常对应的固定内存地址。如表 7-11 所示是 S3C2440 的异常向量表。

表 7-11 异 常 向 量 表

地址	异　　常	进入模式
0x00000000	复位	管理模式
0x00000004	未定义指令	未定义模式
0x00000008	软件中断	管理模式
0x0000000C	中止(预取)	中止模式
0x00000010	中止(数据)	中止模式
0x00000014	保留	保留
0x00000018	中断 IRQ	中断模式
0x0000001C	快中断 FIQ	快中断模式

跳入异常向量表操作是异常发生时 ARM 核自动完成的，剩下的异常处理任务完全交给程序员。由表 7-11 可知，异常向量是一个固定的内存地址，程序员可以通过向该地址处写一条跳转指令，让它跳向自己定义的异常处理程序的入口，就可以完成异常处理。

正是由于异常向量表的存在，才让硬件异常处理和程序员自定义处理程序有机联系起来。异常向量表的 0x00000000 地址处是 reset 复位异常，之所以它为 0 地址，是因为 CPU 在上电时自动从 0 地址处加载指令，reset 复位异常后面是其余 7 种异常向量，每种异常向量都占有 4 个字节，正好是一条指令的大小，最后一个异常是快速中断异常，将其放在此处是由于在 0x0000001C 地址处可以直接存放快速中断的处理程序，不用再设置跳转指令，故可以节省一个时钟周期，加快快速中断处理时间。

可以简单地通过使用下面的指令来填充异常向量表。

```
b reset              //跳入 reset 处理程序
b HandleUndef        //跳入未定义处理程序
b HandSWI            //跳入软中断处理程序
b HandPrefetchAbt    //跳入预取指令处理程序
b HandDataAbt        //跳入数据访问中止处理程序
b HandNoUsed         //跳入未使用程序
b HandleIRQ          //跳入中断处理程序
b HandleFIQ          //跳入快速中断处理程序
```

通过异常向量表可跳转到程序员自己定义的异常处理程序入口。

3. 异常处理程序

异常处理程序最开始要保存被打断程序的执行现场，程序的执行现场就是保存当前操作寄存器里的数据，可以通过下面的栈操作指令保存现场：

      STMFD   SP_excep!，{R0 - R12，LR_excep}

注意：在跳转到异常处理程序入口时，已经切换到异常模式了，因此这里的 SP 是异常模式下的 SP_excep 了，所以被打断程序现场(寄存器数据)保存在异常模式下的栈里。上述指令将 R0～R12 全部都保存到了异常模式栈，最后将修改完的被打断程序返回地址入栈保存。

异常处理完成之后，返回被打断程序继续执行，具体操作如下：

(1) 恢复被打断程序运行时的寄存器数据。

(2) 恢复程序运行时的状态 CPSR。

(3) 通过进入异常时保存的返回地址，返回到被打断程序继续执行。

例如，异常返回指令：

      LDMFD   SP_excep!，{r0-r12，pc}

      MOV CPSR，SPSR_excep；   //注意这条指令不正确，只是为说明问题而写的

但这会导致一个问题：虽然 LDMFD SP_excep!，{r0-r12，pc}可以恢复执行现场，但此时 pc 已经是被打断程序执行时的地址，因此 MOV CPSR，SPSR_excep 指令将不会执行。

如果异常返回指令为

      MOV CPSR，SPSR_excep；   //注意这条指令不正确，只是为说明问题而写的

      LDMFD   SP_excep!，{r0-r12，pc}

但这又会导致另外一个问题：MOV CPSR，SPSR_excep 可以将 CPU 的模式和状态从异常模式切换回被打断程序执行时的模式和状态。但此时 SP_excep 将不可见，因此 LDMFD SP_excep!，{r0-r12, pc}指令的执行将不正确。

可以通过一条指令实现上述两个操作同时执行：

      LDMFD   SP_excp!，{r0-r12，pc}^

注意：SP_excep 为对应异常模式下的 SP，^符号表示恢复 SPSR_excep 到 CPSR。

一条指令的执行分为取指、译码和执行三个主要阶段，CPU 由于使用流水线技术，造成当前执行指令的地址应该是 PC-8(32 位机一条指令四个字节)，那么执行指令的下一条指令应该是 PC-4。在异常发生时，CPU 自动会将 PC-4 的值保存到 LR 里，但是该值是否正确还要看异常类型才能决定。

(1) FIQ 和 IRQ。快速中断请求和一般中断请求的返回处理是一样的。通常处理器执行完当前指令后，会查询 FIQ/IRQ 的中断引脚，并查看是否允许 FIQ/IRQ 中断，如果某个中断引脚有效，并且系统允许该中断产生，处理器将产生 FIQ/IRQ 异常中断，当 FIQ/IRQ 异常中断产生时，程序计数器 PC 的值已经更新，它指向当前指令后面第 3 条指令(对于 ARM 指令，它指向当前指令地址加 12 字节的位置；对于 Thumb 指令，它指向当前指令地址加 6 字节的位置)。当 FIQ/IRQ 异常中断产生时，处理器将值(PC-4)保存到 FIQ/IRQ 异常模式下的寄存器 LR_irq/LR_fiq 中，它指向当前指令后的第 2 条指令，因此正确返回地址可以通过下面的指令算出：

      SUBS   PC，LR_irq，#4   //一般中断

　　　　　SUBS　　PC，LR_fiq，#4　　　//快速中断

　　(2) Prefetch Abort。在预取指令时，如果目标地址是非法的，该指令被标记成有问题的指令，这时流水线上该指令之前的指令继续执行，当执行到该指令时，处理器产生指令预取中止异常。发生指令预取异常时，程序要返回到该指令处，重新读取并执行该指令，因此指令预取中止异常中断应该返回到产生该指令预取中止异常中断的指令处，而不是当前指令的下一条指令。

　　指令预取中止异常中断由当前执行的指令在 ALU 里执行时产生，当指令预取中止异常中断发生时，程序计数器 PC 的值还未更新，它指向当前指令后面第 2 条指令(对于 ARM 指令，它指向当前指令地址加 8B 的位置；对于 Thumb 指令，它指向当前指令地址加 4B 的位置)。此时处理器将值(PC-4)保存到 LR_abt 中，它指向当前指令的下一条指令，所以返回操作可以通过下面的指令实现：

　　　　　SUBS　PC，LR_abt，#4

　　(3) Undefine Abort。未定义指令异常中断由当前执行的指令在 ALU 里执行时产生，当未定义指令异常中断产生时，程序计数器 PC 的值还未更新，它指向当前指令后面第 2 条指令(对于 ARM 指令，它指向当前指令地址加 8B 的位置；对于 Thumb 指令，它指向当前指令地址加 4B 的位置)，当未定义指令异常中断发生时，处理器将值(PC-4)保存到 LR_und 中，此时(PC-4)指向当前指令的下一条指令。因此，从未定义指令异常中断返回可以通过如下指令来实现：

　　　　　MOV　PC，　LR_und

　　(4) SWI。SWI 异常中断和未定义异常中断指令一样，也是由当前执行的指令在 ALU 里执行时产生的，当 SWI 指令执行时，PC 的值还未更新，它指向当前指令后面第 2 条指令(对于 ARM 指令，它指向当前指令地址加 8B 的位置；对于 Thumb 指令，它指向当前指令地址加 4B 的位置)，当未定义指令异常中断发生时，处理器将值(PC-4)保存到 LR_svc 中，此时(PC-4)指向当前指令的下一条指令，所以从 SWI 异常中断处理返回的实现方法与从未定义指令异常中断处理返回一样：

　　　　　MOV　PC，　LR_svc

　　(5) Data Abort。发生数据访问异常中断时，程序要返回到有问题的指令处重新访问该数据，因此数据访问异常中断应该返回到产生该数据访问中止异常中断的指令处，而不是当前指令的下一条指令。

　　数据访问异常中断由当前执行的指令在 ALU 里执行时产生，当数据访问异常中断发生时，程序计数器 PC 的值已经更新，它指向当前指令后面第 3 条指令(对于 ARM 指令，它指向当前指令地址加 12 B 的位置；对于 Thumb 指令，它指向当前指令地址加 6 B 的位置)。此时处理器将值(PC-4)保存到 lr_abt 中，它指向当前指令后面第 2 条指令，所以返回操作可以通过下面的指令实现：

　　　　　SUBS　PC，LR_abt，#8

4. ARM 的异常处理流程总结

ARM 的异常处理流程可以用图 7-3 描述和总结。

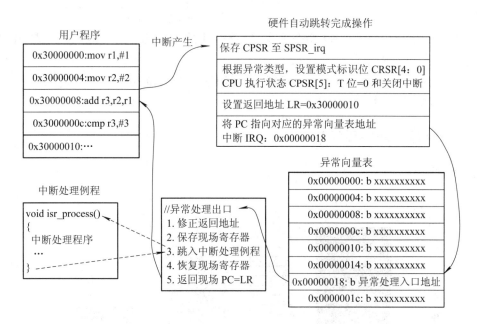

图 7-3　异常处理流程图

7.6　基于 ARM 软中断异常的编程

7.6.1　ARM 软中断指令 SWI

SWI 指令用于产生软中断，从用户模式变换到管理模式，将 CPSR 保存到管理模式的 SPSR 中，其指令格式如下：

```
SWI{cond}  immed_24       //immed_24 为软中断号(服务类型)
```

注意：若是 Thumb 指令，则软中断号为 8 位。

使用 SWI 指令时，通常使用以下两种方法将参数传递到 SWI 异常中断处理程序中，从而提供相关的服务。同时，SWI 异常处理程序要通过读取引起软中断的 SWI 指令，以取得 24 位或 8 位中断号。

(1) 指令中的 24 位立即数指定了用户请求的服务类型，参数通过通用寄存器传递 (APCS 规则)：

```
mov   r0, #34       //设置子功能号位 34
SWI 12              //调用 12 号软中断
```

(2) 指令中的 24 位立即数被忽略，用户请求的服务类型由寄存器 R0 的值决定，参数通过其他的通用寄存器传递：

```
mov r0, #12         //调用 12 号软中断
mov r1, #34         //设置子功能号位 34
SWI  0
```

在 SWI 异常中断处理程序中，取出 SWI 立即数的步骤如下：

(1) 确定引起软中断的 SWI 指令是 ARM 指令还是 Thumb 指令，这可通过对 SPSR 的访问得到。

(2) 取得该 SWI 指令的地址，这可通过访问 LR 寄存器得到。

(3) 读出指令，分解出立即数。

7.6.2　ARM 软中断编程框架

ARM 软中断编程框架如图 7-4 所示。

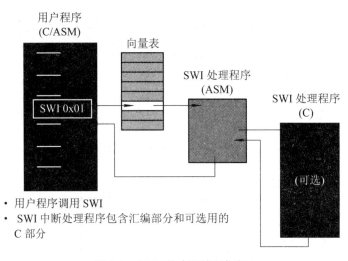

图 7-4　ARM 软中断编程框架

由图 7-4 可知：

(1) SWI 在用户程序(C/ASM)里被调用。在 SWI 之前，参数被装入寄存器，SWI 号被嵌入在 SWI 指令中。

(2) SWI 向量被提取(包括切换到 SVC 模式)。

(3) 异常向量指针指向汇编处理程序。

SWI 处理程序必须定位 SWI 指令，并提取 SWI 指令中的常数域，为此，SWI 处理程序必须确定 SWI 调用是在哪一种状态(ARM/Thumb)，通过检查 SPSR 的 T-bit 以确定在什么状态。在 ARM 状态下，SWI 指令中的常数域在 LR-4 位置，在 Thumb 状态下，SWI 指令中的常数域在 LR-2 位置。所以，SWI 处理框架代码如下：

```
T_bit EQU 0X20
SWI_Handler:
    STMFD SP!,{R0-R3,R12,LR}    //现场保护
    MOV r1,sp                   //若 SWI 调用带参，则将 R1 指向第一个参数
    MRS R0,SPSR                 //读取 SPSR
    STMFD SP!,{R0}              //保存 SPSR
    TST R0,#T_bit
    LDRNEH R0,[LR,#-2]          //若是 Thumb 指令，则读取指令码(13 位)
```

```
        BICNE R0,#0XFF00            //取得 Thumb 指令的 8 位立即数
        LDREQ R0,[LR,#-4]          //若是 ARM 指令，则读取指令码(32 位)
        BICEQ R0,#0XFF000000       //取得 ARM 指令的 24 位立即数
        ; // r0 now contains SWI number
        ; // r1 now contains pointer to stacked registers        BL
        SWI_Exception_Function ;   //调用 C 编写的 SWI 处理函数 LDMFD sp!, {r0}
        MSR spsr_cf,r0;            // spsr 出栈
```

7.6.3　ARM 软中断异常实例

本实例以系统调用中 I/O 课程中的 open 函数实现在 ARM 中的软中断。通过本实例的介绍，读者可以进一步理解第 4 章系统编程中系统调用函数是如何实现的。

1. 启动文件 start.s

启动文件代码如下：

```
T_bit EQU 0x20
        area myarea,code,readonly
        code32
        preserve8
        import myfun
        import handle
        entry
        b    reset_handle
undefine_handle
        b    undefine_handle
        b    swi_handle
prefetch_handle
        b    prefetch_handle
data_abort_handle
        b    data_abort_handle
        nop
irq_handle
        b    irq_handle
fiq_handle
        b    fiq_handle

reset_handle
        ldr r0,=0x53000000
        mov r2,#0x0
        str r2,[r0]
```

```
        ldr sp,=0x32000000
        ;user mode

        mov r0,#0x10
        msr cpsr_c,r0
        mov r0,#0x10
        mov r1,#0x20
        swi 0x13
        mov r0,#0x30
        mov r1,#0x20
        bl   myfun
        add r2,r1,r0
swi_handle
        stmfd   sp!,{r0-r3,lr}
        mrs r0, spsr
        tst r0, #T_bit
        ldrneh r0,[lr,#-2]
        bicne   r0, r0, #0xff00
        ldreq   r0, [lr,#-4]
        biceq   r0, r0, #0xff000000

        bl   handle
        ldmfd   sp!,{r0-r3,pc}^
        ;movs pc,lr
        ;mrs r3,spsr
        ;msr cpsr_csxf,r3
        end
```

2. 主函数文件 myfun.c

主函数文件代码如下:

```
int myfun(int a,int b)
{
        int sum =0;
        sum = a + b;
        return sum;
}
void handle(int id)
{
    switch(id)
```

```
        {
            case 0x11:
                open();
                break;
            case 0x12:
                read();
                break;
            case 0x13:
                write();
                break;
            case 0x14:
                close();
                break;
            default:
                break;
        }
        return;
    }
```

3. 头文件 init.h

软件中断处理函数头文件代码如下：

```
        int myfun(int a,int b);
        void handle(int id);
        void open(void);
        void close(void);
        void read(void);
        void write(void);
```

7.7　基于 ARM 中断异常的按键接口编程

本节以 S3C2440 芯片为例，介绍基于 ARM 中断异常的按键接口编程。

7.7.1　S3C2440 中断控制器

S3C2440 中的中断控制器接收来自 60 个中断源的请求。提供这些中断源的是内部外设和外部中断，如 DMA 控制器、UART、IIC 等。当从内部外设和外部中断请求引脚收到多个中断请求时，中断控制器经过仲裁后向 ARM920T 内核产生 FIQ 或 IRQ 异常。中断控制器原理图如图 7-5 所示。

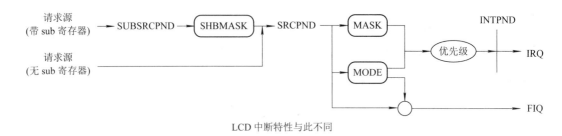

图 7-5　S3C2440 中断控制器原理图

　　由图 7-5 可知，首先为中断请求，中断控制器支持 60 个中断请求，这 60 个中断又分为外部中断和内部中断，SoC(System on Chip)外部电路产生的中断是外部中断，如果是 SoC 内部模块产生的中断，则就是内部中断。ARM 有 60 个中断源，但 ARM 是 32 位处理器，怎样处理多于 32 个的中断源？可以使用级联方法来处理，这也是 S3C2440 中断寄存器中有次级寄存器存在的原因。ARM 支持的 60 个中断请求的内容如表 7-12 和表 7-13 所示。

表 7-12　源级中断请求

源	描　述	仲裁组
INT_ADC	ADC EOC 和触屏中断(INT_ADC_S/INT_TC)	ARB5
INT_RTC	RTC 闹钟中断	ARB5
INT_SPI1	SPI1 中断	ARB5
INT_UART0	UART0 中断(ERR、RXD 和 TXD)	ARB5
INT_IIC	IIC 中断	ARB4
INT_USBH	USB 主机中断	ARB4
INT_USBD	USB 设备中断	ARB4
INT_NFCON	Nand Flash 控制中断	ARB4
INT_UART1	UART1 中断(ERR、RXD 和 TXD)	ARB4
INT_SPI0	SPI0 中断	ARB4
INT_SDI	SDI 中断	ARB3
INT_DMA3	DMA 通道 3 中断	ARB3
INT_DMA2	DMA 通道 2 中断	ARB3
INT_DMA1	DMA 通道 1 中断	ARB3
INT_DMA0	DMA 通道 0 中断	ARB3
INT_LCD	LCD 中断(INT_FrSyn 和 INT_FiCnt)	ARB3
INT_UART2	UART2 中断(ERR、RXD 和 TXD)	ARB2
INT_TIMER4	定时器 4 中断	ARB2
INT_TIMER3	定时器 3 中断	ARB2

源	描　　　述	仲裁组
INT_TIMER2	定时器 2 中断	ARB2
INT_TIMER1	定时器 1 中断	ARB2
INT_TIMER0	定时器 0 中断	ARB2
INT_WDT_AC97	看门狗定时器中断(INT_WDT、INT_AC97)	ARB1
INT_TICK	RTC 时钟滴答中断	ARB1
nBATT_FLT	电池故障中断	ARB1
INT_CAM	摄像头接口(INT_CAM_C、INT_CAM_P)	ARB1
EINT8_23	外部中断 8～23	ARB1
EINT4_7	外部中断 4～7	ARB1
EINT3	外部中断 3	ARB0
EINT2	外部中断 2	ARB0
EINT1	外部中断 1	ARB0
EINT0	外部中断 0	ARB0

表 7-13　次级中断请求

次级源	描　　　述	源
INT_AC97	AC97 中断	INT_WDT_AC97
INT_WDT	看门狗中断	INT_WDT_AC97
INT_CAM_P	摄像头接口中 P 端口捕获中断	INT_CAM
INT_CAM_C	摄像头接口中 C 端口捕获中断	INT_CAM
INT_ADC_S	ADC 中断	INT_ADC
INT_TC	触摸屏中断(笔起/落)	INT_ADC
INT_ERR2	UART2 错误中断	INT_UART2
INT_TXD2	UART2 发送中断	INT_UART2
INT_RXD2	UART2 接收中断	INT_UART2
INT_ERR1	UART1 错误中断	INT_UART1
INT_TXD1	UART1 发送中断	INT_UART1
INT_RXD1	UART1 接收中断	INT_UART1
INT_ERR0	UART0 错误中断	INT_UART0
INT_TXD0	UART0 发送中断	INT_UART0
INT_RXD0	UART0 接收中断	INT_UART0

如果中断源产生了中断请求，则中断挂起(SRCPND)寄存器或次级中断挂起(SUBSRCPND)寄存器相应的位被设置为 1。SRCPND 和 SUBSRCPND 的内容对应于表 7-12 和表 7-13 中的中断源，SRCPND 的部分内容如表 7-14 所示。

表 7-14   中断挂起寄存器

寄存器	地址	读/写	描　　述	复位值
SRCPND	0x4A000000	读/写	指示中断请求状态： 0 = 中断未被请求； 1 = 中断源声明了中断请求	0x00000000
SRCPND	位	描　　述		初始状态
INT_ADC	[31]	0 = 未请求	1 = 请求	0
INT_RTC	[30]	0 = 未请求	1 = 请求	0
INT_SPI1	[29]	0 = 未请求	1 = 请求	0
INT_UART0	[28]	0 = 未请求	1 = 请求	0
INT_IIC	[27]	0 = 未请求	1 = 请求	0
INT_USBH	[26]	0 = 未请求	1 = 请求	0
INT_USBD	[25]	0 = 未请求	1 = 请求	0
INT_NFCON	[24]	0 = 未请求	1 = 请求	0
INT_UART1	[23]	0 = 未请求	1 = 请求	0
INT_SPI0	[22]	0 = 未请求	1 = 请求	0
INT_SDI	[21]	0 = 未请求	1 = 请求	0
INT_DMA3	[20]	0 = 未请求	1 = 请求	0
INT_DMA2	[19]	0 = 未请求	1 = 请求	0
INT_DMA1	[18]	0 = 未请求	1 = 请求	0
INT_DMA0	[17]	0 = 未请求	1 = 请求	0
INT_LCD	[16]	0 = 未请求	1 = 请求	0
INT_UART2	[15]	0 = 未请求	1 = 请求	0
INT_TIMER4	[14]	0 = 未请求	1 = 请求	0
INT_TIMER3	[13]	0 = 未请求	1 = 请求	0
INT_TIMER2	[12]	0 = 未请求	1 = 请求	0
INT_TIMER1	[11]	0 = 未请求	1 = 请求	0
INT_TIMER0	[10]	0 = 未请求	1 = 请求	0
INT_WDT_AC97	[9]	0 = 未请求	1 = 请求	0
INT_TICK	[8]	0 = 未请求	1 = 请求	0
nBATT_FLT	[7]	0 = 未请求	1 = 请求	0
INT_CAM	[6]	0 = 未请求	1 = 请求	0
EINT8_23	[5]	0 = 未请求	1 = 请求	0
EINT4_7	[4]	0 = 未请求	1 = 请求	0
EINT3	[3]	0 = 未请求	1 = 请求	0
EINT2	[2]	0 = 未请求	1 = 请求	0
EINT1	[1]	0 = 未请求	1 = 请求	0
EINT0	[0]	0 = 未请求	1 = 请求	0

注意：(1) 寄存器的每一位都是由中断源自动置位的。

(2) SRCPND 寄存器是通过在对应位写 1 来清位的,例如将 oft 位清零时使用如下代码:

SRCPND |= (1<<oft)

中断屏蔽(INTMSK)寄存器/中断次级屏蔽(INTSUBMSK)寄存器如表 7-15 所示,这两个寄存器类似。以 INTMSK 寄存器为例说明,INTMSK 寄存器由 32 位组成,其每一位都涉及一个中断源。如果某个指定位被设置为 1,则 CPU 不会去服务来自相应中断源的中断请求(注意,即使在这种情况中,SRCPND 寄存器的相应位也设置为 1),反之则可以服务中断请求。

表 7-15　中断屏蔽寄存器

寄存器	地址	读/写	描　述	复位值
INTMSK	0x4A000008	读/写	决定屏蔽哪个中断源,被屏蔽的中断源将不会服务: 0 = 中断服务可用; 1 = 屏蔽中断服务	0xFFFFFFFF

中断优先级分组如图 7-6 所示,S3C2440 将中断源分为 6 组,分别为:ARBITER0、ARBITER1、ARBITER2、ARBITER3、ARBITER4、ARBITER5,而这 6 组中断源又由 ARBITER6 表示,由中断优先级寄存器(PRIORITY)对这 7 组中断进行优先级排序。

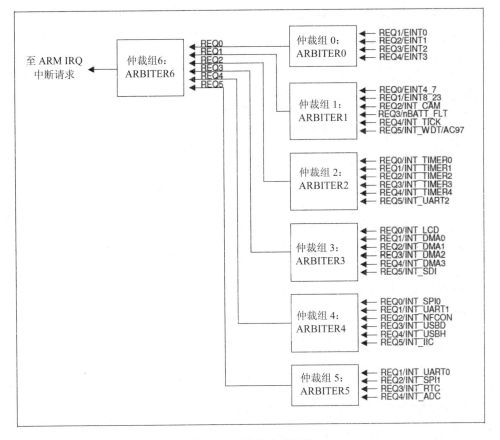

图 7-6　中断优先级分组

中断优先级寄存器(PRIORITY)如表 7-16 所示。

表 7-16　中断优先级寄存器

寄存器	地址	读/写	描　　述	复位值
PRIORITY	0x4A00000C	读/写	IRQ 优先级控制寄存器	0x7F

中断优先级寄存器(PRIORITY)的内容如表 7-17 所示。

表 7-17　中断优先级寄存器的内容

PRIORITY	位	描　　述	初始状态
ARB_SEL6	[20:19]	仲裁器组 6 优先级顺序设置 00 = REQ 0-1-2-3-4-5　　01 = REQ 0-2-3-4-1-5 10 = REQ 0-3-4-1-2-5　　11 = REQ 0-4-1-2-3-5	00
ARB_SEL5	[18:17]	仲裁器组 5 优先级顺序设置 00 = REQ 0-1-2-3-4-5　　01 = REQ 0-2-3-4-1-5 10 = REQ 0-3-4-1-2-5　　11 = REQ 0-4-1-2-3-5	00
ARB_SEL4	[16:15]	仲裁器组 4 优先级顺序设置 00 = REQ 0-1-2-3-4-5　　01 = REQ 0-2-3-4-1-5 10 = REQ 0-3-4-1-2-5　　11 = REQ 0-4-1-2-3-5	00
ARB_SEL3	[14:13]	仲裁器组 3 优先级顺序设置 00 = REQ 0-1-2-3-4-5　　01 = REQ 0-2-3-4-1-5 10 = REQ 0-3-4-1-2-5　　11 = REQ 0-4-1-2-3-5	00
ARB_SEL2	[12:11]	仲裁器组 2 优先级顺序设置 00 = REQ 0-1-2-3-4-5　　01 = REQ 0-2-3-4-1-5 10 = REQ 0-3-4-1-2-5　　11 = REQ 0-4-1-2-3-5	00
ARB_SEL1	[10:9]	仲裁器组 1 优先级顺序设置 00 = REQ 0-1-2-3-4-5　　01 = REQ 0-2-3-4-1-5 10 = REQ 0-3-4-1-2-5　　11 = REQ 0-4-1-2-3-5	00
ARB_SEL0	[8:7]	仲裁器组 0 优先级顺序设置 00 = REQ 0-1-2-3-4-5　　01 = REQ 0-2-3-4-1-5 10 = REQ 0-3-4-1-2-5　　11 = REQ 0-4-1-2-3-5	00
ARB_MODE6	[6]	仲裁器组 6 优先级轮换使能 0 = 优先级不轮换　　1 =优先级轮换使能	1
ARB_MODE5	[5]	仲裁器组 5 优先级轮换使能 0 = 优先级不轮换　　1 =优先级轮换使能	1
ARB_MODE4	[4]	仲裁器组 4 优先级轮换使能 0 = 优先级不轮换　　1 =优先级轮换使能	1
ARB_MODE3	[3]	仲裁器组 3 优先级轮换使能 0 = 优先级不轮换　　1 =优先级轮换使能	1
ARB_MODE2	[2]	仲裁器组 2 优先级轮换使能 0 = 优先级不轮换　　1 =优先级轮换使能	1
ARB_MODE1	[1]	仲裁器组 1 优先级轮换使能 0 = 优先级不轮换　　1 =优先级轮换使能	1
ARB_MODE0	[0]	仲裁器组 0 优先级轮换使能 0 = 优先级不轮换　　1 =优先级轮换使能	1

每个仲裁器可以处理基于 1 位仲裁器模式控制(ARB_MODE)和选择控制信号(ARB_SEL)的 2 位的 6 个中断请求。选择控制信号及其对应的优先级如表 7-18 所示。

表 7-18　选择控制信号(ARB_SEL)及其对应的优先级

ARB_SEL	优先级顺序
00b	REQ0、REQ1、REQ2、REQ3、REQ4 和 REQ5
01b	REQ0、REQ2、REQ3、REQ4、REQ1 和 REQ5
10b	REQ0、REQ3、REQ4、REQ1、REQ2 和 REQ5
11b	REQ0、REQ4、REQ1、REQ2、REQ3 和 REQ5

注意：仲裁器 REQ0 的优先级总是最高，并且 REQ5 的优先级总是最低。此外，通过改变 ARB_SEL 位，可以轮换 REQ1 到 REQ4 的顺序。

如果 ARB_MODE 位被设置为 0，则 ARB_SEL 位不能自动改变，这使得仲裁器操作在固定优先级模式中。另一方面，如果 ARB_MODE 为 1，ARB_SEL 位则会被轮换方式改变，例如如果 REQ1 被服务，ARB_SEL 位则被自动改为 01b，以便 REQ1 进入到最低优先级。ARB_SEL 改变的详细结果如下：

(1) 如果 REQ0 或 REQ5 被服务，ARB_SEL 位不会改变；

(2) 如果 REQ1 被服务，则 ARB_SEL 位被改为 01b；

(3) 如果 REQ2 被服务，则 ARB_SEL 位被改为 10b；

(4) 如果 REQ3 被服务，则 ARB_SEL 位被改为 11b；

(5) 如果 REQ4 被服务，则 ARB_SEL 位被改为 00b。

中断挂起(INTPND)寄存器如表 7-19 所示。

表 7-19　中断挂起寄存器

寄存器	地址	读/写	描　　述	复位值
INTPND	0x4A000010	读/写	指示中断请求状态： 0 = 未请求中断； 1 = 中断源已声明中断请求	0x7F

与源挂起(SRCPND)寄存器类似，只是 INTPND 寄存器表示(次)源挂起寄存器经过仲裁步骤后的结果。

中断源请求中断服务，SRCPND 寄存器的相应位被置为 1，并且同时在仲裁步骤后 INTPND 寄存器仅有 1 位自动置位为 1。如果屏蔽了中断，则 SRCPND 寄存器的相应位被置为 1，这并不会引起 INTPND 寄存器位的改变。当 INTPND 寄存器的挂起位为置位，若 CPSR 中 I 或 F 位被清除为 0，则中断服务程序将开始，通过写 1 清除 INTPND 寄存器中的挂起状态。

中断模式(INTMOD)寄存器如表 7-20 所示。

表 7-20　中断模式寄存器

寄存器	地址	读/写	描　　述	复位值
INTMOD	0x4A000004	读/写	中断模式寄存器： 0 = IRQ 模式，1 = FIQ 模式	0x00000000

此寄存器由 32 位组成，其每一位都涉及一个中断源。如果某个指定位被设置为 1，则

在 FIQ(快中断)模式中处理相应中断，INTMOD 的默认值为 IRQ 模式。

中断偏移(INTOFFSET)寄存器如表 7-21 所示。

表 7-21　中断偏移寄存器

寄存器	地址	读/写	描　　述	复位值
INTOFFSET	0x4A000014	读	指示 IRQ 中断请求源	0x00000000

中断偏移寄存器中的值表示哪个 IRQ 模式的中断请求在 INTPND 寄存器中，此位可以通过清除 SRCPND 和 INTPND 实现自动清除。

7.7.2　按键中断使用举例

1. 硬件原理图

LED 硬件原理图见图 7-1，按键硬件原理图见图 7-2。

2. 代码设计

1) 功能要求

(1) EINT0：下降沿触发；EINT2：上升沿触发；EINT11：双边触发(即上升沿和下降沿均触发)。

(2) EINT0 按下时只有 LED1 亮；EINT2 按下时只有 LED2 亮；EINT11 按下和松开时分别是 LED3 和 LED2 亮。

(3) 中断优先级：EINT0 > EINT2 > EINT11。

2) 代码设计

(1) 启动代码 start.s。

```
            AREA KEY_LED_S,CODE,READONLY
            ENTRY
            CODE32
            import main
            import EINT_Handle
            PRESERVE8
            B       ResetHandle
UndefineHandle
            B       UndefineHandle
SwiHandle
            B       SwiHandle
PrefetchHandle
            B       PrefetchHandle
DataAbortHandle
            B       DataAbortHandle
            nop
            B       IRQHandle
FRQHandle
```

```
            B       FRQHandle
    ResetHandle
            ldr r0, =0x53000000
            mov r1, #0x0
            str r1, [r0]
            ldr sp, =0x1000
            ldr r0, =0x52
            msr cpsr_fsxc, r0
            ldr sp, =3072
            ldr r0, =0x53
            msr cpsr_fsxc, r0
            bl      main
    halt_loop
            b       halt_loop


    IRQHandle
            sub lr, lr, #4
            stmfd    sp!, { r0-r12,lr }
            ;ldr lr, =int_return
            bl    EINT_Handle
            ;ldr pc, =EINT_Handle   ;
            ldmfd    sp!,      { r0-r12,pc }^
            end
```

(2) main.c 文件。

```c
#include "s3c2440.h"
void gpio_init()
{
    GPFCON |=   (0x1 << 4 * 2)| (0x2 << 0*2);
    GPFDAT |=   0x1 << 4;
}
void irq_init()
 {
    SRCPND |=(1<<0);
    INTPND |= (1<<0);
    EXTINT0 |= (0x04<<0);
    INTMSK    &= (~(0x1 << 0));
}
void sys_init()
{
```

```
    gpio_init();
    irq_init();
}
void EINT_Handle()
{
    unsigned long oft = INTOFFSET;
      if(oft == 0)
      {
         GPFDAT &= ( ~(0x1 << 4));
         SRCPND |=(1<<0);
         INTPND |= (1<<0);
      }
}


int main()
{
    sys_init();
    while(1)
    {
    }
    return 0;
}
```

7.8　串口接口编程

7.8.1　串行通信和并行通信

1．串行通信

串行通信是指使用一条数据线将数据一位一位地依次传输，每一位数据占据一个固定的时间长度。其只需要少数几条线就可以在系统间交换信息，特别适用于计算机与计算机、计算机与外设之间的远距离通信。串行通信又分为同步通信和异步通信。

(1) 同步通信。同步通信是一种连续串行传送数据的通信方式，一次通信只传送一帧信息。这里的信息帧与异步通信中的字符帧不同，它们通常含有若干个数据字符。它们均由同步字符、数据字符和校验字符(CRC)组成，其中，同步字符位于帧开头，用于确认数据字符的开始；数据字符在同步字符之后，个数没有限制，由所需传输的数据块长度来决定；校验字符有 1～2 个，用于接收端对接收到的字符序列进行正确性校验。同步通信的缺点是要求发送时钟和接收时钟保持严格的同步。

(2) 异步通信。异步通信中有两个比较重要的指标：字符帧格式和波特率。数据通常以字符或者字节为单位组成字符帧传送。字符帧由发送端逐帧发送，通过传输线被接收设备逐帧接收。发送端和接收端可以由各自的时钟来控制数据的发送和接收，这两个时钟源彼此独立，互不同步。接收端检测到传输线上发送过来的低电平逻辑"0"(即字符帧起始位)时，确定发送端已开始发送数据，每当接收端收到字符帧中的停止位时，就知道一帧字符已经发送完毕。

2．并行通信

并行通信时数据的各个位同时传送，可以字或字节为单位并行进行。并行通信速度快，但通信线路多、成本高，故不宜进行远距离通信。计算机内部总线就是以并行方式传送数据的。这种方法的优点是传输速度快，处理简单。

7.8.2　S3C2440 的串口模块

串口是串行通信，即一次只传输一个比特的数据，串行数据的传输速度用 b/s(bit percent second)或波特率来描述。常用的串口协议有 RS485 与 RS232，下面主要说明 RS232 的使用。RS232 串口通信的标准电平是：电压在 –15 V～3 V 是 1，在 3 V～15 V 是 0。而 CMOS 电平是：3 V 是 1，0 V 是 0，因此要采用电平转换芯片进行电平转换。

S3C2440 配有 3 个独立异步串行端口 UART0、UART1、UART2，其原理图如图 7-7 所示，每个都可以是基于中断或基于 DMA 模式的操作，即 UART 可以通过产生中断或 DMA

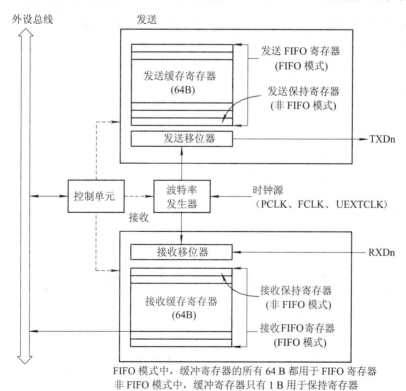

FIFO 模式中，缓冲寄存器的所有 64 B 都用于 FIFO 寄存器
非 FIFO 模式中，缓冲寄存器只有 1 B 用于保持寄存器

图 7-7　UART 模块原理图

请求来进行 CPU 和 UART 之间的数据传输。UART 通过使用系统时钟最高可以支持 115.2 kb/s 的比特率，如果是由外部器件提供 UEXTCLK 的 UART，则 UART 可以运行在更高的速度。每个 UART 通道包含两个 64B 的 FIFO 用于发送和接收。

1．数据传输

(1) 数据发送帧：是可编程发送数据帧，它由 1 个起始位、5～8 个数据位、1 个可选奇偶校验位以及 1～2 个停止位组成。可编程数据发送帧是由行控制寄存器(ULCONn)指定的。

(2) 数据接收帧：与发送帧类似，数据接收帧也是可编程的，它由 1 个起始位、5～8 个数据位、1 个可选奇偶校验位以及 1～2 个停止位组成。可编程数据接收帧是由行控制寄存器(ULCONn)指定的。接收器能够检测出溢出(overflow)错误、奇偶校验错误、帧错误和断点状态，每个都可以设置一个错误标志。

① 溢出错误表明新数据在读出旧数据前覆盖了旧数据。

② 奇偶校验错误表明接收器检测出一个非预期奇偶校验字段。

③ 帧错误表明接收到的数据没有有效的结束位。

④ 断点状态表明 RXDn 的输入保持为逻辑 0 状态的时间长于单帧传输时间。

(3) FIFO 为缓存，可提高传输效率。非 FIFO 为普通的串口采用的方式，即只向发送移位寄存器发送数据。

2．S3C2440 串口寄存器

(1) 串行通信口复用选择。串行通信口复用选择 I/O 口是控制寄存器 GPHCON，其地址为 0x56000070。

当[15:14]=10 时，GPH7 为 RXD[2]；

当[13:12]=10 时，GPH6 为 TXD[2]；

当[11:10]=10 时，GPH5 为 RXD[1]；

当[9:8]=10 时，GPH4 为 TXD[1]；

当[7:6]=10 时，GPH3 为 RXD[0]；

当[5:4]=10 时，GPH2 为 TXD[0]。

如使用 UART0，则设置 GPHCON |= ((0x02<<(2*2)) | (0x02<<(3*2))); 即 GPH2、GPH3 用作 TXD0、RXD0。

(2) UART 行控制寄存器 ULCONn。ULCONn 的地址表和位说明表如表 7-22 和表 7-23 所示。

表 7-22　ULCONn 地址表

寄存器	地址	读/写	描　　述	复位值
ULCON0	0x50000004	读/写	UART 通道 0 控制寄存器	0x00
ULCON1	0x50004004	读/写	UART 通道 1 控制寄存器	0x00
ULCON2	0x50008004	读/写	UART 通道 2 控制寄存器	0x00

表 7-23　ULCONn 位说明表

ULCONn	位	描　　　述	初始状态
保留	[7]	—	0
红外模式	[6]	决定是否使用红外模式： 0 = 普通模式操作； 1 = 红外 Tx/Rx 模式	0
奇偶校验模式	[5:3]	指定在 UART 发送和接收操作期间奇偶校验产生和检查的类型： 0xx = 无奇偶校验； 100 = 奇校验； 101 = 偶校验； 110 = 固定/检查奇偶校验为 1； 111 = 固定/检查奇偶校验为 0	000
停止位数	[2]	指定用于结束帧信号的停止位的个数： 0 = 每帧 1 个停止位； 1 = 每帧 2 个停止位	0
字长度	[1:0]	指出每帧用于发送或接收的数据位的个数： 00 = 5 位； 01 = 6 位； 10 = 7 位； 11 = 8 位	00

其中，ULCONn 的[6]位为红外模式选择位，1 表示使用，0 表示不使用。

[5:3]为奇偶校验模式选择位。

[2]为停止位数选择位。

[1:0]为字长度位，表示每帧发送或接收的数据的个数。

当使用 8N1，即 8 个数据位、无校验位、1 个停止位模式时，进行如下设置：

　　ULCON0 = 0x03;

(3) UART 控制寄存器 UCONn。UCONn 的地址表如表 7-24 所示。

表 7-24　UCONn 地址表

寄存器	地址	读/写	描　　　述	复位值
UCON0	0x50000004	读/写	UART 通道 0 控制寄存器	0x00
UCON1	0x50004004	读/写	UART 通道 1 控制寄存器	0x00
UCON2	0x50008004	读/写	UART 通道 2 控制寄存器	0x00

该寄存器用来设置对应串口的时钟源的选择、中断触发方式、使能错误中断、使能超时、回环模式等功能。

如设置：UCON0 = 0x05，表示查询或中断方式，UART 时钟源为 PCLK。

(4) 波特率分频寄存器 UBRDIVn。UBRDIVn 的地址表如表 7-25 所示。

表 7-25   UBRDIVn 地址表

寄存器	地址	读/写	描　　述	复位值
UBRDIV0	0x50000028	读/写	波特率分频寄存器 0	—
UBRDIV1	0x50004028	读/写	波特率分频寄存器 1	—
UBRDIV2	0x50008028	读/写	波特率分频寄存器 2	—

其中，UBRDIVn 的[15:0]位存储的是用于决定如下的串行 TX/RX 时钟率(波特率):

$$UBRDIVn = (int)(UART 时钟 / (波特率 \times 16)) - 1$$

UART 时钟: PCLK、FCLK/n 或 UEXTCLK，即通过所要设置的波特率和 UART 时钟来计算出 UBRDIV 寄存器的值。

(5) UART TX/RX 状态寄存器 UTRSTATn。UTRSTATn 的地址表如表 7-26 所示。

表 7-26   UTRSTATn 地址表

寄存器	地址	读/写	描　　述	复位值
UTRSTAT0	0x50000010	读	UART 通道 0 TX/RX 状态寄存器	0x6
UTRSTAT1	0x50004010	读	UART 通道 1 TX/RX 状态寄存器	0x6
UTRSTAT2	0x50008010	读	UART 通道 2 TX/RX 状态寄存器	0x6

其中，UTRSTATn 的[0]位为接收缓冲器状态位，为 0 表示接收缓冲器为空，为 1 表示非空，每当通过 RXDn 端口接收数据，接收缓冲寄存器包含了有效数据时自动设置为 1。

UTRSTATn 的[1]位为发送缓冲器状态位，为 0 表示接收缓冲器非空，为 1 表示空，当发送缓冲寄存器为空时自动设置为 1。

UTRSTATn 的[2]位为发送器状态位，为 0 表示发送器非空，为 1 表示空，当发送缓冲寄存器无有效数据要发送并且发送移位寄存器为空时将自动设置为 1。

(6) UART 发送缓冲寄存器 UTXHn。UTXHn 的地址表如表 7-27 所示。

表 7-27   UTXHn 地址表

寄存器	地址	读/写	描　　述	复位值
UTXH0	0x50000020(L) 0x50000023(B)	W(字节)	UART 通道 0 发送缓冲寄存器	—
UTXH1	0x50004020(L) 0x50004023(B)	W(字节)	UART 通道 1 发送缓冲寄存器	—
UTXH2	0x50008020(L) 0x50008023(B)	W(字节)	UART 通道 2 发送缓冲寄存器	—

注意: (L)为小端模式; (B)为大端模式。该寄存器的[7:0]位表示 UARTn 要发送的数据。

(7) UART 接收缓冲寄存器 URXHn。URXHn 的地址表如表 7-28 所示。该寄存器的[7:0]位表示 UARTn 接收到的数据。

表 7-28   URXHn 地址表

寄存器	地址	读/写	描　　述	复位值
URXH0	0x50000024(L) 0x50000027(B)	W(字节)	UART 通道 0 接收缓冲寄存器	—
URXH1	0x50004024(L) 0x50004027(B)	W(字节)	UART 通道 1 接收缓冲寄存器	—
URXH2	0x50008024(L) 0x50008027(B)	W(字节)	UART 通道 2 接收缓冲寄存器	—

7.8.3 串口使用实例

```
#define GPFCON (volatile unsigned long *) 0x56000050
#define GPFDAT (volatile unsigned long *) 0x56000054
/*clock registers*/
#define    MPLLCON               (volatile unsigned long *)0x4c000004
#define    CLKDIVN               (volatile unsigned long *)0x4c000014
#define S3C2440_MPLL_200MHz      ((0x5c<<12)|(0x01<<4)|(0x02))
#define FCLK 200000000
#define HCLK (200000000/2)
#define PCLK (200000000/4)
/*UART registers*/
#define ULCON0                (volatile unsigned long *)0x50000000
#define UCON0                 (volatile unsigned long *)0x50000004
#define UTRSTAT0              (volatile unsigned long *)0x50000010
#define UTXH0                 (volatile unsigned char *)0x50000020
#define URXH0                 (volatile unsigned char *)0x50000024
#define UBRDIV0               (volatile unsigned long *)0x50000028
#define UART_CLK        PCLK         //
#define UART_BAUD_RATE  115200       //
#define UART_BRD         ((UART_CLK  / (UART_BAUD_RATE * 16)) - 1)
//#define TXD0READY    (1<<1)
#define GPHCON                (volatile unsigned long *)0x56000070
#define GPHUP                 (volatile unsigned long *)0x56000078
void clock_init()
{   (*CLKDIVN)  = 0x03;               // FCLK:HCLK:PCLK=1:2:4, HDIVN=1,PDIVN=1
        __asm__{
        mrc     p15, 0, r1, c1, c0, 0
        orr     r1, r1, #0xc0000000
        mcr     p15, 0, r1, c1, c0, 0
            }
```

```
                        (*MPLLCON) = S3C2440_MPLL_200MHz;
}
//使用 UART0 作为串行通信口
void uart_init()
{   (*GPHCON)   |= ((0x2<<(2*2)) | (0x2<<(3*2)));          // IO 复用
    (*GPHUP)    = 0xc; //1100
    (*ULCON0)   = 0x03; // 8N1
    (*UCON0)    = 0x05;         // 0101
    (*UBRDIV0) = UART_BRD; //115200
}
void io_init()
{   //set gpf4    out
    (*GPFCON) &= (~(1 << 9));        //
    (*GPFCON) |= (1 << 8);                   //
    //set gpf5    out
    (*GPFCON) &= (~(1 << 11));       //
    (*GPFCON) |= (1 << 10);          //
    //set gpf6    out
    (*GPFCON) &= (~(1 << 13));       //
    (*GPFCON) |= (1 << 12);          //
    (*GPFDAT)   |=   (7 << 4) ;      //led off
}
void printf_c(char c)
{   int s;
    int i = 1;
    while(i)
    {   s = (*UTRSTAT0);
        s = (s & 2);
        if(s == 0)
        {
            continue;
        }
            else if(s == 2)
        {
                    (*UTXH0) = c;
        }
        }
    }
unsigvoid printf_s(char *p)
```

```
{
    while(1)
    {
        if(*p == '\0')
        {
                break;
        }
        printf_c(*p);
        p ++;
    }
}
int main()
{
    int i = 1;
    int status = 0;
    unsigned char ch;
    clock_init();
    io_init();
    uart_init();
    while(i)
    {
        printf_s("please input a char\r\n");
        status = (*UTRSTAT0);
        status = (status & 1);
        if(status == 0) // no receive data
        {
            continue;
        }
        else if(status == 1)
        {
                ch = (*URXH0);
                switch(ch)
                {
                    case 'a':
                        (*GPFDAT)   &=   (~(1 << 4) );        //led 1 on
                            break;
                    case 'b':
                        (*GPFDAT)   &=   (~(1 << 5) );        //led 2 on
                            break;
```

```
        case 'c':
                (*GPFDAT)   &=   ( ~(1 << 6) );        //led 3 on
                    break;
        case 'd':
                (*GPFDAT)   |=   (7 << 4) ;            //led 123 off
                    break;
        default:
                    break;
            }
        }
    }
    return 0;
}
```

本 章 小 结

  本章介绍了 ARM 汇编。首先针对 ARM 汇编、S3C2440 和硬件原理图设计了基于 ARM 汇编的 GPIO 接口编程；其次介绍了 ARM 的 C 语言编程中的 ATPCS 规则、C 语言内联汇编、C 语言内嵌汇编和汇编调用 C 函数，并针对 ARM 汇编、S3C2440 和硬件原理图设计了基于 ARMC 语言的 GPIO 接口编程；再次介绍了 ARM 的异常处理流程，针对 ARM 软中断异常讲述了软中断指令 SWI、软中断编程框架及软中断实例编程；接着介绍了中断异常以及 S3C2440 中断控制器的原理，针对按键中断原理图编写了按键中断程序；最后介绍了工程中常用的串口接口编程原理和使用实例。

  读者若想掌握硬件接口开发，重点在于三个方面内容：两个文档(一个是芯片文档，另一个是原理图)；熟悉开发环境(在开发环境中建立和配置一个工程)；一个硬件平台。读者在开发每个硬件接口时，注意知识点的融合，掌握创新和实践能力。

习 题

  1. 编程：使用查询方式判断图 7-2 中的 EINT0 按键是否按下？如果按下，则将图 7-1 中的三个 LED 灯点亮；如果没有按下，则将三个 LED 灯熄灭。

  2. 编程：使用中断方式判断图 7-2 中的 EINT2 按键是否按下？如果按下，则将图 7-1 中的三个 LED 灯点亮；如果没有按下，则将三个 LED 灯熄灭。

  3. 编程：使用查询方式判断图 7-2 中的 EINT0、EINT2 和 EINT11 按键是否按下？如果 EINT0 按下，则向串口 0 发送字符串 key0；如果 EINT2 按下，则向串口 0 发送字符串 key2；如果 EINT11 按下，则向串口 0 发送字符串 key11。

  4. 编程：接收串口 0 发送过来的数据，若接收到字符 'a'，则将图 7-1 中 D10 点亮；若接收到字符 'b'，则将图 7-1 中 D11 点亮；若接收到字符 'c'，则将图 7-1 中 D12 点亮。

第 8 章　嵌入式 Linux 内核开发

8.1　Linux 设备驱动基本知识

内核开发之一

8.1.1　概述

Linux 内核通过设备驱动程序操作硬件设备，设备驱动程序为用户屏蔽了各种各样的硬件设备，并且提供了统一的操作方式。例如，用户在屏幕上打开文档时，不用关心使用的显卡是 nVIDIA 芯片还是 ATI 芯片，只需输入 cat 命令，文档的内容就会显示在屏幕上。

Linux 内核源码中大部分代码是设备驱动程序代码，设备驱动程序在操作系统结构图中的位置如图 8-1 所示。

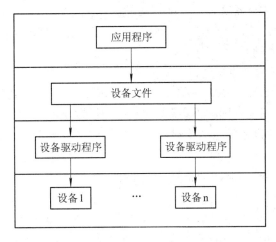

图 8-1　设备驱动程序在操作系统结构图中的位置

从图 8-1 中可以看出，设备驱动程序为应用程序屏蔽了硬件的细节，这样在应用程序看来，硬件设备只是一个设备文件，应用程序可以像操作普通文件一样对硬件设备进行操作。这样做的优点如下：

(1) 统一了设备驱动程序的框架，便于驱动程序开发。

(2) 屏蔽了底层硬件，应用程序不必关系硬件的细节，便于应用程序开发。

设备驱动程序的主要任务如下：

(1) 对设备进行初始化和释放。

(2) 与硬件通信：将硬件数据读取到内核或将内核数据写到硬件设备。

(3) 与应用程序通信：将应用程序数据读取到内核或将内核数据输出到应用程序。

(4) 检测和处理设备出现的错误。

8.1.2　驱动程序和应用程序的区别

驱动程序和应用程序的区别如下：

(1) 驱动程序处于系统(内核)态，而应用程序处于用户态。

(2) 应用程序一般有一个 main 函数，从头到尾执行一个任务；驱动程序没有 main 函数，驱动程序的主体是由各个功能函数组成(例如 open、read、write 和 close 等)的，这些功能不会主动运行，当应用程序调用某个函数时，才会运行相应的函数。

(3) 应用程序可以使用标准 C 库，比如<stdio.h>、<stdlib.h>等；驱动程序不能使用标准 C 库，但可以使用内核提供的相关功能函数。例如，输出打印函数只能使用内核的 printk 函数而不能使用 printf 函数，包含的头文件只能是内核的头文件，比如<linux/module.h>。

8.1.3　设备文件

Linux 是一种类 Unix 系统，Unix 的一个基本特点是"一切皆为文件"，它把所有的硬件设备都看作与普通文件一样可以打开、关闭和读写等。设备文件分为三类。

(1) 字符设备文件。字符设备文件是指那些必须以串行顺序依次进行访问的设备，如触摸屏、磁带驱动器、鼠标等。

(2) 块设备文件。块设备文件可以随机访问，以块为单位进行操作，如硬盘、软驱等。字符设备文件不经过系统的快速缓冲，而块设备经过系统的快速缓冲。

(3) 网络设备文件。例如网卡等。

每个设备文件对应两个设备号：

(1) 主设备号：标识该设备的种类，也标识了该设备所使用的驱动程序。

(2) 次设备号：标识使用同一设备驱动程序的不同硬件设备文件，都放在/dev 目录下。

查看 /dev 目录下的设备的主、次设备号，可以使用如下命令：

    ls   -l   /dev

例如：ls -l   /dev/hda   /dev/video0   /dev/log

结果如下：

    brw-rw----   1 root   disk   3,   0 Sep 15   2003 /dev/hda
    crw-------   1 root   root   81,   0 Sep 15   2003 /dev/video0

上面显示的是两种设备文件，最前面的字符'b'表示块设备文件，'c'表示字符设备文件，hda 和 video0 两个设备的主设备号分别是 3 和 81，次设备号均为 0。

当应用程序对某个设备文件进行系统调用时：Linux 内核会根据该设备文件的主设备号调用相应的驱动程序(从用户态进入到内核态)，再由驱动程序判断该设备的次设备号完成对相应硬件的操作。

8.1.4　Linux 设备驱动程序模块

Linux 下的设备驱动程序可以按照以下两种方式进行编译：

(1) 直接静态编译成内核的一部分。

(2) 编译成可以动态加载的模块。

　　静态编译会增加内核的大小，不能动态地卸载，不利于驱动程序的调试，所以通常使用编译成可以动态加载的模块方式，比如需要访问一个 NTFS 分区，就加载相应的 NTFS 模块。模块方式设计可以使内核文件不至于太大，但是又可以支持很多的功能，必要时动态地加载。

　　Linux 常用的驱动程序可使用内核模块动态加载，比如声卡驱动和网卡驱动等，而 Linux 最基础的驱动，如 CPU、PCI 总线、TCP/IP 协议、APM(高级电源管理)、VFS 等驱动程序则静态编译在内核中。

8.2　驱动程序相关的 Shell 命令

　　驱动程序开发过程中经常使用的命令有 insmod、rmmod、dmesg、lsmod、modinfo 和 make。

1．insmod

　　权限：root 用户。

　　命令格式：insmod　[选项]　[驱动模块]。

　　功能：将驱动程序加载(或插入)到 Linux 内核中添加新用户。

2．rmmod

　　权限：root 用户。

　　命令格式：rmmod　[选项]　[驱动模块]。

　　功能：将驱动程序从 Linux 内核中卸载(或删除)。

3．lsmod 或 cat　proc/modules

　　权限：所有用户。

　　命令格式：lsmod　[驱动模块]。

　　功能：查看内核中存在哪些驱动模块。lsmod 的本质是读取/proc/modules 文件，proc 文件系统是内核向应用程序输出内核的状态信息，也可以使用命令 cat　/proc/modules 查看内核中有哪些驱动模块。

4．dmesg

　　权限：所有用户。

　　命令格式：dmesg　[选项]。

　　功能：可以查看 printk 函数的打印信息，printk 为内核的打印函数。

5．modinfo

　　权限：root 用户。

　　命令格式：modinfo　[选项]　[驱动模块]。

　　功能：用来查看模块信息，包含模块的功能、作者信息等。

6．make

　　权限：所有用户。

命令格式：make [选项] [Makefile 文件及所在的目录]。

功能：执行当前文件下(指定目录)的 Makefile 文件，将驱动程序编译成相应的驱动程序文件(*.ko)。详细介绍见 3.4 节内容。

8.3 驱动程序的框架

驱动程序(不管是字符设备、块设备和网络设备)的框架必须包含如下三个部分内容。

(1) MODULE_LICENSE("GPL")。MODULE_LICENSE("GPL")表示源码开发，不用于商业用途。

(2) module_init()。module_init()是驱动模块加载函数，insmod 命令会调用驱动程序的 module_init 函数。

(3) module_exit()。module_exit()是驱动模块卸载函数，rmmod 命令会调用驱动程序的 module_exit 函数。

驱动程序框架中还有一些非必需的组成部分。

(1) 模块的声明与描述等信息。模块的声明与描述等信息包括：

● MODULE_AUTHOR()：模块作者信息。

● MODULE_DECRIPTION()：模块的功能描述。

● MODULE_VERSION()：模块的版本。

(2) 模块参数。模块参数的形式如下：

module_param(变量名称，变量类型，变量权限)

模块参数的作用：驱动程序中要修改普通变量，需要到源文件中去修改值，然后重新编译，重新加载到内核中，这个过程比较麻烦，同时也方便用户在不知道驱动程序源码的情况下修改驱动程序的相关变量。有了参数声明之后，这个变量就不是普通的变量，若要修改其值，既不用修改源码，也不用重新编译驱动，而只要在加载模块时修改参数即可。

例 8-1 驱动程序必备内容的使用示例。

mydriver.c 驱动代码如下：

```
#include "linux/module.h"
#include "linux/kernel.h"
#include "linux/init.h"
MODULE_LICENSE("GPL");
static int __init  myhello(void)
{
  printk(KERN_INFO "123456\n");
  return 0;
}
static void __exit  myexit(void)
{
  printk(KERN_INFO   "654321\n");
```

```
    }
    module_init(myhello);//kernel
    module_exit(myexit);
```

运行 make 命令，通过 Makefile 将 mydriver.c 编译生成模块 mydriver.ko。

当应用程序执行 insmod mydriver.ko 时，驱动程序执行 printk(KERN_INFO "123456\n")（用 dmesg 查看打印信息）。

当应用程序执行 rmmod mydriver.ko 时，驱动程序执行 printk(KERN_INFO "654321\n")（用 dmesg 查看打印信息）。

例 8-2　驱动程序模块参数使用示例。

mydriver.c 驱动代码如下：

```
    #include "linux/module.h"
    #include "linux/kernel.h"
    #include "linux/init.h"
    MODULE_AUTHOR("kkk");
    MODULE_DESCRIPTION("this is a test driver");
    MODULE_VERSION("V_2013");
    MODULE_LICENSE("GPL");
    int i=10;
    int j=11;
    module_param(j,int,S_IRUGO);
    static int __init   myhello(void)
    {
      printk(KERN_INFO "123456,i=%d,j=%d\n",i,j);
      return 0;
    }
    static void __exit   myexit(void)
    {
      printk(KERN_INFO   "654321\n");
    }
    module_init(myhello);//kernel
    module_exit(myexit);
```

编译后生成模块 mydriver.ko。

当应用程序执行 insmod mydriver.ko　j=20 时，驱动程序打印 123456,i=10,j=20(用 dmesg 查看打印信息)。

8.4　字符设备驱动程序的框架

Linux 内核对字符设备、块设备和网络设备三类设备的管理分别使用结构体 struct cdev、

struct bdev 和 struct ndev。

8.4.1 cdev 结构体

struct cdev 结构体定义在/usr/src/linux-headers-(linux 版本)/include/linux/cdev.h 文件中，具体内容如下：

```
struct cdev
    {
        struct kobject kobj;
        struct module *owner;
        const struct file_operations *ops;
        struct list_head list;
        dev_t dev;
        unsigned int count;
    };
```

在驱动程序开发中主要关注 struct cdev 结构体的三个成员。

1. struct module   *owner

owner 表示这个字符设备驱动的属主，一般使用宏 THIS_MODULE 来定义。

2. struct file_operations *ops

ops 是包含字符设备的主体代码，驱动程序与硬件有关的代码都在这个结构体相关的函数中。struct file_operations 包含很多函数指针成员，例如 open、read、write、release 和 lseek 函数指针，当应用程序调用系统调用函数 open、read、write、close 和 lseek 时，驱动程序的 open、read、write、release 和 lseek 函数被调用。

3. dev_t   dev

dev 表示设备号，dev_t 定义在/usr/src/linux-header s-(linux 版本)/include/linux/kdev_t.h 文件中，dev_t 即为 unsigned int，dev 的高 12 位为主设备号，低 20 位表示次设备号。

为了方便开发人员编程，内核提供了对设备号 dev 操作的接口函数，分别为 MKDEV、MAJOR 和 MINOR。

(1) MKDEV(ma, mi)。

  功能：将一个主设备号和一个次设备号合并为一个 32 位数。

  参数：主设备号和次设备号。

  返回值：设备号。

(2) MAJOR(dev)。

  功能：将一个 32 位设备号提取出高 12 位数，获得主设备号。

  参数：设备号。

  返回值：主设备号。

(3) (MINOR(dev)。

  功能：将一个 32 位设备号提取出低 20 位数，获得次设备号。

  参数：设备号。

返回值：次设备号。

它们的函数实现(通过宏实现)如下：

```
#define MINORBITS   20
#define MINORMASK((1U << MINORBITS) - 1)
#define MAJOR(dev)   ((unsigned int) ((dev) >> MINORBITS))
#define MINOR(dev)   ((unsigned int) ((dev) & MINORMASK))
#define MKDEV(ma,mi)       (((ma) << MINORBITS) | (mi))
```

8.4.2　cdev 结构体操作函数

为了方便开发人员对 cdev 结构体进行操作，内核提供了对 cdev 结构体操作的接口函数，分别为 cdev_init、cdev_alloc、cdev_add 和 cdev_del 函数。

(1) cdev_init 函数。

函数形式：void cdev_init(struct cdev *cdev, const struct file_operations *op)。

功能：初始化 cdev 结构体成员 ops。

参数：cdev 为要加载的 cdev 结构体对象；op 为 struct file_operations 对象。

返回值：无。

cdev_init 功能等价于：

struct file_operations　op;

mycdev.ops = &op;

(2) cdev_alloc 函数。

函数形式：struct cdev *cdev_alloc(void)。

功能：动态分配 struct cdev 对象空间，类似于应用程序空间的 malloc 函数。

参数：无。

返回值：成功返回 cdev 结构体对象指针，出错返回 NULL。

(3) cdev_add 函数。

函数形式：int cdev_add(struct cdev *cdev, dev_t dev, unsigned int number_of_devices)。

功能：初始化 cdev 结构体成员 dev，同时将 struct cdev 对象加载到内核中。

参数：cdev 为要加载的 cdev 结构体对象；dev 为设备号；number_of_devices 为设备的数量。

返回值：成功返回 0，出错返回 −1。

(4) cdev_del 函数。

函数形式：void cdev_del(struct cdev *cdev)。

功能：将 struct cdev 对象从内核中卸载。

参数：cdev 为要加载的 cdev 结构体对象。

返回值：无。

由于在驱动程序的代码中设定的设备号有可能会与内核中已加载的设备号冲突，因此在加载设备号到内核之前要测试设备号是否能用。为了方便驱动开发人员编程，内核提供了注册、注销和动态分配字符设备号三个函数，分别介绍如下。

(1) register_chrdev_region 函数。

函数形式：int register_chrdev_region(dev_t dev, unsigned int count, char *name)。

功能：向内核申请设备号是否可以用(有没有冲突)。

参数：dev 为要注册的设备号；count 为要注册的设备数量；name 为要注册的设备名称。

返回值：成功返回 0，出错返回 −1。

(2) unregister_chrdev_region 函数。

函数形式：unregister_chrdev_region (dev_t dev, unsigned int number_of_devices)。

功能：向内核注销设备号。

参数：dev 为要注销的设备号；number_of_devices 为要注销的设备数量。

返回值：成功返回 0，出错返回 −1。

(3) alloc_chrdev_region 函数。

函 数 形 式 ： alloc_chrdev_region (dev_t *dev, unsigned int minor, unsigned int number_of_devices, char *name)。

功能：向内核申请动态分配设备号。

参数：dev 为接收内核动态分配设备号变量；minor 为指定分配设备的次设备号值；number_of_devices 为设备数量；name 为设备名称。

返回值：成功返回 0，出错返回 −1。

例 8-3 字符设备驱动程序框架使用示例。

```
#include "linux/module.h"
#include "linux/kernel.h"
#include "linux/init.h"
#include "linux/cdev.h"
#include "linux/kdev_t.h"
#include "linux/fs.h"
struct cdev    mycdev;
struct file_operations    ops;
dev_t mydev_t;
unsigned int major=0x3;
unsigned int minor=0x3;
MODULE_LICENSE("GPL");
static int __init    myhello(void)
{
    int ret;
    printk(KERN_INFO "myhello init\n");
    mydev_t=MKDEV(major,minor);
    printk(KERN_INFO    "mydev_t=%x\n",mydev_t);
    cdev_init(&mycdev,&ops);
    ret=register_chrdev_region(mydev_t,1,"myhello");
    if(ret <0)
    {
```

```
            ret=alloc_chrdev_region(&mydev_t, 1, 1, "myhello");
            if(ret < 0)
            {
                   printk(KERN_INFO "this dev_t can not use\n");
                   return -1;
            }
            else
            {
                   major = MAJOR(mydev_t);
                   printk(KERN_INFO "major = %d\n", major);
            }
      }
      else
      {
         printk(KERN_INFO "this dev_t can use\n");
      }
      cdev_add(&mycdev,mydev_t,1);
      return 0;
}
static void __exit   myexit(void)
{
   printk(KERN_INFO   "myhello exit\n");
   unregister_chrdev_region(mydev_t,1);
   cdev_del(&mycdev);
}
module_init(myhello);//kernel
module_exit(myexit);
```

8.5　字符设备的主体

内核开发之二

　　struct file_operations 为字符设备驱动程序的主体内容，操作硬件相关的代码均包含在这个结构体中。file_operations 结构体的定义如下：

```
struct file_operations
{
    struct module *owner;
    loff_t (*llseek) (struct file *, loff_t, int);
    ssize_t (*read) (struct file *, char __user *, size_t, loff_t *);
    ssize_t (*aio_read) (struct kiocb *, char __user *, size_t, loff_t);
```

```
        ssize_t (*write) (struct file *, const char __user *, size_t, loff_t *);
        ssize_t (*aio_write) (struct kiocb *, const char __user *, size_t, loff_t);
        int (*readdir) (struct file *, void *, filldir_t);
        unsigned int (*poll) (struct file *, struct poll_table_struct *);
        long myioctl(struct file *, unsigned int , unsigned long );
        int (*mmap) (struct file *, struct vm_area_struct *);
        int (*open) (struct inode *, struct file *);
        int (*flush) (struct file *);
        int (*release) (struct inode *, struct file *);
        int (*fsync) (struct file *, struct dentry *, int datasync);
        int (*aio_fsync) (struct kiocb *, int datasync);
        int (*fasync) (int, struct file *, int);
        int (*lock) (struct file *, int, struct file_lock *);
        ssize_t (*readv) (struct file *, const struct iovec *, unsigned long, loff_t *);
        ssize_t (*writev) (struct file *, const struct iovec *, unsigned long, loff_t *);
        ssize_t (*sendfile) (struct file *, loff_t *, size_t, read_actor_t, void *);
        ssize_t (*sendpage) (struct file *, struct page *, int, size_t, loff_t *, int);
        unsigned long (*get_unmapped_area)(struct file *, unsigned long, unsigned long,
                        unsigned long, unsigned long);
        int (*check_flags)(int); int (*dir_notify)(struct file *filp, unsigned long arg);
    }
```

由上述结构体定义可看出，struct file_operations 中包含很多函数指针，在驱动程序开发中并不需要实现所有函数指针，只要依据项目的功能要求实现对应的函数指针即可。本章后面的内容主要介绍 file_operations 常用的函数指针的使用。

1. open 和 release 函数

当用户空间调用系统调用函数 open 时，驱动程序 open 函数会被执行；当用户空间调用系统调用函数 close 时，驱动程序 release 函数会被执行。

例 8-4 open 和 release 函数使用示例。

(1) mydriver.c 驱动代码如下：

```
    #include "linux/init.h"
    #include "linux/module.h"
    #include "linux/fs.h"//file_operations
    #include "linux/cdev.h"
    #include "linux/kdev_t.h"
    MODULE_LICENSE("GPL");
    struct cdev mycdev;
    unsigned int major=0x10;
    unsigned int minor=0x20;
```

```
dev_t mydev_t;
int myopen(struct inode *pinode,struct file *pfile)
{
    printk(KERN_INFO   "kernel open function exec\n");
    return 0;
}
int myrelease(struct inode *pinode,struct file *pfile)
{
    printk(KERN_INFO "kernel release function exec\n");
    return 0;
}
struct file_operations ops=
{
    .owner=THIS_MODULE,
    .open=myopen,
    .release=myrelease,
};
static int __init myhello_init(void)
{
    int ret;
    mycdev.owner=THIS_MODULE;
    cdev_init(&mycdev,&ops);
    mydev_t=MKDEV(major,minor);
    printk(KERN_INFO "myhello init exec,mydev_t=%x\n",mydev_t);
    ret=register_chrdev_region(mydev_t,1,"hello");
    if(ret <0)
    {
            ret=alloc_chrdev_region(&mydev_t, 1, 1, "hello");
            if(ret < 0)
            {
                    printk(KERN_INFO "this dev_t can not use\n");
                    return -1;
            }
            else
            {
                    major = MAJOR(mydev_t);
                    printk(KERN_INFO "major = %d\n", major);
            }
    }
```

```
        else
        {
          printk(KERN_INFO "this dev_t can use\n");
        }
        cdev_add(&mycdev,mydev_t,1);
        return 0;
    }
    static void __exit myhello_exit(void)
    {
        printk(KERN_INFO "myhello exit exec\n");
        unregister_chrdev_region(mydev_t,1);
        cdev_del(&mycdev);
        return ;
    }
    module_init(myhello_init);//insmod
    module_exit(myhello_exit);//rmmod
```

make 命令生成模块 mydriver.ko。

(2) 应用程序测试代码 test.c 如下：

```
    #include "stdio.h"
    #include "unistd.h"
    #include "fcntl.h"
    #include "stdlib.h"
    int main()
    {
        int fd;
        fd=open("/dev/myhello",O_RDWR);
        if(fd <0)
        {
          printf("open myhello failure\n");
          return -1;
        }
        printf("open myhello success\n");
        sleep(30);
        close(fd);
        return 0;
    }
```

gcc test.c –o test 生成可执行程序 test。创建设备节点：mknod /der/myhello.c_16_32。

结果：当应用程序执行 fd=open("/dev/myhello",O_RDWR)，驱动程序 printk(KERN_INFO "kernel open function exec\n")会执行(用 dmesg 查看打印信息)。

当应用程序执行 close(fd)，驱动程序 printk(KERN_INFO "kernel release function exec\n") 会执行(用 dmesg 查看打印信息)。

2．write 和 read 函数

当用户空间调用系统调用函数 write 时，驱动程序 write 函数会被执行；当用户空间调用系统调用函数 read 时，驱动程序 read 函数会被执行。

由上述 struct file_operations 的定义可知，write 和 read 函数的形式如下：

ssize_t (*write) (struct file *, const char __user *, size_t, loff_t *);

ssize_t (*read) (struct file *, const char __user *, size_t, loff_t *);

函数中第二个参数是用户空间的缓存，但用户空间和内核空间的地址不一样。对于 32 位处理器来说，虚拟地址总共为 4G，其中 0～3G 为用户空间的地址，3G～4G 为内核空间的地址，用户空间和内核空间地址之间不能直接进行数据拷贝，因此需要用到内核提供的两个函数。

(1) copy_to_user 函数。

函数形式：unsigned long copy_to_user(void *to, const void __user *from, usigned long count)。

功能：将内核空间中的数据拷贝到用户空间。

参数：to 为用户空间的缓存首地址；from 为内核空间的缓存首地址；count 为拷贝的个数。

返回值：不能复制的字节数，如果完全复制，则返回 0。

(2) copy_from_user 函数。

函数形式：unsigned long copy_from_user(void __user *to, const void *from, usigned long count)。

功能：将用户空间中的数据拷贝到内核空间。

参数：to 为内核空间的缓存首地址；from 为用户空间的缓存首地址；count 为拷贝的个数。

返回值：不能复制的字节数，如果完全复制，则返回 0。

例 8-5　write 函数使用示例。

(1) mydriver.c 驱动代码如下：

```
#include "linux/init.h"
#include "linux/module.h"
#include "linux/fs.h"//file_operations
#include "linux/cdev.h"
#include "linux/kdev_t.h"
#include "asm/uaccess.h"
MODULE_LICENSE("GPL");
struct cdev mycdev;
unsigned int major=0x10;
unsigned int minor=0x20;
```

```
dev_t mydev_t;
int myopen(struct inode *pinode,struct file *pfile)
{
   printk(KERN_INFO   "kernel open function exec\n");
   return 0;
}
int myrelease(struct inode *pinode,struct file *pfile)
{
    printk(KERN_INFO "kernel release function exec\n");
    return 0;
}
ssize_t mywrite(struct file *pfile,const char __user *buf,size_t len,loff_t *ploff)
{
   char kernelbuf[128]={0};
   copy_from_user(kernelbuf,buf,10);
   printk(KERN_INFO"kernel write function exec,kernelbuf=%s\n",kernelbuf);
   return 0;
}
struct file_operations ops=
{
   .owner=THIS_MODULE,
   .open=myopen,
   .release=myrelease,
   .write=mywrite,
};
static int __init myhello_init(void)
{
   int ret;
   mycdev.owner=THIS_MODULE;
   cdev_init(&mycdev,&ops);
   mydev_t=MKDEV(major,minor);
   printk(KERN_INFO "myhello init exec,mydev_t=%x\n",mydev_t);
   ret=register_chrdev_region(mydev_t,1,"hello");
   if(ret <0)
   {
           ret=alloc_chrdev_region(&mydev_t, 1, 1, "hello");
           if(ret < 0)
           {
                   printk(KERN_INFO "this dev_t can not use\n");
```

```
                        return -1;
                  }
                  else
                  {
                        major = MAJOR(mydev_t);
                        printk(KERN_INFO "major = %d\n", major);
                  }
            }
            else
            {
              printk(KERN_INFO "this dev_t can use\n");
            }
            cdev_add(&mycdev,mydev_t,1);
            return 0;
      }
      static void __exit myhello_exit(void)
      {
            printk(KERN_INFO "myhello exit exec\n");
            unregister_chrdev_region(mydev_t,1);
            cdev_del(&mycdev);
            return ;
      }
      module_init(myhello_init);//insmod
      module_exit(myhello_exit);//rmmod
```

编译后生成模块 mydriver.ko。

(2) 应用程序测试代码 test.c 如下：

```
      #include "stdio.h"
      #include "unistd.h"
      #include "fcntl.h"
      #include "stdlib.h"
      int main()
      {
        int fd;
        char user_buf[]="user data\n";
        fd=open("/dev/myhello",O_RDWR);
        if(fd <0)
        {
          printf("open myhello failure\n");
          return -1;
```

```
        }
        printf("open myhello success\n");
        write(fd,user_buf,sizeof(user_buf));
        close(fd);
        return 0;
    }
```

可用 dmesg 命令查看驱动程序 write 函数的执行情况。

3．ioctl 函数

ioctl 为输入/输出的控制函数，当用户空间调用系统调用函数 ioctl 时会执行这个函数。这个函数同时具有 read 和 write 函数的功能，但它不像 read 和 write 函数那样可以传输大量的数据，只能发一些简单的控制命令。

当用户空间调用系统调用函数 ioctl 时，驱动程序 ioctl 函数会被执行。用户空间调用系统调用函数 ioctl 的头文件是#include <sys/ioctl.h>。

函数形式：int ioctl(int fd, int request, ... /* void *arg */)。

参数：fd 为文件描述符；request 为向内核发送的命令；arg 用于向内核传递一些信息(即发命令的同时可传送参数)。

返回值：成功返回 0，出错返回−1。

由上述 struct file_operations 的定义可知驱动程序 ioctl 函数的形式如下：

```
        long myioctl(struct file *pinode, unsigned int cmd , unsigned long arg);
```

其中，第二个参数 cmd 为命令参数，命令参数一定要与用户空间命令一致。

例 8-6　ioctl 函数使用示例。

(1) mydriver.c 驱动代码如下：

```
    #include "linux/init.h"
    #include "linux/module.h"
    #include "linux/fs.h"//file_operations
    #include "linux/cdev.h"
    #include "linux/kdev_t.h"
    #include "asm/uaccess.h"
    #include "mycmd.h"
    #include "linux/ioctl.h"
    MODULE_LICENSE("GPL");
    struct cdev mycdev;
    unsigned int major=0x10;
    unsigned int minor=0x20;
    dev_t mydev_t;
    int myopen(struct inode *pinode,struct file *pfile)
    {
        printk(KERN_INFO   "kernel open function exec\n");
```

```
        return 0;
}
int myrelease(struct inode *pinode,struct file *pfile)
{
    printk(KERN_INFO "kernel release function exec\n");
    return 0;
}
ssize_t mywrite(struct file *pffile,const char __user *buf,size_t len,loff_t *ploff)
{
    char kernelbuf[128]={0};
    copy_from_user(kernelbuf,buf,10);
    printk(KERN_INFO"kernel write function exec,kernelbuf=%s\n",kernelbuf);
    return 0;
}
long myioctl(struct file *pfile, unsigned int cmd, unsigned long arg)
{
    if(cmd==LEDON)
    {
     printk(KERN_INFO "LED ON\n");
    }
    if(cmd==LEDOFF)
    {
        printk(KERN_INFO "LED OFF");
    }
    return 0;
}
struct file_operations ops=
{
    .owner=THIS_MODULE,
    .open=myopen,
    .release=myrelease,
    .write=mywrite,
    .unlocked_ioctl = myioctl,
};
static int __init myhello_init(void)
{
    int ret;
    mycdev.owner=THIS_MODULE;
    cdev_init(&mycdev,&ops);
```

```
mydev_t=MKDEV(major,minor);
printk(KERN_INFO "myhello init exec,mydev_t=%x\n",mydev_t);
ret=register_chrdev_region(mydev_t,1,"hello");
if(ret <0)
{
        ret=alloc_chrdev_region(&mydev_t, 1, 1, "hello");
        if(ret < 0)
        {
            printk(KERN_INFO "this dev_t can not use\n");
            return -1;
        }
        else
        {
            major = MAJOR(mydev_t);
            printk(KERN_INFO "major = %d\n", major);
        }
}
else
{
        printk(KERN_INFO "this dev_t can use\n");
}
cdev_add(&mycdev,mydev_t,1);
return 0;
}
static void __exit myhello_exit(void)
{
    printk(KERN_INFO "myhello exit exec\n");
    unregister_chrdev_region(mydev_t,1);
    cdev_del(&mycdev);
    return ;
}
module_init(myhello_init);//insmod
module_exit(myhello_exit);//rmmod
```

(2) 命令的头文件 mycmd.h 代码如下：

```
#define DEVICE_TYPE 100
#define LEDON     _IO (DEVICE_TYPE,1)
#define LEDOFF    _IO (DEVICE_TYPE,0)
//#define LEDON    1
//#define LEDOFF 0
```

编译后生成模块 mydriver.ko。

(3) 应用程序测试代码 test.c 如下：

```c
#include "stdio.h"
#include "unistd.h"
#include "fcntl.h"
#include "stdlib.h"
#include "mycmd.h"
#include "sys/ioctl.h"
int main()
{
    int fd;
    char user_buf[]="user data\n";
    fd=open("/dev/myhello",O_RDWR);
    if(fd <0)
    {
        printf("open myhello failure\n");
        return -1;
    }
    printf("open myhello success\n");
    while(1)
    {
        ioctl(fd,LEDON);
        sleep(1);
        ioctl(fd,LEDOFF);
    }
    close(fd);
    return 0;
}
```

8.6　驱动程序的并发机制

　　一个硬件设备会被多个进程同时使用，这就是并发，并发会导致设备乱序。例如 scull 设备就有可能在 A 进程正在执行 scull_read 函数(但尚未执行完)时被 B 进程打断，而 B 进程执行的是 scull_write 函数，当 A 进程再次执行时它读到的东西就不再是它以前应该读到的东西。

　　要解决这个问题，就必须保证当 scull_read 或 scull_write 函数在执行时不被打断，这就需要并发控制。Linux 内核提供给驱动程序进行并发控制的手段主要有 3 种，分别为原子变量、自旋锁和信号量。

1. 原子变量

驱动程序开发人员不能直接操作原子变量，必须使用内核提供的相关接口函数去操作它。相关接口函数分别如下。

(1) ATOMIC_INIT 函数。

函数形式：atomic_t ATOMIC_INIT(int i)。

功能：定义原子变量并将其初始化为 i。

参数：i 为原子变量初始化的值。

返回值：原子变量。

例如，atomic_t　v = ATOMIC_INIT(0)表示定义原子变量 v 并初始化为 0，等价于如下两条语句：

atomic_t　v;

atomic_set(&v,0);

(2) atomic_set 函数。

函数形式：void atomic_set(atomic_t *v,int i)。

功能：设置原子变量 v 的值为 i。

参数：v 为要初始化的原子变量；i 为原子变量 v 初始化的值。

返回值：无。

(3) atomic_read 函数。

函数形式：int atomic_read(atomic_t　v)。

功能：获得原子变量的值，返回原子变量的值。

参数：v 为要读取的原子变量地址。

返回值：读取的原子变量值。

(4) atomic_inc 函数。

函数形式：void atomic_inc(atomic_t　*v)。

功能：原子变量增加 1。

参数：*v 为要增加 1 的原子变量地址。

返回值：无。

(5) atomic_dec 函数。

函数形式：void atomic_dec(atomic_t　*v)。

功能：原子变量减 1。

参数：*v 为要减 1 的原子变量地址。

返回值：无。

(6) atomic_dec_and_test 函数。

函数形式：int　atomic_dec_and_test(atomic_t　*v)。

功能：原子变量减 1 操作后，测试其是否为 0。

参数：*v 为要测试的原子变量地址。

返回值：若 v 为 0 则返回 true(即 1)，否则返回 false(即 0)。

原子变量操作的使用模板如下：

```
static atomic_t xxx_available = ATOMIC_INIT(1);        //定义原子变量
```

```
static int xxx_open(struct inode *inode, struct file *filp)
{     ...
    if (!atomic_dec_and_test(&xxx_available))
    {
        atomic_inc(&xxx_available);
        return   - EBUSY;                //已经打开
    }...
            return 0;                    //成功
}
static int xxx_release(struct inode *inode, struct file *filp)
{
    atomic_inc(&xxx_available);          //释放设备
    return 0;
}
```

例 8-7　原子变量使用示例。

(1) mydriver.c 驱动代码如下：

```
#include "linux/module.h"
#include "linux/init.h"
#include "linux/kernel.h"
#include "linux/moduleparam.h"
#include "linux/cdev.h"
#include "linux/fs.h"
#include "asm/uaccess.h"
static int a=10;
static char b[]="abcdefghijk";
MODULE_LICENSE("GPL");
MODULE_AUTHOR("hello");
MODULE_DESCRIPTION("this is a test driver");
MODULE_VERSION("2013-07-02");
module_param(a,int,0000);
dev_t   dev;
int major=248;
int minor=1;
struct cdev *mycdev;
static atomic_t my_atomic;
static int   my_open(struct inode *myinode,struct file *myfile)
{
  if(!atomic_dec_and_test(&my_atomic))
    {
```

```
        atomic_inc(&my_atomic);
        printk(KERN_INFO "open function failure\n");
        return -1;
    }
    printk(KERN_INFO "open function exec success\n");
    return 0;
}
static int my_release(struct inode *myinode,struct file *myfile)
{
    atomic_inc(&my_atomic);
    printk(KERN_INFO "release function exec\n");
    return 0;
}
struct file_operations hello_fops = {
        .owner = THIS_MODULE,
        .open=my_open,
        .release=my_release,
};
static int __init my_init(void)
{
    int ret;
    dev=MKDEV(major,minor);
    ret=register_chrdev_region (dev, 1, "hello");
    if(ret<0)
    {
        printk(KERN_INFO "dev_t can't use!");
        alloc_chrdev_region(&dev,1,1,"hello");
        printk(KERN_INFO "major=%d,minor=%d\n",MAJOR(dev),MINOR(dev));
    }
    mycdev=cdev_alloc();
    if(mycdev == NULL)
        {
            printk(KERN_INFO "can't alloc!\n");
            return -2;
        }
    mycdev->owner=THIS_MODULE;
    cdev_init(mycdev,&hello_fops);
    cdev_add(mycdev,dev,1);
    printk(KERN_INFO "my init exec,%d,%s\n",a,b);
```

```
        atomic_set(&my_atomic,1);
        return 0;
    }
    static void __exit my_exit(void)
    {
        unregister_chrdev_region(dev,1);
        cdev_del(mycdev);
        printk(KERN_INFO "my exit exec\n");
        return;
    }
    module_init(my_init);
    module_exit(my_exit);
```
编译后生成模块 mydriver.ko。

(2) 应用程序测试代码 user1.c 如下：
```
    #include "unistd.h"
    #include "fcntl.h"
    #include "stdio.h"
    int main()
    {
        int fd;
        fd=open("/dev/hello",O_RDWR);
        if(fd<0)
        {
            printf("open file hello failure\n");
            return -1;
        }
        printf("open file hello success\n");
        sleep(20);
        close(fd);
        return 0;
    }
```
编译后生成可执行程序 user1。

(3) 应用程序测试代码 user2.c 如下：
```
    #include "unistd.h"
    #include "fcntl.h"
    #include "stdio.h"
    int main()
    {
        int fd;
```

```
abc:
    fd=open("/dev/hello",O_RDWR);
    if(fd<0)
    {
        printf("open file hello failure\n");
        goto abc;
        return -1;
    }
    printf("open file hello success\n");
    sleep(20);
    close(fd);
    return 0;
}
```

编译后生成可执行程序 user2。

当 user1 打开设备 hello 时，user2 将不能打开设备 hello。

2．自旋锁

自旋锁与多线程中所介绍的互斥锁类似，它们都是为了解决对某项资源的互斥使用。无论是互斥锁，还是自旋锁，在任何时刻，最多只能有一个保持者，即在任何时刻最多只能有一个执行单元获得锁。但是两者在调度机制上略有不同，对于互斥锁，如果资源已经被占用，资源申请者只能进入睡眠状态；而自旋锁不会引起调用者睡眠，如果自旋锁已经被别的执行单元保持，调用者就一直在那里循环看该自旋锁的保持者是否已经释放了锁，即自旋锁一直处于运行状态。

自旋锁的使用流程如图 8-2 所示。

驱动程序开发人员也不能直接操作自旋锁变量，必须使用内核提供的相关接口函数去操作它。相关接口函数分别如下。

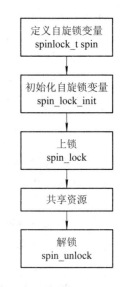

图 8-2　自旋锁的使用流程

(1) spin_lock_init 函数。

函数形式：void spin_lock_init(spinlock_t　*spin)。

功能：将自旋锁设置为 1，表示有一个资源可用。

参数：spin 为自旋锁变量。

返回值：无。

(2) spin_lock 函数。

函数形式：void spin_lock(spinlock_t　*spin)。

功能：循环等待直到自旋锁解锁(置为 1)，然后将自旋锁锁上(置为 0)。

参数：spin 为自旋锁变量。

返回值：无。

(3) spin_unlock 函数。

函数形式：void spin_unlock(spinlock_t *spin)。

功能：将自旋锁解锁(置为 1)。

参数：spin 为自旋锁变量。

返回值：无。

自旋锁的使用模板如下(使用自旋锁使得设备只能被一个进程打开)：

```
int xxx_count = 0;              //定义文件打开次数计数
static int xxx_open(struct inode *inode, struct file *filp)
{
...
    spinlock(&xxx_lock);
    if (xxx_count)             //已经打开
    {
       spin_unlock(&xxx_lock);
        return   - EBUSY;
    }
    xxx_count++;               //增加使用计数
    spin_unlock(&xxx_lock);
    ...
    return 0;                  //成功
}


    static int xxx_release(struct inode *inode, struct file *filp)
    {
...
    spinlock(&xxx_lock);
    xxx_count--;               //减少使用计数
    spin_unlock(&xxx_lock);
    return 0;
    }
```

例 8-8　自旋锁使用示例。

(1) mydriver.c 驱动代码如下：

```
#include "linux/module.h"
#include "linux/init.h"
#include "linux/kernel.h"
#include "linux/moduleparam.h"
#include "linux/cdev.h"
#include "linux/fs.h"
```

```
#include "asm/uaccess.h"
static int a=10;
static char b[]="abcdefghijk";
MODULE_LICENSE("GPL");
MODULE_AUTHOR("hello");
MODULE_DESCRIPTION("this is a test driver");
MODULE_VERSION("2013-07-02");
module_param(a,int,0000);
dev_t    dev;
int major=248;
int minor=1;
struct cdev *mycdev;
spinlock_t my_spinlock;
int count=0;
static int    my_open(struct inode *myinode,struct file *myfile)
{
   spin_lock(&my_spinlock);
   if(count)
   {
     spin_unlock(&my_spinlock);
     printk(KERN_INFO "open function failure\n");
     return -1;
   }
   count++;
   spin_unlock(&my_spinlock);
   printk(KERN_INFO "open function exec\n");
   return 0;
}
static int my_release(struct inode *myinode,struct file *myfile)
{
   spin_lock(&my_spinlock);
   count--;
   spin_unlock(&my_spinlock);
   printk(KERN_INFO "release function exec\n");
   return 0;
}
struct file_operations hello_fops = {
     .owner = THIS_MODULE,
     .open=my_open,
```

```
            .release=my_release,
    };
    static int __init my_init(void)
    {
      int ret;
      dev=MKDEV(major,minor);
      ret=register_chrdev_region (dev, 1, "hello");
      if(ret<0)
      {
        printk(KERN_INFO "dev_t can't use!");
        alloc_chrdev_region(&dev,1,1,"hello");
        printk(KERN_INFO "major=%d,minor=%d\n",MAJOR(dev),MINOR(dev));
      }
      mycdev=cdev_alloc();
      if(mycdev == NULL)
        {
            printk(KERN_INFO "can't alloc!\n");
            return -2;
        }
      mycdev->owner=THIS_MODULE;
      cdev_init(mycdev,&hello_fops);
      cdev_add(mycdev,dev,1);
      printk(KERN_INFO "my init exec,%d,%s\n",a,b);
      spin_lock_init(&my_spinlock);
      return 0;
    }
    static void __exit my_exit(void)
    {
      unregister_chrdev_region(dev,1);
      cdev_del(mycdev);
      printk(KERN_INFO "my exit exec\n");
      return;
    }
    module_init(my_init);
    module_exit(my_exit);
```

编译后生成模块 mydriver.ko。

(2) 应用程序测试代码 user1.c 如下:

```
    #include "unistd.h"
    #include "fcntl.h"
```

```
#include "stdio.h"
int main()
{
    int fd;
    fd=open("/dev/hello",O_RDWR);
    if(fd<0)
    {
        printf("open file hello failure\n");
        return -1;
    }
    printf("open file hello success\n");
    sleep(20);
    close(fd);
    return 0;
}
```

编译后生成可执行程序 user1。

(3) 应用程序测试代码 user2.c 如下：

```
#include "unistd.h"
#include "fcntl.h"
#include "stdio.h"
int main()
{
    int fd;
abc:
    fd=open("/dev/hello",O_RDWR);
    if(fd<0)
    {
        printf("open file hello failure\n");
        goto abc;
        return -1;
    }
    printf("open file hello success\n");
    sleep(20);
    close(fd);
    return 0;
}
```

编译生成可执行程序 user2。

当 user1 打开设备 hello 时，user2 将不能打开设备 hello。

3. 信号量

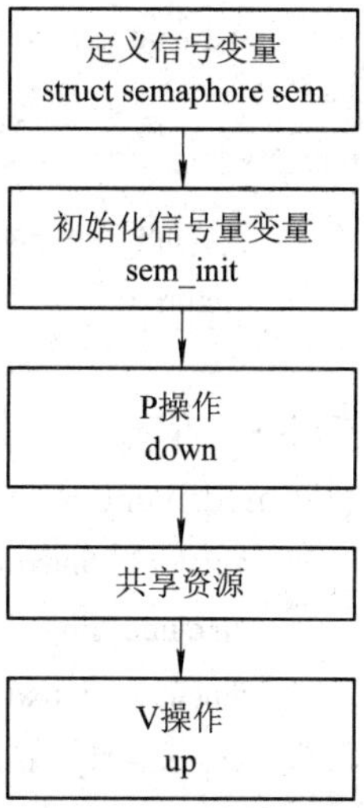

信号量是用于保护临界区的一种常用方法。只有得到信号量的进程才能执行临界区代码,而没有得到信号量的进程进入休眠等待状态。信号量的使用流程如图 8-3 所示。

驱动程序开发人员不能直接操作信号量变量,必须使用内核提供的相关接口函数去操作它。相关接口函数分别如下。

(1) sema_init 函数。

函数形式:void sema_init (struct semaphore *sem, int val)。

功能:初始化信号量变量 sem 的值为 val。

参数:sem 为要初始化的信号量变量;val 为信号量变量 sem 初始化的值。

返回值:无。

(2) init_MUTEX 函数。

函数形式:void init_MUTEX(struct semaphore *sem)。

功能:初始化信号量变量 sem 的值为 0。

参数:sem 为要初始化的信号量变量。

返回值:无。

图 8-3 信号量的使用流程

(3) down 函数。

函数形式:void down(struct semaphore *sem)。

功能:当进程获取信号量 sem 成功时,信号量 sem 的值减 1;若进程获取信号量 sem 失败,此时进程进入睡眠状态,此睡眠不可被信号打断。

参数:sem 为信号量变量。

返回值:无。

(4) down_interruptible 函数。

函数形式:int down_interruptible (struct semaphore * sem)。

功能:当进程获取信号量 sem 成功时,信号量 sem 的值减 1;若进程获取信号量 sem 失败,此时进程进入睡眠状态,此睡眠可被信号打断。

参数:sem 为信号量变量。

返回值:当获取信号量成功时,返回 0,获取信号量失败时,返回一个非 0 的值。

(5) up 函数。

函数形式:void up(struct semaphore * sem)。

功能:释放信号量 sem,唤醒等待的进程。

参数:sem 为信号量变量。

返回值:无。

信号量的使用模板如下:

```
static int xxx_open(struct inode *inode, struct file *filp)
{
    down(&mysem);
    …
```

```
}
static int xxx_release(struct inode *inode, struct file *filp)
{
...
    up(&mysem);
  return 0;

}
```

例 8-9 信号量使用示例。

(1) mydriver.c 驱动代码如下：

```
#include "linux/module.h"
#include "linux/init.h"
#include "linux/kernel.h"
#include "linux/moduleparam.h"
#include "linux/cdev.h"
#include "linux/fs.h"
#include "asm/uaccess.h"
static int a=10;
static char b[]="abcdefghijk";

MODULE_LICENSE("GPL");
MODULE_AUTHOR("hello");
MODULE_DESCRIPTION("this is a test driver");
MODULE_VERSION("2013-07-02");
module_param(a,int,0000);
dev_t   dev;
int major=248;
int minor=1;
struct cdev *mycdev;
struct semaphore my_sem;
static int   my_open(struct inode *myinode,struct file *myfile)
{
  down(&my_sem);
  printk(KERN_INFO "open function exec\n");
  return 0;
}
static int my_release(struct inode *myinode,struct file *myfile)
{
  up(&my_sem);
  printk(KERN_INFO "release function exec\n");
```

```
        return 0;
}
struct file_operations hello_fops = {
        .owner = THIS_MODULE,
        .open=my_open,
        .release=my_release,
};
static int __init my_init(void)
{
    int ret;
    dev=MKDEV(major,minor);
    ret=register_chrdev_region (dev, 1, "hello");
    if(ret<0)
    {
        printk(KERN_INFO "dev_t can't use!");
        alloc_chrdev_region(&dev,1,1,"hello");
        printk(KERN_INFO "major=%d,minor=%d\n",MAJOR(dev),MINOR(dev));
    }
    mycdev=cdev_alloc();
    if(mycdev == NULL)
        {
            printk(KERN_INFO "can't alloc!\n");
            return -2;
        }
    mycdev->owner=THIS_MODULE;
    cdev_init(mycdev,&hello_fops);
    cdev_add(mycdev,dev,1);
    printk(KERN_INFO "my init exec,%d,%s\n",a,b);
    sema_init(&my_sem,1);
    return 0;
}
static void __exit my_exit(void)
{
    unregister_chrdev_region(dev,1);
    cdev_del(mycdev);
    printk(KERN_INFO "my exit exec\n");
    return;
}
module_init(my_init);
```

```
        module_exit(my_exit);
```
编译后生成模块 mydriver.ko。

(2) 应用程序测试代码 user1.c 如下:

```
#include "unistd.h"
#include "fcntl.h"
#include "stdio.h"
int main()
{
    int fd;
    fd=open("/dev/hello",O_RDWR);
    if(fd<0)
    {
        printf("open file hello failure\n");
        return -1;
    }
    printf("open file hello success\n");
    sleep(20);
    close(fd);
    return 0;
}
```
编译后生成可执行程序 user1。

(3) 应用程序测试代码 user2.c 如下:

```
#include "unistd.h"
#include "fcntl.h"
#include "stdio.h"
int main()
{
    int fd;
abc:
    fd=open("/dev/hello",O_RDWR);
    if(fd<0)
    {
        printf("open file hello failure\n");
        goto abc;
        return -1;
    }
    printf("open file hello success\n");
    sleep(20);
    close(fd);
```

```
        return 0;
    }
```

编译后生成可执行程序 user2。

当 user1 打开设备 hello 时，user2 将不能打开设备 hello。

4．原子变量、自旋锁和信号量之间的区别与关系

(1) 原子变量、自旋锁和信号量之间的区别。

① 信号量所保护的临界区包含可能引起阻塞的代码，而自旋锁则绝对要避免用来保护包含这样代码的临界区，因为阻塞意味着要进行进程的切换，如果进程被切换出去后，另一个进程企图获取本自旋锁，死锁就会发生。

② 如果保护的临界区代码运行时间较短，应使用自旋锁，若临界区代码运行时间很长，应使用信号量。

(2) 自旋锁和信号量、原子变量之间的关系。

自旋锁和信号量的核心代码都是由原子变量来实现的，类似于库函数与系统调用函数的区别(printf 与 write)。

8.7　驱动阻塞机制

本节介绍用户空间进程的阻塞机制在内核中的实现原理。用户空间的进程是无法实现阻塞的，它的阻塞是由内核来实现的，内核是由驱动来实现的。

阻塞是指在执行设备操作时，若条件不满足则将进程挂起，被挂起的进程进入睡眠状态，被从调度器的运行队列移走，直到等待的条件满足。非阻塞是指进程在不能进行设备操作时并不挂起，它或者放弃，或者不停地查询，直到可以进行设备操作时，进程仍处于运行状态，一直占有 CPU。下面分别列举一个阻塞和非阻塞读取串口一个字符的例子。

例 8-10　阻塞读取串口一个字符示例。

```
    char buf;
    fd = open("/dev/ttysAC0",O_RDWR);
    …
    res = read(fd,&buf,1);              //当串口上有输入时才返回
    if(res == 1)
    {
        printf("%c\n",buf);
    }
```

例 8-11　非阻塞读取串口一个字符示例。

```
    char buf;
    fd = open("/dev/ttys",O_RDWR | O_NONBLOCK);
    while( read(fd,&buf,1) !=1);        //当串口上无输入也返回，所以要循环尝试读取串口
    printf("%c\n",buf);
```

用户空间无法实现进程阻塞，进程阻塞是通过 Linux 内核的等待队列(wait queue)实现

的。Linux 内核提供了等待队列相关的接口函数，具体介绍如下。

(1) wait_queue_head_t　my_queue。

功能：定义一个等待队列头，这个头就代表了这个队列，相当于链式队列中的头结点。

(2) init_waitqueue_head。

函数形式：static inline void init_waitqueue_head(wait_queue_head_t * my_queue)。

功能：初始化队列头，相当于生成一个空队列。

参数：my_queue 为等待队列头变量。

返回值：无。

上面两步也可以直接使用宏 DECLARE_WAIT_QUEUE_HEAD 来实现。

(3) DECLARE_WAIT_QUEUE_HEAD。

宏形式：DECLARE_WAIT_QUEUE_HEAD(my_queue)。

功能：定义一个等待队列头并初始化。

参数：my_queue 为等待队列头变量。

(4) DECLARE_WAITQUEUE。

宏形式：DECLARE_WAITQUEUE (name, tsk)。

功能：定义一个等待队列任务，相当于生成一个链式队列的结点，一个任务一个结点。注意：此时该结点并没有放入等待队列中。

参数：第一个参数 name 就是定义的等待队列变量(类型是 wait_queue_t)；第二个参数是进程，一般使用 current。current 是一个默认的指针名，代表的是当前用户进程。

(5) add_wait_queue。

函数形式：void fastcall add_wait_queue(wait_queue_head_t *q, wait_queue_t *wait)。

功能：将等待队列任务放入等待队列中，相当于队列中的入队操作。

参数：q 为等待队列头(头结点)，wait 为等待队列任务(结点)。

返回值：无。

(6) remove_wait_queue。

函数形式：void fastcall remove_wait_queue(wait_queue_head_t *q, wait_queue_t *wait)。

功能：将等待队列任务从等待队列中删除，相当于队列中的出队操作。

参数：q 为等待队列头(头结点)，wait 为等待队列任务(结点)。

返回值：无。

下面(7)~(10)函数是等待队列链表的睡眠操作接口函数。

(7) wait_event。

宏形式：wait_event(wait_queue_head_t *queue, condition)。

功能：使等待队列上的进程睡眠，该睡眠不可被信号打断。

参数：queue是等待队列头变量；condition为睡眠条件，如果condition为假则一直睡眠，反之则退出睡眠。

(8) wait_event_interruptible。

宏形式：wait_event_interruptible(wait_queue_head_t *queue, condition)。

功能：使等待队列上的进程睡眠，该睡眠可被信号打断。

参数：queue是等待队列头变量；condition为睡眠条件，如果condition为假则一直睡眠，反之则退出睡眠。

(9) wait_event_timeout。

宏形式：wait_event_timeout(wait_queue_head_t *queue, condition, timeout)。

功能：使等待队列上的进程睡眠一段时间，该睡眠不可被信号打断。

参数：queue是等待队列头变量；condition为睡眠条件，如果condition为假则一直睡眠，反之则退出睡眠；timeout为睡眠时间。

(10) wait_event_interruptible_timeout。

宏形式：wait_event_interruptible_timeout(wait_queue_head_t *queue, condition, timeout)。

功能：使等待队列上的进程睡眠一段时间，该睡眠可被信号打断。

参数：queue是等待队列头变量；condition为睡眠条件，如果condition为假则一直睡眠，反之则退出睡眠；timeout为睡眠时间。

接下来(11)～(12)函数是等待队列链表的唤醒操作接口函数。

(11) wake_up。

函数形式：void wake_up(wait_queue_head_t *queue)。

功能：唤醒不可被信号打断的等待队列上的睡眠进程。

参数：queue 是等待队列头变量。

返回值：无。

(12) wake_up_interruptible。

函数形式：void wake_up_interruptible(wait_queue_head_t *queue)。

功能：唤醒可被信号打断的等待队列上的睡眠进程。

参数：queue 是等待队列头变量。

返回值：无。

这两个函数会唤醒以 queue 作为等待队列头的所有等待队列对应的进程。

例 8-12　等待队列示例(wait_interruptable，写阻塞)。

(1) 驱动程序源码 mydriver.c 如下：

```
#include "linux/init.h"
#include "linux/module.h"
#include "linux/fs.h"//file_operations
#include "linux/cdev.h"
#include "linux/kdev_t.h"
#include "asm/uaccess.h"
#include "mycmd.h"
#include "linux/ioctl.h"
#include "linux/sched.h"
MODULE_LICENSE("GPL");
struct cdev mycdev;
unsigned int major=0x10;
unsigned int minor=0x20;
dev_t mydev_t;
```

```c
wait_queue_head_t    my_queue;
char recvbuf[12]={0};
int myopen(struct inode *pinode,struct file *pfile)
{
    printk(KERN_INFO    "kernel open function exec\n");
    return 0;
}
int myrelease(struct inode *pinode,struct file *pfile)
{
    printk(KERN_INFO "kernel release function exec\n");
    return 0;
}
ssize_t mywrite(struct file *pfile,const char __user * buf,size_t len,loff_t *ploff)
{
    if(len > 12)
    {
        DECLARE_WAITQUEUE(name,current);
        add_wait_queue(&my_queue,&name);
        wait_event(my_queue,len <= 12); //let process sleep
    }
    else
    {
        copy_from_user(recvbuf,buf,10);
        printk(KERN_INFO"kernel write function exec,recvbuf=%s\n",recvbuf);
    }
    return 0;
}
long myioctl(struct file *pfile, unsigned int cmd, unsigned long arg)
{
    if(cmd==LEDON)
    {
        printk(KERN_INFO "LED ON\n");
    }
    if(cmd==LEDOFF)
    {
        printk(KERN_INFO "LED OFF");
    }
    return 0;
}
```

```
struct file_operations ops=
{
    .owner=THIS_MODULE,
    .open=myopen,
    .release=myrelease,
    .write=mywrite,
    .unlocked_ioctl=myioctl,
};
static int __init myhello_init(void)
{
    int ret;
    mycdev.owner=THIS_MODULE;
    cdev_init(&mycdev,&ops);
    mydev_t=MKDEV(major,minor);
    printk(KERN_INFO "myhello init exec,mydev_t=%x\n",mydev_t);
    ret=register_chrdev_region(mydev_t,1,"hello");
    if(ret <0)
    {
            ret=alloc_chrdev_region(&mydev_t, 1, 1, "hello");
            if(ret < 0)
            {
                    printk(KERN_INFO "this dev_t can not use\n");
                    return -1;
            }
            else
            {
                    major = MAJOR(mydev_t);
                    printk(KERN_INFO "major = %d\n", major);
            }
    }
    else
    {
        printk(KERN_INFO "this dev_t can use\n");
    }
    cdev_add(&mycdev,mydev_t,1);
    init_waitqueue_head(&my_queue);
    return 0;
}
static void __exit myhello_exit(void)
```

```
    {
        printk(KERN_INFO "myhello exit exec\n");
        unregister_chrdev_region(mydev_t,1);
        cdev_del(&mycdev);
        return ;
    }
    module_init(myhello_init);          //insmod
    module_exit(myhello_exit);          //rmmod
```

(2) 命令的头文件 mycmd.h 如下：

```
#define DEVICE_TYPE 100//GPIO
#define LEDON      _IO (DEVICE_TYPE,1)
#define LEDOFF     _IO (DEVICE_TYPE,0)
```

编译后生成模块 mydriver.ko。

(3) 应用程序测试代码 test.c 如下：

```
#include "stdio.h"
#include "unistd.h"
#include "fcntl.h"
#include "stdlib.h"
#include "mycmd.h"
#include "sys/ioctl.h"
int main()
{
    int fd;
    char user_buf[]="user data abcdefghijk\n";
    fd=open("/dev/myhello",O_RDWR);
    if(fd <0)
    {
        printf("open myhello failure\n");
        return -1;
    }
    printf("open myhello success\n");
    write(fd,user_buf,sizeof(user_buf));
    printf("write after\n");
    close(fd);
    return 0;
}
```

编译后生成可执行程序，当应用程序运行到 write(fd,user_buf,sizeof(user_buf))时产生写阻塞，即应用程序处于 S 状态(可用命令：ps -axj 查看)。

例 8-13　等待队列示例(wait_wake_interruptable，写阻塞，读后唤醒写进程)。

(1) 驱动程序源码 mydriver.c 如下：

```
#include "linux/init.h"
#include "linux/module.h"
#include "linux/fs.h"//file_operations
#include "linux/cdev.h"
#include "linux/kdev_t.h"
#include "asm/uaccess.h"
#include "mycmd.h"
#include "linux/ioctl.h"
#include "linux/sched.h"
MODULE_LICENSE("GPL");
struct cdev mycdev;
unsigned int major=0x20;
unsigned int minor=0x20;
dev_t mydev_t;
wait_queue_head_t  my_queue;
char recvbuf[12]={0};
int rw_len=20;
int myopen(struct inode *pinode,struct file *pfile)
{
   printk(KERN_INFO   "kernel open function exec\n");
   return 0;
}
int myrelease(struct inode *pinode,struct file *pfile)
{
    printk(KERN_INFO "kernel release function exec\n");
    return 0;
}
ssize_t myread(struct file *myfile,char __user *buf,size_t count,loff_t *ppos)
{
   rw_len=10;
   wake_up_interruptible(&my_queue);
   printk(KERN_INFO "kernel read function exec\n");
   return 0;
}
ssize_t mywrite(struct file *pfile,const char__user * buf,size_t len,loff_t *ploff)
{
   if(rw_len > 12)
   {
```

```
        DECLARE_WAITQUEUE(name,current);
        add_wait_queue(&my_queue,&name);
        wait_event_interruptible(my_queue,rw_len <= 12); //let process sleep
    }
        copy_from_user(recvbuf,buf,10);
        printk(KERN_INFO"kernel write function exec,recvbuf=%s\n",recvbuf);
        return 0;
}
long myioctl(struct file *pfile, unsigned int cmd, unsigned long arg)
{
    if(cmd==LEDON)
    {
      printk(KERN_INFO "LED ON\n");
    }
    if(cmd==LEDOFF)
    {
        printk(KERN_INFO "LED OFF");
    }
    return 0;
}
struct file_operations ops=
{
    .owner=THIS_MODULE,
    .open=myopen,
    .release=myrelease,
    .write=mywrite,
    .unlocked_ioctl=myioctl,
    .read=myread,
};
static int __init myhello_init(void)
{
    int ret;
    mycdev.owner=THIS_MODULE;
    cdev_init(&mycdev,&ops);
    mydev_t=MKDEV(major,minor);
    printk(KERN_INFO "myhello init exec,mydev_t=%x\n",mydev_t);
    ret=register_chrdev_region(mydev_t,1,"hello");
    if(ret <0)
    {
```

```
                ret=alloc_chrdev_region(&mydev_t, 1, 1, "hello");
                if(ret < 0)
                {
                        printk(KERN_INFO "this dev_t can not use\n");
                        return -1;
                }
                else
                {
                        major = MAJOR(mydev_t);
                        printk(KERN_INFO "major = %d\n", major);
                }
        }
        else
        {
          printk(KERN_INFO "this dev_t can use\n");
        }
        cdev_add(&mycdev,mydev_t,1);
        init_waitqueue_head(&my_queue);
        return 0;
}
static void __exit myhello_exit(void)
{
        printk(KERN_INFO "myhello exit exec\n");
        unregister_chrdev_region(mydev_t,1);
        cdev_del(&mycdev);
        return ;
}
module_init(myhello_init);          //insmod
module_exit(myhello_exit);          //rmmod
```

(2) 命令的头文件 mycmd.h 如下：

```
mycmd.h
#define DEVICE_TYPE 100//GPIO
#define LEDON     _IO (DEVICE_TYPE,1)
#define LEDOFF    _IO (DEVICE_TYPE,0)
```

编译后生成模块 mydriver.ko。

(3) 应用程序测试代码 write.c 如下：

```
#include "stdio.h"
#include "unistd.h"
#include "fcntl.h"
```

```
#include "stdlib.h"
#include "mycmd.h"
#include "sys/ioctl.h"
int main()
{
    int fd;
    char user_buf[]="user data abcdefghijk\n";
    fd=open("/dev/myhello",O_RDWR);
    if(fd <0)
    {
        printf("open myhello failure\n");
        return -1;
    }
    printf("open myhello success\n");
    write(fd,user_buf,sizeof(user_buf));
    printf("write after\n");
    close(fd);
    return 0;
}
```

编译后生成可执行程序 write。

(4) 应用程序测试代码 read.c 如下：

```
#include "stdio.h"
#include "unistd.h"
#include "fcntl.h"
#include "stdlib.h"
#include "mycmd.h"
#include "sys/ioctl.h"
int main()
{
    int fd;
    char buf[16]={0};
    fd=open("/dev/myhello",O_RDWR);
    if(fd <0)
    {
        printf("open myhello failure\n");
        return -1;
    }
    printf("open myhello success\n");
    read(fd,buf,sizeof(buf));
```

```
        printf("read after\n");
        close(fd);
        return 0;
    }
```

编译后生成可执行程序 read。

结果：write 程序运行时会产生写阻塞，然后再运行 read 程序时会唤醒 write 进程。

8.8　驱动异步 I/O 机制

本节介绍用户空间进程的信号驱动 I/O 机制在内核中的实现原理。应用程序空间的异步 I/O 的使用模板如下：

(1) signal(SIGIO, handle)：告诉内核采用 handle 函数来处理 SIGIO 信号。

(2) fcntl(fd,F_SETOWN,getpid())：告诉内核要发送 SIGIO 信号，而且要发送给本进程。

(3) Oflags = fcntl(fd,F_GETFL)：获得文件的属性。

(4) fcntl(fd, F_SETFL,Oflags | FASYNC)：设置文件的属性，使得文件支持异步通知(默认情况，文件在内核中是不支持异步通知的)。

例 8-14　异步 I/O 机制在应用程序空间使用示例。

应用程序 fasync_app.c 代码如下：

```
#include "stdio.h"
#include "signal.h"
#include "unistd.h"
#include "stdlib.h"
#include "fcntl.h"
void handle(int sig_num)
{
    char buf[128]={0};
    printf("process SIGIO things signal=%d\n",sig_num);
    fgets(buf,128,stdin);
    return ;
}
int main()
{
    int Oflags=0;
    signal(SIGIO,handle);
    fcntl(0,F_SETOWN,getpid());
    Oflags = fcntl(0,F_GETFL);
    fcntl(0, F_SETFL,Oflags | FASYNC);
    while(1)
```

```
    {
        printf("the process is processing things\n");
        sleep(1);
    }
}
```

编译后生成可执行程序 fasync_app。

执行结果：正常时程序执行语句 printf("the process is processing things\n")，当用户在键盘上敲入数据时，则会执行 handle 函数，执行结束又重新执行语句 printf("the process is processing things\n")。

例 8-14 中，当用户的进程执行 fcntl(0,F_SETOWN,getpid())时，内核的驱动程序中会把 SIGIO 信号发送给本进程，因为 fcntl(0,F_SETOWN,getpid())的第三个参数是 getpid()；当用户的进程执行 fcntl(0, F_SETFL,Oflags | FASYNC)时，将执行驱动程序 file_operations 的成员 fasync()，这个函数指针指向的函数形式如下。

函数形式：int myfasync(int fd,struct file *pfile,int mode)。

功能：使设备具备异步通知机制。

参数：第一个参数为文件描述符；第二个参数为文件结构体指针；第三个参数为可读写模式。

下面通过实例验证用户空间的 fcntl(fd, F_SETFL,Oflags | FASYNC)会调用驱动程序的 fasync()函数。

例 8-15　用户空间的 fcntl(fd, F_SETFL,Oflags | FASYNC)会调用驱动程序的 fasync()函数验证。

(1) 驱动程序源码 mydriver.c 如下：

```
#include "linux/init.h"
#include "linux/module.h"
#include "linux/fs.h"//file_operations
#include "linux/cdev.h"
#include "linux/kdev_t.h"
#include "asm/uaccess.h"
#include "mycmd.h"
#include "linux/ioctl.h"
MODULE_LICENSE("GPL");
struct cdev mycdev;
unsigned int major=0x10;
unsigned int minor=0x20;
dev_t mydev_t;
int myfasync(int fd,struct file *pfile,int mode)
{
    printk(KERN_INFO  "kernel fasync function exec\n");
    return 0;
```

```c
}
int myopen(struct inode *pinode,struct file *pfile)
{
    printk(KERN_INFO   "kernel open function exec\n");
    return 0;
}
int myrelease(struct inode *pinode,struct file *pfile)
{
    printk(KERN_INFO "kernel release function exec\n");
    return 0;
}
ssize_t mywrite(struct file *pfile,const char__user * buf,size_t len,loff_t *ploff)
{
    char kernelbuf[128]={0};
    copy_from_user(kernelbuf,buf,10);
    printk(KERN_INFO"kernel write function exec,kernelbuf=%s\n",kernelbuf);
    return 0;
}
long myioctl(struct file *pfile, unsigned int cmd, unsigned long arg)
{
    if(cmd==LEDON)
    {
        printk(KERN_INFO "LED ON\n");
    }
    if(cmd==LEDOFF)
    {
        printk(KERN_INFO "LED OFF");
    }
    return 0;
}
struct file_operations ops=
{
    .owner=THIS_MODULE,
    .open=myopen,
    .release=myrelease,
    .write=mywrite,
    .unlocked_ioctl=myioctl,
    .fasync=myfasync,
};
```

```
static int __init myhello_init(void)
{
    int ret;
    mycdev.owner=THIS_MODULE;
    cdev_init(&mycdev,&ops);
    mydev_t=MKDEV(major,minor);
    printk(KERN_INFO "myhello init exec,mydev_t=%x\n",mydev_t);
    ret=register_chrdev_region(mydev_t,1,"hello");
    if(ret <0)
    {
            ret=alloc_chrdev_region(&mydev_t, 1, 1, "myhello");
            if(ret < 0)
            {
                    printk(KERN_INFO "this dev_t can not use\n");
                    return -1;
            }
            else
            {
                    major = MAJOR(mydev_t);
                    printk(KERN_INFO "major = %d\n", major);
            }
    }
    else
    {
      printk(KERN_INFO "this dev_t can use\n");
    }
    cdev_add(&mycdev,mydev_t,1);
    return 0;
}
static void __exit myhello_exit(void)
{
    printk(KERN_INFO "myhello exit exec\n");
    unregister_chrdev_region(mydev_t,1);
    cdev_del(&mycdev);
    return ;
}
module_init(myhello_init);          //insmod
module_exit(myhello_exit);          //rmmod
```

(2) 命令的头文件 mycmd.h 如下：

```
#define DEVICE_TYPE 100//GPIO
#define LEDON    _IO (DEVICE_TYPE,1)
#define LEDOFF   _IO (DEVICE_TYPE,0)
```

编译后生成模块 mydriver.ko。

(3) 应用程序测试代码 test.c 如下：

```
#include "stdio.h"
#include "unistd.h"
#include "fcntl.h"
#include "stdlib.h"
#include "mycmd.h"
#include "sys/ioctl.h"
#include "signal.h"
void handle(int sig_num)
{
    return ;
}
int main()
{
    int fd;
    int oflags;
    char user_buf[]="user data\n";
    fd=open("/dev/myhello",O_RDWR);
    if(fd <0)
    {
        printf("open myhello failure\n");
        return -1;
    }
    printf("open myhello success\n");
    signal(SIGIO,handle);
    fcntl(fd,F_SETOWN,getpid());
    oflags=fcntl(fd,F_GETFL);
    printf("FASYNC before\n");
    fcntl(fd,F_SETFL,oflags | FASYNC);
    sleep(20);
    printf("FASYNC after\n");
    while(1)
    {
        printf("process main things\n");
        sleep(1);
```

```
        }
        close(fd);
        return 0;
    }
```

编译后生成可执行程序 test。

结果：当 test 执行 fcntl(fd,F_SETFL,oflags | FASYNC) 时，驱动程序打印 printk(KERN_INFO   "kernel fasync function exec\n")。

上面介绍了异步 I/O 中应用程序与驱动程序之间的对应关系，fasync()函数是让设备文件具有异步通知功能，那么是怎样实现这个功能的呢？它是由内核的一个接口函数 fasync_helper 来实现的，该函数定义如下。

函数形式：int fasync_helper(int fd, struct file *file, int mode, struct fasync_struct **fasync_queue)。

功能：实现异步通知功能。

参数：第一个参数为文件描述符；第二个参数为文件结构体指针；第三个参数为可读写模式；第四个参数为异步结构体 **fasync_struct** 指针的指针变量。

驱动程序中发送信号的函数是 kill_fasync。

函数形式：void kill_fasync(struct fasync_struct **fp, int sig, int band)。

功能：发送信号。

参数：第一个参数为异步结构体 fasync_struct 指针的指针变量；第二个参数为信号；第三个参数为带宽，一般为 POLL_IN 表示读，为 POLL_OUT 表示写。

下面通过例 8-16 介绍这两个函数的用法。

例 8-16 fasync_helper 和 kill_fasync 函数的用法。

(1) 驱动程序源码 mydriver.c 如下：

```
#include "linux/init.h"
#include "linux/module.h"
#include "linux/fs.h"//file_operations
#include "linux/cdev.h"
#include "linux/kdev_t.h"
#include "asm/uaccess.h"
#include "mycmd.h"
#include "linux/ioctl.h"
#include "linux/kernel.h"
#include "linux/poll.h"
#include "linux/sched.h"
MODULE_LICENSE("GPL");
struct cdev mycdev;
unsigned int major=0x10;
unsigned int minor=0x20;
dev_t mydev_t;
```

```
char kernelbuf[128]={0};
struct fasync_struct    *pfasync;
int myfasync(int fd,struct file *pfile,int mode)
{
    printk(KERN_INFO    "kernel fasync function exec\n");
    fasync_helper(fd, pfile, mode, &pfasync);
    return 0;
}
int myopen(struct inode *pinode,struct file *pfile)
{
    printk(KERN_INFO    "kernel open function exec\n");
    return 0;
}
int myrelease(struct inode *pinode,struct file *pfile)
{
    printk(KERN_INFO "kernel release function exec\n");
    return 0;
}
ssize_t mywrite(struct file *pfile,const char__user * buf,size_t len,loff_t *ploff)
{
    copy_from_user(kernelbuf,buf,10);
    printk(KERN_INFO"kernel write function exec,kernelbuf=%s\n",kernelbuf);
    kill_fasync(&pfasync,SIGIO,POLL_IN);
    return 0;
}
ssize_t myread(struct file *myfile,char __user *buf,size_t count,loff_t *ppos)
{
    copy_to_user(buf,kernelbuf,10);
    printk(KERN_INFO "kernel read function exec\n");
    return 0;
}
long myioctl(struct file *pfile, unsigned int cmd, unsigned long arg)
{
    if(cmd==LEDON)
    {
     printk(KERN_INFO "LED ON\n");
    }
    if(cmd==LEDOFF)
    {
```

```
        printk(KERN_INFO "LED OFF");
    }
    return 0;
}
struct file_operations ops=
{
    .owner=THIS_MODULE,
    .open=myopen,
    .release=myrelease,
    .write=mywrite,
    .unlocked_ioctl=myioctl,
    .fasync=myfasync,
    .read=myread,
};
static int __init myhello_init(void)
{
    int ret;
    mycdev.owner=THIS_MODULE;
    cdev_init(&mycdev,&ops);
    mydev_t=MKDEV(major,minor);
    printk(KERN_INFO "myhello init exec,mydev_t=%x\n",mydev_t);
    ret=register_chrdev_region(mydev_t,1,"hello");
    if(ret <0)
    {
        printk(KERN_INFO "dev_t is can't user\n");
        return -1;
    }
    cdev_add(&mycdev,mydev_t,1);
    return 0;
}

static void __exit myhello_exit(void)
{
    printk(KERN_INFO "myhello exit exec\n");
    unregister_chrdev_region(mydev_t,1);
    cdev_del(&mycdev);
    return ;
}
module_init(myhello_init);//insmod
module_exit(myhello_exit);//rmmod
```

(2) 命令的头文件 mycmd.h 如下：

```
#define DEVICE_TYPE 100//GPIO
#define LEDON    _IO (DEVICE_TYPE,1)
#define LEDOFF   _IO (DEVICE_TYPE,0)
```

编译后生成模块 mydriver.ko。

(3) 应用程序测试代码 test.c 如下：

```
#include "stdio.h"
#include "unistd.h"
#include "fcntl.h"
#include "stdlib.h"
#include "mycmd.h"
#include "sys/ioctl.h"
#include "signal.h"
int fd;
void handle(int sig_num)
{
   char buf[128]={0};
   printf("recv signal sig_num=%d\n",sig_num);
   read(fd,buf,128);
   printf("buf=%s\n",buf);
   return ;
}
int main()
{
   int oflags;
   char user_buf[]="user data\n";
   fd=open("/dev/myhello",O_RDWR);
   if(fd <0)
   {
      printf("open myhello failure\n");
      return -1;
   }
   printf("open myhello success\n");
   signal(SIGIO,handle);
   fcntl(fd,F_SETOWN,getpid());
   oflags=fcntl(fd,F_GETFL);
   fcntl(fd,F_SETFL,oflags | FASYNC);
   while(1)
   {
```

```
        printf("process main things\n");
        sleep(1);
    }
    close(fd);
    return 0;
}
```

编译后生成可执行程序 test。

(4) 应用程序测试代码 write.c 如下：

```
#include "stdio.h"
#include "unistd.h"
#include "fcntl.h"
#include "stdlib.h"
#include "mycmd.h"
#include "sys/ioctl.h"
#include "signal.h"
void handle(int sig_num)
{
    return ;
}
int main()
{
    int fd;
    int oflags;
    char user_buf[]="user data\n";
    fd=open("/dev/myhello",O_RDWR);
    if(fd <0)
    {
        printf("open myhello failure\n");
        return -1;
    }
    printf("open myhello success\n");
    write(fd,user_buf,sizeof(user_buf));
    close(fd);
    return 0;
}
```

编译后生成可执行程序 write。

结果：当运行 test 程序时，执行 printf("process main things\n")；在执行 write 程序时，test 执行信号处理函数 handle，同时执行读处理，即只有向设备写数据时，才通知用户设备有数据可读。

8.9　驱动多路复用 I/O 机制

本节介绍用户空间进程的多路复用 I/O 机制在内核中的实现原理，当用户的进程执行 select 函数时，内核空间将执行 file_operations 的成员函数 poll，poll 函数形式如下。

函数形式：unsigned int poll (struct file *filp, struct poll_table_struct *wait)。

功能：把当前的文件指针挂到设备内部定义的等待队列中。

参数：filp 为文件描述符，wait 为等待队列，这两个变量由系统完成。

返回值：是否能对设备进行无阻塞可读或可写访问的掩码，常见的位掩码有 POLLRDNORM、POLLIN、POLLOUT 和 POLLWRNORM。例如：设备可读，返回 POLLIN | POLLRDNORM；设备可写，返回 POLLOUT | POLLWRNORM。

下面通过实例验证用户空间的 select 函数对应驱动程序中的结构体 file_operations 成员函数 poll。

例 8-17　用户空间的 select 函数会调用驱动程序 poll 函数的验证。

(1) 驱动程序源码 mydriver.c 如下：

```
#include "linux/init.h"
#include "linux/module.h"
#include "linux/fs.h"//file_operations
#include "linux/cdev.h"
#include "linux/kdev_t.h"
#include "asm/uaccess.h"
#include "mycmd.h"
#include "linux/ioctl.h"
#include "linux/kernel.h"
#include "linux/poll.h"
#include "linux/sched.h"
MODULE_LICENSE("GPL");
struct cdev mycdev;
 unsigned int major=0x10;
 unsigned int minor=0x20;
dev_t mydev_t;
char kernelbuf[128]={0};
struct fasync_struct    *pfasync;
unsigned int mypoll(struct file *pfile, struct poll_table_struct *ptable)
{
    printk(KERN_INFO "kernel mypoll function exec\n");
    return 0;
}
```

```c
int myfasync(int fd,struct file *pfile,int mode)
{
    printk(KERN_INFO    "kernel fasync function exec\n");
    fasync_helper(fd, pfile, mode, &pfasync);
    return 0;
}
int myopen(struct inode *pinode,struct file *pfile)
{
    printk(KERN_INFO    "kernel open function exec\n");
    return 0;
}
int myrelease(struct inode *pinode,struct file *pfile)
{
    printk(KERN_INFO "kernel release function exec\n");
    return 0;
}
ssize_t mywrite(struct file *pfile,const char __user * buf,size_t len,loff_t *ploff)
{
    copy_from_user(kernelbuf,buf,10);
    printk(KERN_INFO"kernel write function exec,kernelbuf=%s\n",kernelbuf);
    kill_fasync(&pfasync,SIGIO,POLL_IN);
    return 0;
}
ssize_t myread(struct file *myfile,char __user *buf,size_t count,loff_t *ppos)
{
    copy_to_user(buf,kernelbuf,10);
    printk(KERN_INFO "kernel read function exec\n");
    return 0;
}
long myioctl(struct file *pfile, unsigned int cmd, unsigned long arg)
{
    if(cmd==LEDON)
    {
    printk(KERN_INFO "LED ON\n");
    }
    if(cmd==LEDOFF)
    {
        printk(KERN_INFO "LED OFF");
    }
```

```
    return 0;
}
struct file_operations ops=
{
    .owner=THIS_MODULE,
    .open=myopen,
    .release=myrelease,
    .write=mywrite,
    .unlocked_ioctl=myioctl,
    .fasync=myfasync,
    .read=myread,
    .poll=mypoll,
};
static int __init myhello_init(void)
{
    int ret;
    mycdev.owner=THIS_MODULE;
    cdev_init(&mycdev,&ops);
    mydev_t=MKDEV(major,minor);
    printk(KERN_INFO "myhello init exec,mydev_t=%x\n",mydev_t);
    ret=register_chrdev_region(mydev_t,1,"hello");
    if(ret <0)
    {
        printk(KERN_INFO "dev_t is can't user\n");
        return -1;
    }
    cdev_add(&mycdev,mydev_t,1);
    return 0;
}

static void __exit myhello_exit(void)
{
    printk(KERN_INFO "myhello exit exec\n");
    unregister_chrdev_region(mydev_t,1);
    cdev_del(&mycdev);
    return ;
}
module_init(myhello_init);        //insmod
module_exit(myhello_exit);        //rmmod
```

(2) 命令的头文件 mycmd.h 如下：

```
#define DEVICE_TYPE 100//GPIO
#define LEDON    _IO (DEVICE_TYPE,1)
#define LEDOFF   _IO (DEVICE_TYPE,0)
```

编译后生成模块 mydriver.ko。

(3) 应用程序测试代码 test.c 如下：

```
#include "stdio.h"
#include "unistd.h"
#include "stdlib.h"
#include "sys/select.h"
#include "fcntl.h"
int main()
{
    int fd;
    fd_set readfd;
    fd=open("/dev/myhello",O_RDWR);
    if(fd <0)
    {
        printf("open myhello failure\n");
        return -1;
    }
    printf("open myhello success\n");
    FD_ZERO(&readfd);
    FD_SET(fd,&readfd);
    printf("select before\n");
    sleep(20);
    select(fd+1,&readfd,NULL,NULL,NULL);
    printf("select after\n");
    return 0;
}
```

编译后生成可执行程序 test。

结果：当 test 执行 select(fd+1, &readfd, NULL, NULL, NULL)时，驱动程序打印 printk(KERN_INFO "kernel mypoll function exec\n")。

上面介绍了应用程序 select 函数与驱动程序 poll 函数之间的对应关系,那么 select 为什么会阻塞呢？驱动程序中的 poll 函数不会使应用程序 select 阻塞, 真正的阻塞在 poll 函数和 select 函数中间的 sys_poll 函数中。驱动程序的 poll 函数与 sys_poll 函数关系如下：

(1) 如果驱动程序 poll 函数返回的是 0, 则 sys_poll 函数阻塞。

(2) 如果驱动程序 poll 函数返回的是 POLL_IN, 则 sys_poll 函数不会阻塞, 应用程序的 select 函数也不会阻塞, 表示有数据可读。

(3) 如果驱动程序 poll 函数返回的是 POLL_OUT，则 sys_poll 函数不会阻塞，应用程序的 select 函数也不会阻塞，表示有数据可写。

(4) 如果驱动程序 poll 函数返回的是 POLL_OUT | POLL_IN，则 sys_poll 函数不会阻塞，应用程序的 select 函数也不会阻塞，表示有数据可写和有数据可读。

下面通过实验验证驱动程序的 poll 函数与 sys_poll 函数的关系。

例 8-18　驱动程序的 poll 函数与系统调用的 poll 函数的关系示例 1。

(1) 驱动程序源码 mydriver.c 如下：

```
#include "linux/init.h"
#include "linux/module.h"
#include "linux/fs.h"//file_operations
#include "linux/cdev.h"
#include "linux/kdev_t.h"
#include "asm/uaccess.h"
#include "mycmd.h"
#include "linux/ioctl.h"
#include "linux/kernel.h"
#include "linux/poll.h"
#include "linux/sched.h"
#define LEN    128
MODULE_LICENSE("GPL");
struct cdev mycdev;
unsigned int major=0x10;
unsigned int minor=0x20;
dev_t mydev_t;
char kernelbuf[LEN]={0};
int rw_len=0;
struct fasync_struct    *pfasync;
wait_queue_head_t    my_queue;
unsigned int mypoll(struct file *pfile, struct poll_table_struct *ptable)
{
    unsigned int mode=0;
    printk(KERN_INFO "kernel mypoll function exec\n");
    poll_wait(pfile,&my_queue,ptable);
    if(rw_len !=0)
        mode |=POLL_IN |POLLWRNORM;
    if(rw_len != LEN)
        mode=POLL_OUT | POLLWRNORM;
    return mode;
}
```

```
int myfasync(int fd,struct file *pfile,int mode)
{
    printk(KERN_INFO   "kernel fasync function exec\n");
    fasync_helper(fd, pfile, mode, &pfasync);
    return 0;
}
int myopen(struct inode *pinode,struct file *pfile)
{
    printk(KERN_INFO   "kernel open function exec\n");
    return 0;
}
int myrelease(struct inode *pinode,struct file *pfile)
{
    printk(KERN_INFO "kernel release function exec\n");
    return 0;
}
ssize_t mywrite(struct file *pfile,const char__user * buf,size_t len,loff_t *ploff)
{
    copy_from_user(kernelbuf,buf,10);
    rw_len=10;
    printk(KERN_INFO"kernel write function exec,kernelbuf=%s\n",kernelbuf);
    wake_up_interruptible(&my_queue);
    return 0;
}
ssize_t myread(struct file *myfile,char__user *buf,size_t count,loff_t *ppos)
{
    copy_to_user(buf,kernelbuf,10);
    printk(KERN_INFO "kernel read function exec\n");
    return 0;
}
long myioctl(struct file *pfile, unsigned int cmd, unsigned long arg)
{
    if(cmd==LEDON)
    {
      printk(KERN_INFO "LED ON\n");
    }
    if(cmd==LEDOFF)
    {
        printk(KERN_INFO "LED OFF");
```

```
    }
    return 0;
}
struct file_operations ops=
{
    .owner=THIS_MODULE,
    .open=myopen,
    .release=myrelease,
    .write=mywrite,
    .unlocked_ioctl=myioctl,
    .fasync=myfasync,
    .read=myread,
    .poll=mypoll,
};
static int __init myhello_init(void)
{
    int ret;
    mycdev.owner=THIS_MODULE;
    cdev_init(&mycdev,&ops);
    mydev_t=MKDEV(major,minor);
    printk(KERN_INFO "myhello init exec,mydev_t=%x\n",mydev_t);
    ret=register_chrdev_region(mydev_t,1,"hello");
        if(ret <0)
    {
            ret=alloc_chrdev_region(&mydev_t, 1, 1, "hello");
            if(ret < 0)
            {
                    printk(KERN_INFO "this dev_t can not use\n");
                    return -1;
            }
            else
            {
                    major = MAJOR(mydev_t);
                    printk(KERN_INFO "major = %d\n", major);
            }
    }
    else
    {
        printk(KERN_INFO "this dev_t can use\n");
```

```
        }
        cdev_add(&mycdev,mydev_t,1);
        init_waitqueue_head(&my_queue);
        return 0;
    }
    static void __exit myhello_exit(void)
    {
        printk(KERN_INFO "myhello exit exec\n");
        unregister_chrdev_region(mydev_t,1);
        cdev_del(&mycdev);
        return ;
    }
    module_init(myhello_init);          //insmod
    module_exit(myhello_exit);          //rmmod
```

(2) 命令的头文件 mycmd.h 如下：

```
#define DEVICE_TYPE 100//GPIO
#define LEDON    _IO (DEVICE_TYPE,1)
#define LEDOFF   _IO (DEVICE_TYPE,0)
```

编译后生成模块 mydriver.ko。

(3) 应用程序测试代码 test.c 如下：

```
#include "stdio.h"
#include "unistd.h"
#include "stdlib.h"
#include "sys/select.h"
#include "fcntl.h"
int main()
{
    int fd;
    fd_set readfd;
    fd=open("/dev/myhello",O_RDWR);
    if(fd <0)
    {
        printf("open myhello failure\n");
        return -1;
    }
    printf("open myhello success\n");

    FD_ZERO(&readfd);
    FD_SET(fd,&readfd);
```

```
    printf("select before\n");
select(fd+1,&readfd,NULL,NULL,NULL);
    printf("select after\n");
    return 0;
    }
```

编译后生成可执行程序 test。

(4) 应用程序测试代码 write.c 如下：

```
#include "stdio.h"
#include "unistd.h"
#include "fcntl.h"
#include "stdlib.h"
#include "mycmd.h"
#include "sys/ioctl.h"
int main()
{
   int fd;
   char user_buf[]="user data abcdefghijk\n";
   fd=open("/dev/myhello",O_RDWR);
   if(fd <0)
   {
      printf("open myhello failure\n");
      return -1;
   }
   printf("open myhello success\n");
   write(fd,user_buf,sizeof(user_buf));
   printf("write after\n");
   close(fd);
   return 0;
   }
```

编译后生成可执行程序 write。

结果：当运行 test 程序到 select 函数时，进程会阻塞，此时执行程序 write 时，test 进程会被唤醒，即打印 printf("select after\n")。

例 8-19　驱动程序的 poll 函数与系统调用的 poll 函数的关系示例 2。

(1) 驱动程序源码 mydriver.c 如下：

```
#include "linux/init.h"
#include "linux/module.h"
#include "linux/fs.h"//file_operations
#include "linux/cdev.h"
#include "linux/kdev_t.h"
```

```c
#include "asm/uaccess.h"
#include "mycmd.h"
#include "linux/ioctl.h"
#include "linux/kernel.h"
#include "linux/poll.h"
#include "linux/sched.h"
MODULE_LICENSE("GPL");
struct cdev mycdev;
unsigned int major=0x10;
unsigned int minor=0x20;
dev_t mydev_t;
char kernelbuf[128]={0};
struct fasync_struct    *pfasync;
unsigned int mypoll(struct file *pfile, struct poll_table_struct *ptable)
{
    unsigned int mode;
    mode=POLL_IN;
    printk(KERN_INFO "kernel mypoll function exec\n");
    return mode;
}
int myfasync(int fd,struct file *pfile,int mode)
{
    printk(KERN_INFO    "kernel fasync function exec\n");
    fasync_helper(fd, pfile, mode, &pfasync);
    return 0;
}
int myopen(struct inode *pinode,struct file *pfile)
{
    printk(KERN_INFO    "kernel open function exec\n");
    return 0;
}
int myrelease(struct inode *pinode,struct file *pfile)
{
    printk(KERN_INFO "kernel release function exec\n");
    return 0;
}
ssize_t mywrite(struct file *pfile,const char__user * buf,size_t len,loff_t *ploff)
{
    copy_from_user(kernelbuf,buf,10);
```

```c
    printk(KERN_INFO"kernel write function exec,kernelbuf=%s\n",kernelbuf);
    kill_fasync(&pfasync,SIGIO,POLL_IN);
    return 0;
}
ssize_t myread(struct file *myfile,char __user *buf,size_t count,loff_t *ppos)
{
    copy_to_user(buf,kernelbuf,10);
    printk(KERN_INFO "kernel read function exec\n");
    return 0;
}
long myioctl(struct file *pfile, unsigned int cmd, unsigned long arg)
{
    if(cmd==LEDON)
    {
     printk(KERN_INFO "LED ON\n");
    }
    if(cmd==LEDOFF)
    {
       printk(KERN_INFO "LED OFF");
    }
    return 0;
}
struct file_operations ops=
{
    .owner=THIS_MODULE,
    .open=myopen,
    .release=myrelease,
    .write=mywrite,
    .unlocked_ioctl=myioctl,
    .fasync=myfasync,
    .read=myread,
    .poll=mypoll,
};
static int __init myhello_init(void)
{
    int ret;
    mycdev.owner=THIS_MODULE;
    cdev_init(&mycdev,&ops);
    mydev_t=MKDEV(major,minor);
```

```
printk(KERN_INFO "myhello init exec,mydev_t=%x\n",mydev_t);
ret=register_chrdev_region(mydev_t,1,"hello");
if(ret <0)
  {
        ret=alloc_chrdev_region(&mydev_t, 1, 1, "hello");
        if(ret < 0)
        {
              printk(KERN_INFO "this dev_t can not use\n");
              return -1;
        }
        else
        {
              major = MAJOR(mydev_t);
              printk(KERN_INFO "major = %d\n", major);
        }
  }
  else
  {
    printk(KERN_INFO "this dev_t can use\n");
  }
  cdev_add(&mycdev,mydev_t,1);
  return 0;
}
static void __exit myhello_exit(void)
{
  printk(KERN_INFO "myhello exit exec\n");
  unregister_chrdev_region(mydev_t,1);
  cdev_del(&mycdev);
  return ;
}
module_init(myhello_init);        //insmod
module_exit(myhello_exit);        //rmmod
```

(2) 命令的头文件 mycmd.h 如下：

```
#define DEVICE_TYPE 100        //GPIO
#define LEDON    _IO (DEVICE_TYPE,1)
#define LEDOFF   _IO (DEVICE_TYPE,0)
```

编译后生成模块 mydriver.ko。

(3) 应用程序测试代码 test.c 如下：

```
#include "stdio.h"
```

```
#include "unistd.h"
#include "stdlib.h"
#include "sys/select.h"
#include "fcntl.h"
int main()
{
    int fd;
    fd_set readfd;
    fd=open("/dev/myhello",O_RDWR);
    if(fd <0)
    {
        printf("open myhello failure\n");
        return -1;
    }
    printf("open myhello success\n");
    FD_ZERO(&readfd);
    FD_SET(fd,&readfd);
    printf("select before\n");
    select(fd+1,&readfd,NULL,NULL,NULL);
    printf("select after\n");
    return 0;
}
```

编译后生成可执行程序 test。

结果：当运行 test 程序到 select 函数时，进程不会阻塞。

例 8-20　驱动程序的 poll 函数与系统调用的 poll 函数的关系示例 3。

(1) 驱动程序源码 mydriver.c 如下：

```
#include "linux/module.h"
#include "linux/init.h"
#include "linux/kernel.h"
#include "linux/moduleparam.h"
#include "linux/cdev.h"
#include "linux/fs.h"
#include "asm/uaccess.h"
#include "linux/signal.h"
#include "linux/poll.h"
#include "linux/sched.h"
#define    LED_ON    _IO(100,1)
#define    LED_OFF 2
```

```
static int a=10;
static char b[]="abcdefghijk";
MODULE_LICENSE("GPL");
MODULE_AUTHOR("hello");
MODULE_DESCRIPTION("this is a test driver");
MODULE_VERSION("2013-07-02");
module_param(a,int,0000);
dev_t    dev;
int major=248;
int minor=1;
struct cdev *mycdev;
int MEM_MAX=0;
wait_queue_head_t my_queue;
struct fasync_struct *my_fasync_struct;
static int    my_open(struct inode *myinode,struct file *myfile)
{
    printk(KERN_INFO "open function exec\n");
    return 0;
}
static int my_release(struct inode *myinode,struct file *myfile)
{
    printk(KERN_INFO "release function exec\n");
    return 0;
}
ssize_t my_write(struct file *myfile,const char __user *buf,size_t count,loff_t *ppos)
{
    MEM_MAX=10;
    wake_up_interruptible(&my_queue);
    return 0;
}
ssize_t my_read(struct file *myfile,char __user *buf,size_t count,loff_t *ppos)
{
    DECLARE_WAITQUEUE(name,current);
    add_wait_queue(&my_queue,&name);
    return 0;
}
long my_ioctl(struct file *pfile,unsigned int cmd,unsigned long arg)
```

```
{
    switch(cmd)
    {
    case LED_ON:
        printk(KERN_INFO "led on,arg=%ld\n",arg);
        break;
    case LED_OFF:
        printk(KERN_INFO "led off\n");
        break;
    default:
        printk(KERN_INFO "not led on or off\n");
        break;
    }
    return 0;
}
int my_fasync(int fd,struct file *myfile,int mode)
{
    int ret ;
    printk(KERN_INFO " my_fasync function exec\n");
    ret=fasync_helper(fd,myfile,mode,&my_fasync_struct);
    return ret;
}
unsigned int my_poll(struct file *myfile, struct poll_table_struct *mywait)
{
    int mask;
    printk(KERN_INFO "my_poll function exec\n" );
    if(MEM_MAX>0)
        mask |= POLLIN | POLLRDNORM;        //may read
    else
        mask=0;
    return mask;
}
struct file_operations hello_fops = {
    .owner = THIS_MODULE,
    .open=my_open,
    .release=my_release,
    .write=my_write,
```

```
        .read=my_read,
        .unlocked_ioctl=my_ioctl,
        .fasync=my_fasync,
        .poll=my_poll,
    };
    static int __init my_init(void)
    {
        int ret;
        dev=MKDEV(major,minor);
        ret=register_chrdev_region (dev, 1, "hello");
        if(ret<0)
        {
            printk(KERN_INFO "dev_t can't use!");
            alloc_chrdev_region(&dev,1,1,"hello");
            printk(KERN_INFO "major=%d,minor=%d\n",MAJOR(dev),MINOR(dev));
        }
        mycdev=cdev_alloc();
        if(mycdev == NULL)
        {
            printk(KERN_INFO "can't alloc!\n");
            return -2;
        }
        mycdev->owner=THIS_MODULE;
        cdev_init(mycdev,&hello_fops);
        cdev_add(mycdev,dev,1);
        printk(KERN_INFO "my init exec,%d,%s\n",a,b);
        printk(KERN_INFO "insert module sucess,major=%d\n",major);
        init_waitqueue_head(&my_queue);
        return 0;
    }
    static void __exit my_exit(void)
    {
        unregister_chrdev_region(dev,1);
        cdev_del(mycdev);
        printk(KERN_INFO "my exit exec\n");
        return;
    }
    module_init(my_init);
```

```
        module_exit(my_exit);
```
(2) 命令的头文件 mycmd.h 如下：
```
        #define DEVICE_TYPE 100//GPIO
        #define LEDON      _IO (DEVICE_TYPE,1)
        #define LEDOFF     _IO (DEVICE_TYPE,0)
```
编译后生成模块 mydriver.ko。

(3) 应用程序测试代码 test.c 如下：
```
        #include "unistd.h"
        #include "fcntl.h"
        #include "stdio.h"
        #include "sys/ioctl.h"
        #include "signal.h"
        int main()
        {
          int ret;
          int fd;
          fd_set readfd;
          fd=open("/dev/hello",O_RDWR);
          if(fd<0)
          {
            printf("open hello failure\n");
            return -2;
          }

          FD_ZERO(&readfd);
          FD_SET(fd,&readfd);
          printf("select before\n");
          ret=select(fd+1,&readfd,NULL,NULL,NULL);
          if(ret<0)
          {
            printf("exec select failure\n");
            return -1;
          }
          printf("select after\n");
          return 0;
        }
```
编译后生成可执行程序 test。

(4) 应用程序测试代码 write.c 如下：

```
#include "fcntl.h"
#include "unistd.h"
#include "stdio.h"
int main()
{
    int fd;
    char buf[]="hello linux\n";
    fd=open("/dev/hello",O_RDWR);
    if(fd<0)
    {
        printf("open file failure\n");
        return -1;
    }
    write(fd,buf,sizeof(buf));
    close(fd);
    return 0;
}
```

编译后生成可执行程序 write。

结果：当运行 test 程序到 select 函数时，进程会阻塞，此时执行程序 write 时，test 进程会被唤醒。

8.10 驱动中断机制

本节介绍内核中的中断机制原理。Linux 内核需要对连接到计算机上的所有硬件设备进行管理，为了管理这些设备，需要硬件设备和 Linux 内核之间互相通信，一般有两种方式可实现这种功能。

(1) 轮询(polling)：让内核定期对设备的状态进行查询，然后做出相应的处理。

(2) 中断(interrupt)：让硬件在需要的时候向内核发出信号(变内核主动为硬件主动)。

轮询因其周期性的执行会影响效率，故而采用中断方式管理所有外设。Linux 内核的中断接口函数分别介绍如下。

1. request_irq 函数

函数形式：int request_irq(unsigned int irq, irqreturn_t (*handler)(int, void *, struct pt_regs *), unsigned long flags, const char *dev_name,void *dev_id)。

功能：向内核注册中断。

参数：request_irq 参数说明如表 8-1 所示。

表 8-1　request_irq 参数说明

参　　数	说　　　明		
irq	注册的中断号，如果是 ARM，则为 ARM 的中断号		
handler	中断处理函数指针	第一个参数	中断号
		第二个参数	设备 ID
		第三个参数	寄存器值
flags	中断属性	常用的属性	功　　能
		IRQF_SHARED	共享中断
		IRQF_DISABLED	快速中断
		IRQ_TYPE_EDGE_RISING	上升沿触发
		RQ_TYPE_EDGE_FALLING	下降沿触发
		IRQ_TYPE_EDGE_BOTH	双边触发
		IRQ_TYPE_LEVEL_HIGH	高电平触发
		IRQ_TYPE_LEVEL_LOW	低电平触发
dev_name	设备名称		
dev_id	设备 ID：传入中断处理程序的参数，可以为 NULL。在注册共享中断时，此参数不能为 NULL，作为共享中断时的中断区别参数		

返回值：返回 0 表示注册成功，返回 -1 表示注册失败。

2．free_irq 函数

函数形式：void free_irq(unsigned int irq, void * dev_id)。

功能：向内核注销中断。

参数：irq 为中断号；dev_id 为设备 ID。

返回值：无。

8.11　驱动定时器机制

本节介绍内核中的定时器机制原理。驱动中使用的定时器原理与 ARM 的定时器原理相似：每次定时器溢出时，会运行定时器处理函数，同时给定时器重新装入定时值。

定时器使用步骤如下：

(1) 声明一个定时器对象。

(2) 指定定时器处理函数。

(3) 指定下一次定时器溢出的时间。

(4) 将定时器结构加入内核的定时器链表。

内核提供的定时器相关的变量和接口函数如下。

1．定时器结构体类型

```
struct timer_list
{
    struct list_head list;              //定时器链表头
```

```
    unsigned long expires;           //定时时间
    unsigned long data;              //传递给定时器处理函数的参数
    void (*function)(unsigned long); //定时器处理函数
};
```

2. init_timer 函数

函数形式：void init_timer(struct timer_list *timer)。

功能：初始化定时器。

参数：timer 为定时器结构对象指针。

返回值：无。

使用本函数前应该先定义结构体对象指针，并对其成员进行初始化，也可以使用下面的 setup_timer 函数直接传递参数进行初始化。

3. setup_timer 函数

函数形式：void setup_timer(struct timer_list *timer，void (*function)(unsigned long)，unsigned long data)。

功能：初始化定时器。

参数：timer 为定时器结构对象指针；function 为定时器处理函数；data 为传递给定时器处理函数的参数。

返回值：无。

4. add_timer 函数

函数形式：void add_timer(struct timer_list *timer)。

功能：加入到内核中，同时启动定时器。

参数：timer 为定时器结构对象指针。

返回值：无。

5. del_timer 函数

函数形式：void del_timer(struct timer_list *timer)。

功能：从内核中将定时器删除。

参数：timer 为定时器结构对象指针。

返回值：无。

6. mod_timer 函数

函数形式：void mod_timer(struct timer_list *timer, unsigned long expires)。

功能：修改定时器定时时间。

参数：timer 为定时器结构对象指针；expires 为定时时间。

返回值：无。

7. jiffies 函数

jiffies 函数是 Linux 内核中的一个全局变量，用来记录自系统启动以来所产生的节拍的总数。启动时，内核将该变量初始化为 0，此后，每次时钟中断处理程序都会增加该变量的值。因为一秒内时钟中断的次数等于 Hz，所以 jiffies 一秒内增加的值也就为 Hz。系统运行时间以秒为单位计算，就等于 jiffies/Hz。

节拍 Hz 是通过静态预处理定义的，在系统启动时按照 Hz 值对硬件进行设置。体系结构不同，Hz 值就不同，一般定义在 linux/param.h 文件中，如：

  #define Hz 250

上述 Hz 表示每秒钟时钟中断 250 次，即在 1 秒内 jiffies 会被增加 250 次。假如定时一秒，则 jiffies=jiffies+50，若 jiffies =10000，对应的是开机时间 40 秒。

例 8-21　jiffies 测试示例。

(1) 驱动程序源码 mydriver.c 如下：

```
#include "linux/init.h"
#include "linux/module.h"
#include "linux/fs.h"//file_operations
#include "linux/cdev.h"
#include "linux/kdev_t.h"
#include "asm/uaccess.h"
#include "mycmd.h"
#include "linux/ioctl.h"
#include "linux/kernel.h"
#include "linux/poll.h"
#include "linux/sched.h"
#include "linux/param.h"
MODULE_LICENSE("GPL");
struct cdev mycdev;
unsigned int major=0x10;
unsigned int minor=0x20;
dev_t mydev_t;
char kernelbuf[128]={0};
struct fasync_struct   *pfasync;
unsigned int mypoll(struct file *pfile, struct poll_table_struct *ptable)
{ unsigned int mode;
    mode=POLL_IN;
    printk(KERN_INFO "kernel mypoll function exec\n");
    return mode;
}
int myfasync(int fd,struct file *pfile,int mode)
{
    printk(KERN_INFO   "kernel fasync function exec\n");
    fasync_helper(fd, pfile, mode, &pfasync);
    return 0;
}
```

```c
int myopen(struct inode *pinode,struct file *pfile)
{
  printk(KERN_INFO   "kernel open function exec\n");
  return 0;
}
int myrelease(struct inode *pinode,struct file *pfile)
{
    printk(KERN_INFO "kernel release function exec\n");
    return 0;
}
ssize_t mywrite(struct file *pfile,const char__user * buf,size_t len,loff_t *ploff)
{
  copy_from_user(kernelbuf,buf,10);
  printk(KERN_INFO"kernel write function exec,kernelbuf=%s\n",kernelbuf);
  kill_fasync(&pfasync,SIGIO,POLL_IN);
  return 0;
}
ssize_t myread(struct file *myfile,char __user *buf,size_t count,loff_t *ppos)
{
  copy_to_user(buf,kernelbuf,10);
  printk(KERN_INFO "kernel read function exec\n");
  return 0;
}
long myioctl(struct file *pfile, unsigned int cmd, unsigned long arg)
{
  if(cmd==LEDON)   {
    printk(KERN_INFO "LED ON\n");
  }
  if(cmd==LEDOFF)   {
    printk(KERN_INFO "LED OFF");
  }
  return 0;
}
struct file_operations ops=
{
  .owner=THIS_MODULE,
  .open=myopen,
  .release=myrelease,
  .write=mywrite,
```

```
    .unlocked_ioctl=myioctl,
    .fasync=myfasync,
    .read=myread,
    .poll=mypoll,
};
static int __init myhello_init(void)
{
    int ret;
    mycdev.owner=THIS_MODULE;
    cdev_init(&mycdev,&ops);
    mydev_t=MKDEV(major,minor);
    printk(KERN_INFO "myhello init exec,mydev_t=%x\n",mydev_t);
    printk(KERN_INFO    "the current HZ=%d, jiffies=%ld\n",HZ,jiffies );
    ret=register_chrdev_region(mydev_t,1,"hello");
    if(ret <0)    {
            ret=alloc_chrdev_region(&mydev_t, 1, 1, "hello");
            if(ret < 0)
            {
                    printk(KERN_INFO "this dev_t can not use\n");
                    return -1;
            }
            else
            {
                    major = MAJOR(mydev_t);
                    printk(KERN_INFO "major = %d\n", major);
            }
    }
    else
    {
      printk(KERN_INFO "this dev_t can use\n");
    }
    cdev_add(&mycdev,mydev_t,1);
    return 0;
}
static void __exit myhello_exit(void)
{
    printk(KERN_INFO "myhello exit exec\n");
    unregister_chrdev_region(mydev_t,1);
    cdev_del(&mycdev);
```

```
        return ;
    }
    module_init(myhello_init);          //insmod
    module_exit(myhello_exit);          //rmmod
```

(2) 命令的头文件 mycmd.h 如下：

```
#define DEVICE_TYPE 100//GPIO
#define LEDON      _IO (DEVICE_TYPE,1)
#define LEDOFF     _IO (DEVICE_TYPE,0)
```

编译后生成模块 mydriver.ko。

结果：当运行 insmod mydriver.ko 时，内核会打印 printk(KERN_INFO "the current HZ=%d, jiffies=%ld\n",HZ,jiffies)，并可计算系统已经运行多长时间。

例 8-22 定时器编程示例。

(1) 驱动程序源码 mydriver.c 如下：

```
#include "linux/init.h"
#include "linux/module.h"
#include "linux/fs.h"//file_operations
#include "linux/cdev.h"
#include "linux/kdev_t.h"
#include "asm/uaccess.h"
#include "mycmd.h"
#include "linux/ioctl.h"
#include "linux/kernel.h"
#include "linux/poll.h"
#include "linux/sched.h"
#include "linux/param.h"
MODULE_LICENSE("GPL");
struct cdev mycdev;
unsigned int major=0x10;
unsigned int minor=0x20;
dev_t mydev_t;
char kernelbuf[128]={0};
struct fasync_struct    *pfasync;
struct timer_list mytimer;
void time_process(unsigned long data)
{
    printk(KERN_INFO  "time_process function exec, data=%ld,jiffies=%ld\n",data,jiffies);
    return;
}
unsigned int mypoll(struct file *pfile, struct poll_table_struct *ptable)
```

```
{
    unsigned int mode;
    mode=POLL_IN;
    printk(KERN_INFO "kernel mypoll function exec\n");
    return mode;
}
int myfasync(int fd,struct file *pfile,int mode)
{
    printk(KERN_INFO   "kernel fasync function exec\n");
    fasync_helper(fd, pfile, mode, &pfasync);
    return 0;
}
int myopen(struct inode *pinode,struct file *pfile)
{
    printk(KERN_INFO   "kernel open function exec\n");
    add_timer(&mytimer);
    return 0;
}
int myrelease(struct inode *pinode,struct file *pfile)
{
    printk(KERN_INFO "kernel release function exec\n");
    del_timer(&mytimer);
    return 0;
}
ssize_t mywrite(struct file *pfile,const char __user * buf,size_t len,loff_t *ploff)
{
    copy_from_user(kernelbuf,buf,10);
    printk(KERN_INFO"kernel write function exec,kernelbuf=%s\n",kernelbuf);
    kill_fasync(&pfasync,SIGIO,POLL_IN);
    return 0;
}
ssize_t myread(struct file *myfile,char __user *buf,size_t count,loff_t *ppos)
{
    copy_to_user(buf,kernelbuf,10);
    printk(KERN_INFO "kernel read function exec\n");
    return 0;
}
long myioctl(struct file *pfile, unsigned int cmd, unsigned long arg)
{
```

```
    if(cmd==LEDON)
    {
     printk(KERN_INFO "LED ON\n");
    }
    if(cmd==LEDOFF)    {
       printk(KERN_INFO "LED OFF");
    }
    return 0;
}
struct file_operations ops=    {
    .owner=THIS_MODULE,
    .open=myopen,
    .release=myrelease,
    .write=mywrite,
    .unlocked_ioctl=myioctl,
    .fasync=myfasync,
    .read=myread,
    .poll=mypoll,
};
static int __init myhello_init(void)    {
    int ret;
    mycdev.owner=THIS_MODULE;
    cdev_init(&mycdev,&ops);
    mydev_t=MKDEV(major,minor);
    printk(KERN_INFO "myhello init exec,mydev_t=%x\n",mydev_t);
    printk(KERN_INFO    "the current HZ=%d, jiffies=%ld\n",HZ,jiffies );
    ret=register_chrdev_region(mydev_t,1,"hello");
    if(ret <0)
    {
            ret=alloc_chrdev_region(&mydev_t, 1, 1, "hello");
            if(ret < 0)
            {
                    printk(KERN_INFO "this dev_t can not use\n");
                    return -1;
            }
            else
            {
                    major = MAJOR(mydev_t);
                    printk(KERN_INFO "major = %d\n", major);
```

```
            }
        }
        else
        {
            printk(KERN_INFO "this dev_t can use\n");
        }
        cdev_add(&mycdev,mydev_t,1);
        mytimer. expires=jiffies + HZ * 100;
        mytimer.function=time_process;
        mytimer.data=2;
        init_timer(&mytimer);
        return 0;
    }
    static void __exit myhello_exit(void)    {
        printk(KERN_INFO "myhello exit exec\n");
        unregister_chrdev_region(mydev_t,1);
        cdev_del(&mycdev);
        return ;
    }
    module_init(myhello_init);          //insmod
    module_exit(myhello_exit);          //rmmod
```

(2) 命令的头文件 mycmd.h 如下：

```
    #define DEVICE_TYPE 100//GPIO
    #define LEDON      _IO (DEVICE_TYPE,1)
    #define LEDOFF     _IO (DEVICE_TYPE,0)
```

编译后生成模块 mydriver.ko。

(3) 应用程序测试代码 test.c 如下：

```
    #include "stdio.h"
    #include "unistd.h"
    #include    "fcntl.h"
    #include "stdlib.h"
    int main()
    {
        int fd;
        fd=open("/dev/myhello",O_RDWR);
        if(fd<0)
        {
            printf("open myhello failure\n");
            return -1;
```

```
        }
        printf("open myhello success\n");
        while(1);
        return 0;
    }
```

编译后生成可执行程序 test。

结果：当 test 执行后，内核会定时打印 printk(KERN_INFO "time_process function exec, data=%ld,jiffies=%ld\n",data,jiffies)语句。

本 章 小 结

本章首先讲述了 Linux 设备驱动的基本原理，接着逐层讲述了驱动相关的命令、驱动程序框架、字符设备的框架、字符设备的主体 file_operation、驱动并发机制、驱动阻塞机制、驱动异步 I/O 机制、驱动多路复用 I/O 机制、驱动中断机制和驱动定时器机制等内容。

Linux 内核的知识点复杂，本章通过大量实例去理解内核的相关机制理论，培养读者的理论自信和文化自信。

习 题

1. 驱动程序中设备号的作用是什么？
2. 驱动程序与应用程序的区别是什么？
3. 驱动程序分为哪三类驱动？
4. 驱动程序必须包含哪三个部分内容？
5. 编写一个驱动程序 A 和两个应用程序 B 和 C，要求：A 使用自旋锁实现并发处理机制；两个应用程序 A 和 B 交替打开驱动程序 A。
6. 编写一个驱动程序 A 和两个应用程序 B 和 C，要求：A 实现阻塞机制；B 调用系统调用函数 read 时会阻塞；再运行 C 时，C 调用系统调用函数 write 唤醒 B，并读取 B 写给内核 A 的数据。
7. 编写一个驱动程序 A 和两个应用程序 B 和 C，要求：A 实现异步 I/O 功能；B 在信号处理函数中使用 read 函数读取内核 A 的数据(C 写给内核 A 的数据)；C 调用系统调用函数 write，将数据发送给内核 A。
8. 编写一个驱动程序 A 和两个应用程序 B 和 C，要求：A 实现多路复用 I/O 功能；B 调用 select 函数会阻塞，当 select 函数从阻塞转为运行时，会通过 read 函数读取内核 A 的数据(C 写给内核 A 的数据)；C 调用系统调用函数 write，将数据发送给内核 A，并唤醒 B。

第 9 章 嵌入式 Linux 驱动应用实例

9.1 硬 件 平 台

综合应用实例

本章以三星公司 S3C2440 芯片为例，讲述驱动程序的接口实例。S3C2440 芯片是三星公司的 16/32 位精简指令集(RISC)微处理器，为手持设备和普通应用提供了低功耗和高性能小型芯片微控制器的解决方案。S3C2440 是基于 ARM920T 核、0.13 μm 的 CMOS 标准宏单元和存储器单元，且采用全静态设计，特别适合于对成本和功率敏感的应用场合。

ARM920T 核实现了 MMU、AMBA 总线和哈佛结构高速缓冲体系结构，该结构具有独立的 16 KB 指令高速缓存和 16 KB 数据高速缓存，其中，每个都是由具有 8 字长的行(line)组成的。通过提供一套完整的通用系统外设，S3C2440 芯片减少了整体系统成本且无须配置额外的组件。

S3C2440 提供了以下系统外设：

(1) 1.2 V 内核供电，1.8 V/2.5 V/3.3 V 存储器供电，3.3 V 外部 I/O 供电，具备 16 KB 的指令缓存、16 KB 的数据缓存和 MMU。

(2) 外部存储控制器(SDRAM 控制和片选逻辑)。

(3) LCD 控制器(最大支持 4K 色 STN 和 256K 色 TFT)提供 1 通道 LCD 专用 DMA。

(4) 4 通道 DMA，并有外部请求引脚。

(5) 3 通道 UART(IrDA1.0，64 字节发送 FIFO 和 64 字节接收 FIFO)。

(6) 2 通道 SPI。

(7) 1 通道 IIC 总线接口(支持多主机)。

(8) 1 通道 IIS 总线音频编码器接口。

(9) AC'97 编解码器接口。

(10) 兼容 SD 主接口协议 1.0 版和 MMC 卡协议 2.11 兼容版。

(11) 2 通道 USB 主机/1 通道 USB 设备(1.1 版)。

(12) 4 通道 PWM 定时器和 1 通道内部定时器/看门狗定时器。

(13) 8 通道 10 位 ADC 和触摸屏接口。

(14) 具有日历功能的 RTC。

(15) 摄像头接口(最大支持 4096 × 4096 像素输入；2048 × 2048 像素输入支持缩放)。

(16) 130 个通用 I/O 口和 24 个通道外部中断源。

(17) 具有普通、慢速、空闲和掉电模式。

(18) 具有 PLL 片上时钟发生器。

9.2　GPIO 接口驱动

1. 硬件电路

S3C2440 的 GPIO 的介绍参见第 7 章 7.2 节。连接 GPIO 的 LED 电路原理图如图 9-1 所示。

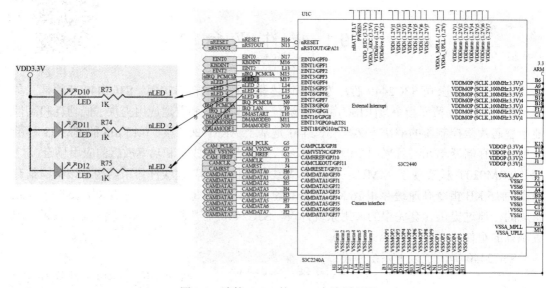

图 9-1　连接 GPIO 的 LED 电路原理图

对应图 9-1 所示的电路，nLED1、nLED2、nLED4 分别接 S3C2440 芯片的 GPF4、GPF5、GPF6。由 S3C2440 芯片文档可知相关寄存器如表 9-1～表 9-4 所示。

表 9-1　GPF 口寄存器

寄存器	地址	读/写	描　　述	初始状态
GPFCON	0x56000050	读/写	配置端口 F 的引脚	0x0
GPFDAT	0x56000054	读/写	端口 F 的数据寄存器	—
GPFUP	0x56000058	读/写	端口 F 的上拉使能寄存器	0x00
保留	0x5600005c	读/写	保留	—

表 9-2　GPF 口配置寄存器

GPFCON	位	描　　述
GPF7	[15:14]	00=输入，01=输出，10=外部中断 7，11=保留
GPF6	[13:12]	00=输入，01=输出，10=外部中断 6，11=保留
GPF5	[11:10]	00=输入，01=输出，10=外部中断 5，11=保留
GPF4	[9:8]	00=输入，01=输出，10=外部中断 4，11=保留
GPF3	[7:6]	00=输入，01=输出，10=外部中断 3，11=保留
GPF2	[5:4]	00=输入，01=输出，10=外部中断 2，11=保留
GPF1	[3:2]	00=输入，01=输出，10=外部中断 1，11=保留
GPF0	[1:0]	00=输入，01=输出，10=外部中断 0，11=保留

表 9-3 GPF 口数据寄存器

GPFDAT	位	描 述
GPF[7:0]	[7:0]	当端口配置为输入端口时，相应位为引脚状态。当端口配置为输出端口时，引脚状态将与相应位相同。当端口配置为功能引脚时，将读取到未定义值

表 9-4 GPF 口上拉寄存器

GPFUP	位	描 述
GPF[7:0]	[7:0]	0：使能附加上拉功能到相应端口引脚； 1：禁止附加上拉功能到相应端口引脚

2. 驱动程序

驱动程序的源码 mydriver.c 如下：

```
#include "linux/init.h"
#include "linux/cdev.h" //struct cdev
#include "linux/kdev_t.h"
#include "linux/fs.h"
#include "linux/io.h"
#define   GPFCON   0x56000050
#define   GPFDAT   0x56000054
MODULE_LICENSE("GPL");
int i = 0 ;
volatile unsigned int *gfd; //kernel poiter
volatile unsigned int *gfc;
struct cdev var;//int dev      struct   file_operations *ops
dev_t   d;
int major = 10;
int minor = 1;
struct file_operations k;
int myopen(struct inode *pi,struct file *pf)
{
    (*gfd) &= (~(1 << 4));
    printk(KERN_INFO "this is kernel open function run\n");
    return 0;
}
int myclose(struct inode *pi,struct file *pf)
```

```
    {
        (*gfd) |= (1 << 4);
        printk(KERN_INFO "this is kernel close function run \n");
        return 0;
    }
void mycdev_init(void)
    {
        int ret;
        d = MKDEV(major,minor);
        ret = register_chrdev_region(d,1,"hello");
        if(ret != 0)
        {
            printk(KERN_INFO "dev can't use\n");
            ret = alloc_chrdev_region(&d,1,1,"hello");
            if(ret == 0)
            {
                major = MAJOR(d);
                printk(KERN_INFO "major = %d\n",major);
            }
            else if(ret == -1)
            {
                printk(KERN_INFO "alloc dev error\n");
                return ;
            }
        }
        {
            printk(KERN_INFO "dev can use\n");
        }
        cdev_add(&var,d,1);
        k.open = myopen;
        k.release = myclose;
        cdev_init(&var,&k);//var.ops = &k;
        gfc = ioremap(GPFCON,4);
        gfd = ioremap(GPFDAT,4);
        (*gfc)   |=   (1 << 8);
        (*gfc)   &=   (~(1 << 9));
        *gfd   |= (1 << 4);
```

```
            return ;
        }
        static int __init ABC(void)
        {
            i ++;
            mycdev_init();
            printk(KERN_INFO "ABC function exec, i = %d\n",i);
            return 0;
        }
        static void __exit DEF(void)
        {
            i = i + 2;
            printk(KERN_INFO "DEF function exec,i = %d\n",i);
            unregister_chrdev_region(d,1);
            cdev_del(&var);
            return ;
        }
        module_init(ABC);// function pointer
        module_exit(DEF);
```

编译后生成 mydriver.ko。

3. 应用程序测试代码

应用程序测试源码 led_test.c 如下：

```
        #include "stdio.h"
        #include "fcntl.h"
        #include "stdlib.h"
        int main()
        {
            int fd;
            while(1)
            {
                fd = open("./mydriver.txt",O_RDWR,0777);
                if(fd == -1)
                {
                    printf("open mydriver.txt error\n");
                    return -1;
                }
                printf("open mydriver.txt success\n");
```

```
            sleep(5);
            close(fd);
            printf("close mydriver.txt \n");
            sleep(5);
        }
        return 0;
    }
```

编译后生成 led_test。

结果：当应用程序运行机制后，每 5 s 图 9-1 中的 D10 灯将交替亮灭。

9.3　IIC 接口驱动

9.3.1　IIC 概述

IIC(内置集成电路)总线是由 Philips 公司于 20 世纪 80 年代开发的两线式串行总线，用于连接微控制器及其外围设备。IIC 总线简单而有效，只占用很少的 PCB(印刷电路板)空间，其芯片管脚数量少，设计成本低。IIC 总线支持多主控(Multi-Mastering)模式，任何能够进行发送和接收的设备都可以成为主设备，主控能够控制数据的传输和时钟频率，在任意时刻只能有一个主控。IIC 具有如下特点：

(1) 只有两条总线线路：一条串行数据线(SDA)，一条串行时钟线(SCL)。

(2) 每个连接到总线的器件都可以使用地址识别它。

(3) 传输数据的设备间是简单的主从关系。

(4) 主机可以用作主机发送器或主机接收器。

(5) 它是一个真正的多主机总线，两个或多个主机同时发起数据传输时，可以通过冲突检测和仲裁来防止数据被破坏。

(6) 串行的 8 位双向数据传输，位速率在标准模式下可达 100 kb/s，在快速模式下可达 400 kb/s，在高速模式下可达 3.4 Mb/s。

(7) 片上的滤波器可以增加抗干扰功能，保证了数据的完整性。

(8) 连接到同一总线上的 IC 数量只受总线的最大电容 400 pF 的限制。

IIC 总线运用主从双向通信，发送数据到总线上的器件定义为发送器，从总线上接收数据的器件则定义为接收器。初始化发送、产生时钟信号和终止发送的器件称为主器件或主机，被主器件寻址的器件称为从器件或从机。总线必须由主机控制，主机产生 SCL 信号控制总线的传输方向，SCL 为高电平时，SDA 由高电平向低电平跳变，开始传送数据；SCL 为低电平时，SDA 由低电平向高电平跳变，结束传送数据。主机向从机发出一个信号后，等待从机发出一个应答信号，主控设备接收到应答信号后，根据实际情况做出是否继续传递信号的判断。IIC 总线起始和终止信号时序图如图 9-2 所示。

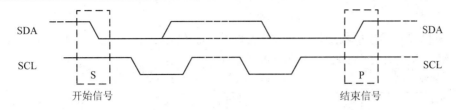

图 9-2   IIC 总线起始和终止信号时序图(开始信号 S，结束信号 P)

开始位和停止位都由 IIC 主设备产生。在选择从设备时，如果从设备采用 7 位地址，则主设备在发起传输过程前，需先发送 1 字节的地址信息，前 7 位为设备地址，最后 1 位为读写标志。之后，每次传输的数据也是 1 个字节，从数据的最高位(MSB)开始传输。每个字节传完后，在 SCL 的第 9 个上升沿到来之前，接收方应该发出 1 个 ACK 位。SCL 上的时钟脉冲由 IIC 主控方发出，在第 8 个时钟周期之后，主控方应该释放 SDA。IIC 总线的数据传输时序如图 9-3 所示。

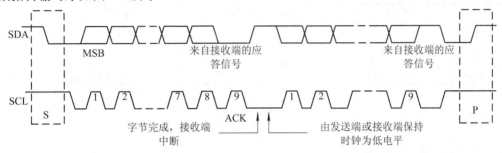

图 9-3   IIC 总线的数据传输时序

9.3.2 IIC 总线的数据传输格式

发送到 SDA 线上的每个字必须是 8 位的，每次传输可以发送的字节数不受限制，每个字节后必须跟一个响应位，首先传输的是数据的最高位(MSB)。从机要完成一些其他功能后(例如一个内部中断服务程序)才能继续接收或发送下一个字节，从机可以拉低 SCL 迫使主机进入等待状态。当从机准备好接收下一个数据并释放 SCL 后，数据传输继续。如果主机在传输数据期间也需要完成一些其他功能(例如一个内部中断服务程序)，也可以拉低 SCL 以占住总线。

启动一个传输时，主机先发出 S 信号，然后发出 8 位数据。这 8 位数据中前 7 位为从机地址，第 8 位表示传输的方向(0 表示写操作，1 表示读操作)。被选中的从机发出响应信号，紧接着传输一系列字节及其响应位。最后，主机发出 P 信号结束本次传输。如图 9-4 所示是几种 IIC 总线上数据传输的格式。

实际工作中，并非每传输 8 位数据之后都会有 ACK 信号，有以下 3 种例外。

(1) 当从机不能响应从机地址时(例如它正忙于其他事无法响应 IIC 总线的操作，或者这个地址没有对应的从机时)，在第 9 个 SCL 周期内 SDA 线没有被拉低，即没有 ACK 信号时，主机发出一个 P 信号终止传输或者重新发送一个 S 信号开始新的传输。

(2) 如果从机接收器在传输过程中不能接收更多的数据，它也不会发送 ACK 信号。这时，主机意识到这一点，从而发出一个 P 信号终止传输或者重新发出一个 S 信号开始新的传输。

(3) 主机接收器在接收最后一个字节后，也不会发出 ACK 信号。于是，从机发送器释放 SDA 线，以从机发出 P 信号为准结束传输。

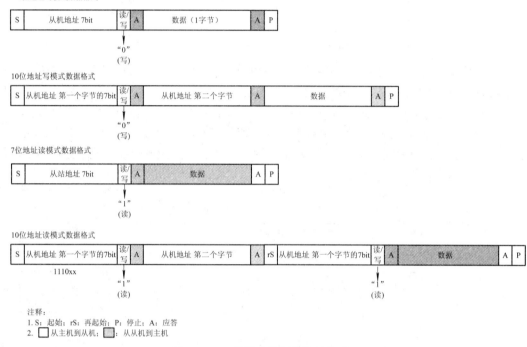

图 9-4　IIC 总线上数据传输的格式

9.3.3　IIC 总线的写时序

典型 IIC 总线写操作主要有两种方式：字节写和页面写。

(1) 字节写是指每次在指定的位置写入一个字节数据。主机首先向从机发送启动信号，然后发送 7bit 从机地址和 1 bit 写标志位，再等待应答信号。在应答信号来到之后，主机发送器件内部地址，再次等待应答信号。当主机收到应答信号之后发送应写入的数据。之后，主机等待从机的应答信号，当收到应答后，主机发送停止信号。IIC 总线字节写方式的数据传输格式如图 9-5 所示。

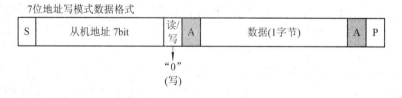

图 9-5　IIC 总线字节写方式的数据传输格式

(2) 页面写的操作与字节写类似，区别是主机在完成第一轮数据传送后，继续发送待写的数据而不发送停止信号。IIC 总线页面写方式的数据传输格式如图 9-6 所示。

10位地址写模式数据格式

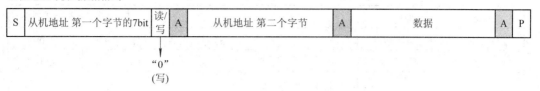

图 9-6　IIC 总线页面写方式的数据传输格式

9.3.4　IIC 总线的读时序

典型 IIC 总线读操作主要有两种方式：字节读和连续读。

(1) 字节读是指每次从指定的位置读取一个字节数据。主机首先向从机发送启动信号，然后发送 7 bit 从机地址和 1 bit 读标志位，等待从机应答。当收到从机的应答信号后，主机从从机接收数据，接收完成后发送一个非应答信号并发送一个停止信号。IIC 总线字节读方式的数据传输格式如图 9-7 所示。

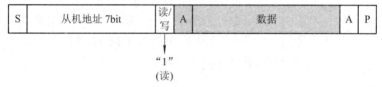

图 9-7　IIC 总线字节读方式的数据传输格式

(2) 连续读操作与字节读类似，但是当主机接收到一个字节数据后，不是发停止信号，而是发一个应答信号。当从机收到应答信号后自动将地址加 1，继续发送该地址对应的数据直到收到停止信号。IIC 总线连续读方式的数据传输格式如图 9-8 所示。

10位地址读模式数据格式

图 9-8　IIC 总线连续读方式的数据传输格式

9.3.5　基于 S3C2440 的 IIC 总线驱动程序设计

本节选用微处理器 S3C2440 作为总线上的主机，其他器件作为从机。IIC 总线上同时可以接入多个从机，每个从机都有一个唯一地址。S3C2440 的 IIC 模块的寄存器包括 IIC 总线控制寄存器(IICCON)、IIC 总线控制状态寄存器(IICSTAT)、IIC 总线接收发送数据移位寄存器(IICDS)和 IIC 总线地址寄存器(IICADD)。

IIC 总线控制寄存器如表 9-5 所示。

表 9-5 IIC 总线控制寄存器

寄存器	地址	读/写	描述	复位值
IICCON	0x54000000	读/写	IIC 总线控制寄存器	0x00

IICCON	位	描述	初始状态
应答发生[1]	[7]	IIC 总线应答使能位: 0 = 禁止; 1 = 允许; Tx 模式中, IICSDA 在应答时间为空闲。Rx 模式中, IICSDA 在应答时间为低	0
Tx 时钟源选择	[6]	IIC 总线发送时钟预分频器的时钟源选择: 0: IICCLK = PCLK /16; 1: IICCLK = PCLK /512	0
Tx/Rx 中断[5]	[5]	IIC 总线 Tx/Rx 中断使能/禁止位: 0 = 禁止; 1 = 允许	0
中断挂起标志[2][3]	[4]	IIC 总线 Tx/Rx 中断挂起标志。不能写 1 到此位。当此位读取到 1 时,IICSCL 限制为低并且停止 IIC,清除此位为 0 以继续操作。 0: ① 无中断挂起(读时); ② 清除挂起条件并且继续操作(写时); 1: ① 中断挂起(读时); ② N/A(写时)	0
发送时钟值[4]	[3:0]	IIC 总线发送时钟预分频器,IIC 总线发送时钟是由此 4 位预分频值按以下公式决定的: Tx 时钟 = IICCLK / (IICCON[3:0] + 1)	0

注释:

(1) EEPROM 接口,Rx 模式中为了产生停止条件,在读取最后数据之前会禁止产生应答。

(2) IIC 总线中断发生在:① 当完成了 1 字节发送或接收操作时;② 当广播呼叫或从地址匹配发生时;③ 总线仲裁失败。

(3) 为了在 SCL 上升沿之前调整 SDA 的建立时间,必须在清除 IIC 中断挂起位前写 IICOS。

(4) IICCLK 由 IICCON[6]决定。Tx 时钟可以由 SCL 变化时间改变。IICCON[6]=0, IICCON[3:0]=0x0 或 0x1 为不可用。

(5) 如果 IICCON[5]=0, 则 IICCON[4]将工作不正确。因此, 即使不使用 IIC 中断也要设置 IICCON[5]=1。

IIC 总线控制状态寄存器如表 9-6 所示。

表 9-6　IIC 总线控制状态寄存器

寄存器	地址	读/写	描　述	复位值
IICSTAT	0x54000004	读/写	IIC 总线控制/状态寄存器	0x0X

IICSTAT	位	描　述	初始状态
模式选择	[7:6]	IIC 总线主机/从机 Tx/Rx 模式选择位： 00：从接收模式； 01：从发送模式； 10：主接收模式； 11：主发送模式	00
忙信号状态/ 起始停止条件	[5]	IIC 总线忙信号状态位： 0： 　读，不忙； 　写，停止信号产生； 1： 　读，忙； 　写，起始信号产生，只在起始信号后自动传输 IICDS 中的数据	
串行输出	[4]	IIC 总线数据输出使能/禁止位： 0：禁止 Rx/Tx； 1：使能 Rx/Tx	
仲裁状态标志	[3]	IIC 总线仲裁过程状态标志位： 0：总线仲裁成功； 1：串行 I/O 间总线仲裁失败	
从地址状态标志	[2]	IIC 总线从地址状态标志位： 0：发现起始/停止条件清除； 1：收到从地址与 IICADD 中的地址值匹配	
地址零状态标志	[1]	IIC 总线地址零状态标志位： 0：发现起始/停止条件清除； 1：收到从地址为 00000000b	
最后收到位 状态标志	[0]	IIC 总线最后收到位状态标志位： 0：最后收到位为 0(已收到 ACK)； 1：最后收到位为 1(未收到 ACK)	

IIC 总线地址寄存器如表 9-7 所示。

表 9-7   IIC 总线地址寄存器

寄存器	地址	读/写	描 述	复位值
IICADD	0x54000008	读/写	IIC 总线地址寄存器	0xXX

IICADD	位	描 述	初始值
IICADD	[7:0]	从 IIC 总线锁存的 7 位从地址。 当 IICSTAT 中串行输出使能=0 时，IICADD 为写使能。可以在任意时间读取 IICADD 的值，不用去考虑当前输出使能位(IICSTAT)的设置。 从地址：[7:1]，未映射：[0]	XXXXXXXX

IIC 总线接收/发送数据移位寄存器如表 9-8 所示。

表 9-8   IIC 总线接收/发送数据移位寄存器

寄存器	地址	读/写	描 述	复位值
IICDS	0x540000C	读/写	IIC 总线发送/接收数据移位寄存器	0xXX

IICDS	位	描 述	初始值
数据移位	[7:0]	IIC 总线 Tx/Rx 操作的 8 位数据移位寄存器。 当 IICSTAT 中串行输出使能=1 时，IICDS 为写使能。可以在任意时间读取 IICDS 的值，不用去考虑当前输出使能位(IICSTAT)的设置	XXXXXXXX

S3C2440IIC 总线主接收模式和主发送模式工作流程图如图 9-9、图 9-10 所示。

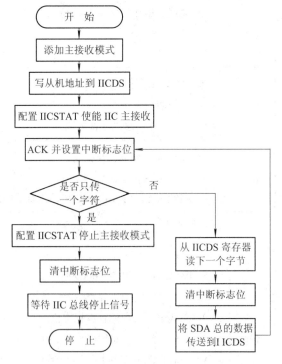

图 9-9   IIC 总线主接收模式工作流程图

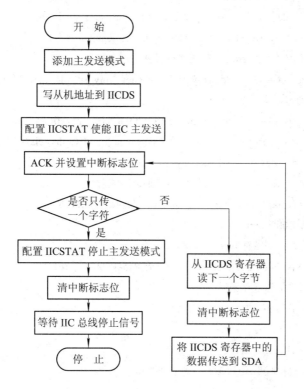

图 9-10　IIC 总线主发送模式工作流程图

　　以上是对 S3C2440 IIC 总线工作流程的分析。本节将其 IIC 设备驱动程序按功能分为 8 个主要部分：初始化模块、打开模块、读模块、写模块、关闭模块、填充 file_operations 结构体、驱动程序的加载和卸载、Makefile 的编写。

　　(1) 初始化模块。该模块 my_IIC_drv_init()函数的主要功能是完成字符设备注册和虚拟地址映射。

　　代码如下：

```
    int my_IIC_drv_init(void)
    {
        if(major)
        {
            /*已知起始设备的设备号，申请设备号*/
            device_num_ret = register_chrdev_region(my_IIC_drv_dev_t，1,"my_IIC");
        }
        else
        {
            /*设备号未知，动态申请未被注册的设备号*/
            device_num_ret = alloc_chrdev_region(&my_IIC_drv_dev_t，0，1，"my_IIC");
            major = MAJOR(my_IIC_drv_dev_t);
        }
```

```
        /*初始化 cdev 成员，并建立 cdev 和 file_operations 之间的链接*/
        cdev_init(&my_IIC_drv_cdev，&my_IIC_drv_ops);
        /*向系统添加一个 cdev，完成字符设备的注册*/
        cdev_add_ret = cdev_add(&my_IIC_drv_cdev, my_IIC_drv_dev_t, 1);
        /*完成动态创建设备节点*/
        my_IIC_drv_class = class_create(THIS_MODULE，"my_IIC");
        my_IIC_drv_class_device = class_device_create(my_IIC_drv_class, NULL,
        my_IIC_drv_dev_t, NULL，"my_IIC");
        /*完成相关寄存器的物理地址到虚拟地址的映射*/
        clkcon = (volatile unsigned long *)ioremap(0x4c00000c，8);
        for(i=0;i<10000;i++);
        /*IIC 总线控制寄存器*/
        IICcon = (volatile unsigned int *)ioremap(0x54000000，16);
        /*IIC 总线状态寄存器*/
        IICstat = IICcon + 1;
        /*IIC 总线地址寄存器*/
        IICadd = IICcon + 2;
        /*IIC 总线接收/发送数据移位寄存器*/
        IICds = IICcon + 3;
        gpecon = (volatile unsigned long *)ioremap(0x56000040，8);
        *clkcon |= (0x1 << 16);
        return 0;
    }
```

(2) 打开模块。该模块 my_IIC_drv_open 函数完成 IIC 端口使能、IIC 总线初始化、申请资源、总线相关参数的设置。在该模块中，可配置 GPECON 寄存器使能 IIC 端口。为了使 IIC 总线正常工作，还需配置 GPEUP 寄存器禁止内部上拉电阻。通过配置 IIC 的控制寄存器 IICON 和 IIC 状态寄存器 IICSTAT 使能主机。

代码如下：

```
    static int my_IIC_drv_open(struct inode *inode, struct file *file)
    {
        /*申请中断，向内核注册中断处理函数*/
        ret=request_irq(IRQ_IIC, my_IIC_drv_irq, IRQF_DISABLED，"my_IIC", NULL);

        /*IIC 总线地址寄存器：IIC 总线锁存的 7 位从设备地址*/
        *IICadd = 0xa0;
        /*IIC 总线控制寄存器：使能 IIC 总线应答，使能 IIC 总线接收发送*
        *设定 IIC 总线发送时钟频率等*/
        *IICcon = 0xaf;
        /*IIC 总线状态寄存器：从接收模式，使能 IIC 总线数据输出等*/
```

```
        *IICstat = 0xa0;
        /*配置 GPECON 寄存器使能 IIC 端口，配置 GPE15 为 IICSDA，配置 GPE14*
        *为 IICSCL*/
        *gpecon &= ~((0x3 << 14 * 2) | (0x3 << 15 * 2));
        *gpecon |=   ((0x2 << 14 * 2) | (0x2 << 15 * 2));
        return 0;
    }
```

(3) 读模块。该模块的主要功能是根据 IIC 总线的读写时序读取 IIC 设备数据。根据 IIC 总线不同的读时序，通过读字节函数实现读多字节数据。

读字节：IIC_read( )，代码如下：

```
static int IIC_read(unsigned int device_addr，unsigned int address，unsigned char       *data)
    {
        …

        for(i = 0; i < 100; i ++);

        /*  发送设备地址  */
        *IICds = device_addr;
        /*IIC 总线主发送模式，使能串行输出功能，发出 S 信号*/
        *IICstat = 0xf0;
        /*延时*/
        for(i = 0; i < 10000; i ++);
        /*等待中断结束，标志位在中断处理函数置 1*/
        while(flag == 0);
        flag = 0;

        /*  发送字节地址  */
        *IICds = address;
        *IICcon = 0xaf;
        for(i = 0; i < 10000; i ++);
        while(flag == 0);
        flag = 0;

        /* host receive the device address */
        *IICds = device_addr;
        *IICstat = 0xb0;
        *IICcon = 0xaf;
        for(i = 0; i < 10000; i ++);
        while(flag == 0);
```

```
        flag = 0;

        /* host receive data */
        *IICcon = 0x2f;
        for(i = 0; i < 10000; i++);
        temp = *IICds;

        /* end read */
        *IICstat = 0x90;
        *IICcon   = 0xaf;
        /*读出数据*/
        *data = temp;

        return 0;
    }
```

读多字节数据：my_IIC_drv_read()，代码如下：

```
static ssize_t my_IIC_drv_read(struct file *file，char __user *buf，size_t size，loff_t *ppos)
{

    /*读 size 个字节数据*/
    for(i = 0; i < size; i ++)
    {
        IIC_read(0xa0，i，&(data_buf[i]));
    }
    data_buf[size] = '\0';
    /*将读出的数据发送到用户空间*/
    ret = copy_to_user(buf，data_buf，sizeof(data_buf));

}
```

(4) 写模块。该模块的主要功能是根据 IIC 时序向 IIC 设备写入数据。根据 IIC 总线不同的写时序，通过写字节函数实现写多字节的数据。

写字节：IIC_write()，代码如下：

```
static int IIC_write(unsigned int device_addr，unsigned int address，unsigned char data)
{
    …

    for(i = 0; i < 1000; i ++);
    /* 发送要写往的设备地址 */
    *IICds = device_addr;
```

```
            *IICstat = 0xf0;
            for(i = 0; i < 10000; i ++);
            /*等待应答信号*/
            while(flag == 0);
            flag = 0;

            /* 发送字节地址 */
            *IICds = address;
            *IICcon = 0xaf;
            for(i = 0; i < 10000; i ++);
            while(flag == 0);
            flag = 0;

            /* 发送数据 */
            *IICds = data;
            *IICcon = 0xaf;
            for(i = 0; i < 10000; i ++);
            while(flag == 0);
            flag = 0;

            /* 写结束 */
            *IICstat = 0xd0;
            *IICcon = 0xaf;


    …
    }
```

写多字节数据：my_IIC_drv_write()，代码如下：

```
    static ssize_t my_IIC_drv_write(struct file *file, const char __user *buf, size_t size, loff_t *ppos)
    {
    /*从用户空间复制将要写的数据*/
    ret = copy_from_user(data_buf, buf, size);

        /*写 size 个字节数据*/
        for(i = 0; i < size; i ++)
        {
            IIC_write(0xa0, i, data_buf[i]);
        }

    }
```

(5) 关闭模块。该模块实现设备相关资源的释放，结束总线。在 S3C2440 的 IIC 总线中可通过配置 IICSTAT 和 IICCON 寄存器实现停止主机和结束总线。

代码如下：

```
static int my_IIC_drv_release(struct inode *inode，struct file *file)
{
    /*释放中断*/
    free_irq(IRQ_IIC，NULL);
    return 0;
}

void my_IIC_drv_exit(void)
{
    /*注销申请的中断号*/
    unregister_chrdev_region(my_IIC_drv_dev_t，1);
    /*注销设备*/
    cdev_del(&my_IIC_drv_cdev);
    /*删除设备节点*/
    class_device_unregister(my_IIC_drv_class_device);
    class_destroy(my_IIC_drv_class);
    /*取消物理地址的虚拟映射*/
    iounmap(IICcon);
    iounmap(gpecon);
    iounmap(clkcon);
    return;
}
```

(6) 填充 file_operations 结构体。结构体 file_operations 在头文件 linux/fs.h 中定义，用来存储驱动内核模块提供的对设备进行各种操作的函数指针。该结构体的每个域都对应着驱动内核模块用来处理某个被请求事务的函数地址。

代码如下：

```
static struct file_operations my_IIC_drv_ops =
{
    .owner = THIS_MODULE,
    .open = my_IIC_drv_open,
    .release = my_IIC_drv_release,
    .read = my_IIC_drv_read,
    .write = my_IIC_drv_write,
};
```

(7) 驱动程序的加载和卸载。可以将驱动程序静态编译进内核中，也可以在使用时将它作为模块再加载。在配置内核时，如果某个配置项被设为 m，就表示它将会被编译成一个模块。在内核中，模块的扩展名为.ko，可以使用 insmod 命令加载，使用 rmmod 命令卸载，使用 lsmod 命令查看内核中已经加载了哪些模块。

当使用 insmod 命令加载模块时，模块的初始化函数被调用，用来向内核注册驱动程序；当使用 rmmod 命令卸载模块时，模块的清除函数被调用。在驱动代码中，这两个函数要么取固定的名字：init_module 和 cleanup_module，要么使用以下两行来标记它们：

```
module_init(my_IIC_drv_init);    //驱动函数入口
module_exit(my_IIC_drv_exit);    //驱动函数出口
```

(8) Makefile 的编写。

代码如下：

```
ifeq ($(KERNELRELEASE),)

# set your object kernel dir
KERNELDIR = /home/changwei/linux/kernel/linux-2.6.22.6

PWD := $(shell pwd)

modules:
$(MAKE) -C $(KERNELDIR) M=$(PWD) modules

modules_install:
$(MAKE) -C $(KERNELDIR) M=$(PWD) modules_install

clean:
rm -rf *.o *~ core .depend .*.cmd *.ko *.mod.c .tmp_versions Module* modules*

.PHONY: modules modules_install clean

else
obj-m := my_IIC_drv.o
Endif
```

Makefile 提供生成驱动模块的规则，驱动模块的生成依赖于内核，执行 make 命令时会执行内核目录的 Makefile 生成驱动模块。

9.3.6　基于 S3C2440 的 IIC 总线驱动程序测试

通过编写测试程序测试基于该驱动程序的 IIC 设备是否能成功读写数据。测试程序如下：

```
int main(int argc，char *argv[])
```

```
{
    //打开 IIC 总线设备，返回文件描述符
    fd = open("/dev/my_IIC", O_RDWR);
    //向 IIC 总线设备写入数据
    printf("write : %s\n", data_buf);
    write(fd, data_buf, sizeof(data_buf));
    memset(data_buf, 0, SIZE);
    //从 IIC 总线设备中读出数据
    read(fd, data_buf, sizeof(data_buf));
    printf("read : %s\n", data_buf);
    close(fd);
    return 0;
}
```

测试结果如图 9-11 所示。

```
# insmod my_iic_drv.ko
my_iic_drv_init
# lsmod
Module              Size  Used by    Not tainted
my_iic_drv          5112  0
# ./i2c_test
write:message to i2c!
read:message to i2c!
#
```

图 9-11　测试结果图

经验证，读出数据与写入数据相同，证明该 IIC 驱动程序是成功的。

9.4　看门狗接口驱动

看门狗属于定时器模块，定时时间离不开时钟模块，因此在介绍看门狗之前，先介绍时钟模块。

9.4.1　S3C2440 时钟模块

S3C2440 中的时钟控制逻辑可以产生必须的时钟信号，如 CPU 的 FCLK、AHB 总线外设的 HCLK 以及 APB 总线外设的 PCLK 等都要有时钟。S3C2440 包含两个锁相环(MPLL、UPLL)：MPLL 提供给 FCLK、HCLK 和 PCLK，UPLL 专用于 USB 模块(48 MHz)，如图 9-12 所示。

图 9-12 显示了时钟结构的原理图。主时钟源来自一个外部晶振(XTIpll)或外部时钟(EXTCLK)，时钟源选择如表 9-9 所示。

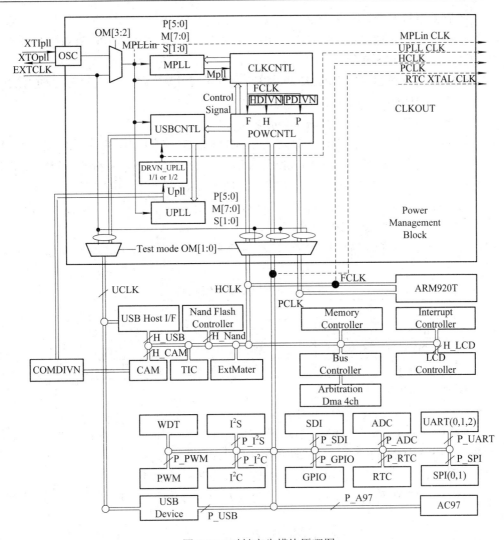

图 9-12 时钟产生模块原理图

表 9-9 时钟源选择控制引脚说明表

模式 OM[3:2]	MPLL 状态	UPLL 状态	主时钟源	USB 时钟源
00	开启	开启	晶振	晶振
01	开启	开启	晶振	外部时钟
10	开启	开启	外部时钟	晶振
11	开启	开启	外部时钟	外部时钟

表 9-9 显示了模式控制引脚(OM3 和 OM2)的组合与 S3C2440 时钟源选择的关系。通常状态下使用 OM[3:2]=00 的状态，即主时钟与 USB 时钟均使用晶振。在 nRESET 上升沿时参考 OM3 和 OM2 引脚将 OM[3:2]的状态在内部锁定。虽然 MPLL 在复位后就开始，MPLL输出(Mpll)并没有作为系统时钟，直到软件写入有效值来设置 MPLLCON 寄存器。在设置此值之前是将外部晶振或外部时钟源提供的时钟直接作为系统时钟的。

从图 9-12 中可以看出，FCLK 是提供给 ARM920T 的时钟；HCLK 是提供给 AHB 总线的模块，如存储器控制器、中断控制器、LCD 控制器、DMA 和 USB 主机模块等；PCLK 是提供给 APB 总线上的模块，如 WDT、IIS、IIC、PWM 定时器、MMC/SD 接口、ADC、 UART、GPIO、RTC 和 SPI 等。

S3C2440 还支持对 FCLK、HCLK 和 PCLK 之间分频比例的选择，该比例由 CLKDIVN 控制寄存器中的 HDIVN 和 PDIVN 所决定。

综上所述，S3C2440 的时钟模块应该有以下一些寄存器。

(1) 时钟控制寄存器 CLKCON，地址为 0x4C00000C。该寄存器的 2～20 位分别对应 IDLE BIT、SLEEP、NAND Flash Controller、LCD、USB host、USB device、PWMTIMER、 SDI、UART0、UART1、UART2、GPIO、RTC、ADC(&Touch Screen)、IIC、IIS、SPI、Camera、 AC97 的时钟控制，当对应位置 1 时表示时钟允许，当清零时表示时钟禁止。该寄存器默 认值为 0xFFFFF0，所以无须另行设置。

(2) 锁相环配置寄存器 MPLLCON，地址为 0x4C000004。MPLLCON 位功能说明如表 9-10 所示。

表 9-10　MPLLCON 位功能

PLLCON	位	描　　述	初始状态
MDIV	[19:12]	主分频控制器	0x96/0x4d
PDIV	[9:4]	预分频控制器	0x03/0x03
SDIV	[1:0]	后分频控制器	0x0/0x0

MPLL 控制寄存器计算公式为

$$Mpll = (2 \times m \times Fin) / (p \times 2s)$$

其中，m = (MDIV + 8)，p = (PDIV + 2)，s = SDIV，Fin 为外部晶振或外部时钟。

设置好 MPLLCON 后，通过公式计算得出的 Mpll 实际为 FCLK，Mpll 再通过时钟分 频控制寄存器 CLKDIVN 的设置后便可生成最终的 HCLK 和 PCLK。

(3) 时钟分频控制寄存器 CLKDIVN，地址为 0x4C000014。CLKDIVN 位功能说明如表 9-11 所示。

表 9-11　CLKDIVN 位功能

CLKDIVN	位	描　　述	初始状态
DIVN_UPLL	[3]	UCLK 选择寄存器(UCLK 必须把 48 MHz 给 USB) 0：UCLK = UPLL 时钟； 1：UCLK = UPLL 时钟/2； 当 UPLL 时钟被设置为 48 MHz 时，设置为 0；当 UPLL 时钟被设置为 96 MHz 时，设置为 1	0
HDIVN	[2:1]	00：HCLK = FCLK/1； 01：HCLK = FCLK/2； 10：当 CAMDIVN[9] = 0 时，HCLK = FCLK/4； 　　当 CAMDIVN[9] = 1 时，HCLK = FCLK/8； 11：当 CAMDIVN[8] = 0 时，HCLK = FCLK/3； 　　当 CAMDIVN[8] = 1 时，HCLK = FCLK/6	00
PDIVN	[0]	0：PCLK 是和 HCLK/1 相同的时钟； 1：PCLK 是和 HCLK/2 相同的时钟	0

表 9-11 中的 HDIVN 和 PDIVN 的设置对应的 FCLD、HCLK、PCLK 的分频比如表 9-12 所示。

表 9-12　FCLD、HCLK、PCLK 的分频比

HDIVN	PDIVN	HCLK3_HALF/ HCLK4_HALF	FCLK	HCLK	PCLK	分频比例
0	0	—	FCLK	HCLK	PCLK	1：1：1(默认)
0	1	—	FCLK	FCLK	FCLK/2	1：1：2
1	0	—	FCLK	FCLK/2	FCLK/2	1：2：2
1	1	—	FCLK	FCLK/2	FCLK/4	1：2：4
3	0	0/0	FCLK	FCLK/3	FCLK/3	1：3：3
3	1	0/0	FCLK	FCLK/3	FCLK/6	1：3：6
3	0	1/0	FCLK	FCLK/6	FCLK/6	1：6：6
3	1	1/0	FCLK	FCLK/6	FCLK/12	1：6：12
2	0	0/0	FCLK	FCLK/4	FCLK/4	1：4：4
2	1	0/0	FCLK	FCLK/4	FCLK/8	1：4：8
2	0	0/1	FCLK	FCLK/8	FCLK/8	1：8：8
2	1	0/1	FCLK	FCLK/8	FCLK/16	1：8：16

如果 HDIVN 不为 0，CPU 总线模式应该使用以下指令使其从快总线模式变为异步总线模式(S3C2440 不支持同步总线模式)：

MMU_SetAsyncBusMode

MRC　p15，0，r0，c1，c0，0

ORR　r0，r0，#R1_nF:OR:R1_iA

MCR　p15，0，r0，c1，c0，0

下面通过一个时钟实例对上面 S3C2440 模块的原理进行总结。

例 9-1　时钟模块实例代码。

```
#define     CLKDIVN        (*(volatile unsigned long *)0x4c000014)
#define     MPLLCON           (*(volatile unsigned long *)0x4c000004)
#define S3C2440_MPLL_200MHz      ((0x5c<<12)|(0x01<<4)|(0x02))
//外部晶振使用 12MHz，设置 FCLK 为 200MHz，HCLK 为 100MHz，PCLK 为 50MHz
void clock_init()
{
    CLKDIVN = 0x03;   // 分频比 FCLK:HCLK:PCLK=1:2:4
    _asm_{
            mrc     p15，0，r1，c1，c0，0
            orr     r1，r1，#0xc0000000
            mcr     p15，0，r1，c1，c0，0
        }
    MPLLCON = S3C2440_MPLL_200MHz;
}
```

9.4.2 看门狗定时器

S3C2440 的看门狗定时器用于当系统由于噪声或其他原因引起的故障干扰时恢复控制器。它可以被用作普通 16 位内部定时器来请求中断服务，其时钟原理图如图 9-13 所示。

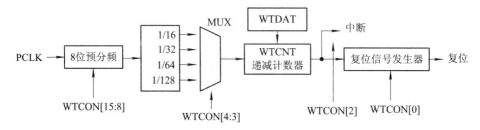

图 9-13 看门狗定时器时钟原理图

从图 9-13 中可以看出，看门狗定时器使用 PCLK 作为时钟源，并通过预分频与选择分频后才作为看门狗定时器来使用。原理图中共涉及 3 个寄存器，分别是看门狗定时器控制寄存器 WTCON、看门狗定时器数据寄存器 WTDAT、看门狗定时器计数寄存器 WTCNT。

(1) 看门狗定时器控制寄存器 WTCON，地址为 0x53000000。WTCON 寄存器位功能说明表如表 9-13 所示。

表 9-13 WTCON 位功能说明表

WTCON	位	描述	初始状态
预分频值	[15:8]	预分频值。该值范围为 0~255	0x80
保留	[7:6]	保留。正常工作时这两位必须为 00	00
看门狗定时器	[5]	看门狗定时器的使能或禁止位： 0 = 禁止； 1 = 使能	1
时钟选择	[4:3]	全局闹钟使能： 00：16； 01：32； 10：64； 11：128	00
中断产生	[2]	中断的使能或禁止位： 0 = 禁止； 1 = 使能	0
保留	[1]	保留。正常工作中此位必须为 0	0
复位使能/禁止	[0]	看门狗定时器复位输出的使能或禁止位： 1：看门狗超时时发出 S3C2440 复位信号； 0：禁止看门狗定时器的复位功能	1

看门狗时钟计算公式为

$$t\_看门狗 = \frac{1}{PCLK / (预分频值 + 1) / 分频系数}$$

例如，当 PCLK 为 100 MHz 时，通过下式可以设置看门狗定时器的时钟为 1/128 MHz：

WTCON = ((PCLK/1000000-1)<<8)|(3<<3)|(0<<2)

(2) 看门狗定时器数据寄存器 WTDAT，地址为 0x53000004。WTDAT 寄存器用于设定定时时钟的个数，它的内容不能在初始化看门狗定时器操作时被自动加载到定时计数器 WTCNT 中。设定 WTDAT 寄存器后，当 WTCNT 的值减为 0 时，WTDAT 的值将被自动重载到 WTCNT 中。

该定时器的[15:0]位为看门狗定时器重载的计数值。

(3) 看门狗定时器计数寄存器 WTCNT，地址为 0x53000008。WTCNT 寄存器包含正常工作期间看门狗定时器的当前值。当看门狗定时器开始使能时，WTDAT 寄存器的内容不能自动加载到 WTCNT 中，因此在使能 WTCNT 寄存器前必须设置初始值。

9.4.3　看门狗定时器驱动程序

驱动程序的源码 mydriver.c 如下：

```
#include <linux/module.h>
#include <linux/init.h>
#include <linux/fs.h>
#include <linux/cdev.h>
#include <linux/ioctl.h>
#include <asm/uaccess.h>
#include <asm/hardware.h>
#include <asm/arch/regs-watchdog.h>
#include <asm/io.h>
#include <linux/delay.h>
#define GPFDAT      0x56000054
#define GPFCON      0x56000050
#define     CLKDIVN  0x4c000014
#define     MPLLCON  0x4c000004
#define     WTCON    0x53000000
#define     WTDAT    0x53000004
#define     WTCNT    0x53000008
#define GPF4_ON 0x4800
#define GPF4_OFF 0x4801
#define WATCHDOG_START 0x4803
#define WATCHDOG_STOP    0x4804
#define WATCHDOG_GET     0x4805
#define S3C2440_MPLL_200MHz       ((0x5c<<12)|(0x01<<4)|(0x02))
#define PCLK (200000000/4)
#define DEVICE_NAME "s3c2410_watchdog"
dev_t mydev;
static volatile unsigned int *gpfcon;
static volatile unsigned int *gpfdat;
```

```c
static volatile unsigned int *wtcon;
static volatile unsigned int *wtdat;
static volatile unsigned int *wtcnt;
MODULE_LICENSE("GPL");
MODULE_AUTHOR("mxl");
MODULE_DESCRIPTION("s3c2440 Watchdog");
static int watchdog_major = 248;
static struct cdev watchdog_cdev;
static void led_init(void)
{
    gpfcon = ioremap(GPFCON，0x04);    //get virtual address of GPFCON
    gpfdat = ioremap(GPFDAT，0x04);    //get virtual address of GPFDAT
    *gpfcon &= (~(3<<8))+(1<<8);       //设置 GPF4 为输出
    *gpfdat =0xffff;
}
static void watchdog_control_init(void)
{
    wtcon = ioremap(WTCON，0x04);
    wtdat = ioremap(WTDAT，0x04);
    wtcnt = ioremap(WTCNT，0x04);
    *wtcon = ((PCLK/1000000-1)<<8)|(3<<3)|(0<<2);
    *wtdat = 7812;   //设置周期时间为 1 s
    *wtcnt = 7812;
}
static int watchdog_open(struct inode *inode ,struct file *file)
{
    led_init();
    watchdog_control_init();
    printk(KERN_NOTICE"open the watchdog now!\n");
    return 0;
}
static int watchdog_release(struct inode *inode,struct file *file)
{
    return 0;
}
void led_stop( void )
{
    *gpfdat = *gpfdat | (1<<4); //灯灭
    printk(KERN_INFO "led stop\n");
```

```
}
void led_start( void )
{
    *gpfdat &= (~(1<<4));   //灯亮
    printk(KERN_INFO "led start\n");
}
static int watchdog_ioctl(struct inode *inode,struct file *file,unsigned int cmd,unsigned long arg)
{
    switch(cmd)
        {
                case GPF4_ON:    led_start(); break;
                case GPF4_OFF: led_stop(); break;
                case WATCHDOG_START:    *wtcon |= (1<<5); break;
                case WATCHDOG_STOP:    *wtcon &= ~(1<<5);break;
                case WATCHDOG_GET:    return *wtcnt ;
                default: break;
        }
    return 0;
}
//将设备注册到系统之中
static void watchdog_setup_dev(struct cdev *cdev,int minor,struct file_operations *fops)
{
    int err;
    cdev_init(cdev,fops);
    cdev->owner=THIS_MODULE;
    err=cdev_add(cdev,mydev,1);
    if(err)
    printk(KERN_INFO"Error %d adding watchdog %d\n",err,minor);
}
static struct file_operations watchdog_remap_ops={
    .owner=THIS_MODULE,
    .open=watchdog_open，
    .release=watchdog_release，
    .ioctl=watchdog_ioctl,
};
//注册设备驱动程序，主要完成主设备号的注册
static int __init watchdog_init(void)
{
    int result;
```

```
        mydev = MKDEV(watchdog_major,0);
        result = register_chrdev_region(mydev,1,DEVICE_NAME);
        if(result < 0)
        {
            result = alloc_chrdev_region(&mydev,0,1,DEVICE_NAME);
            watchdog_major = MAJOR(mydev);
        }
        watchdog_setup_dev(&watchdog_cdev,MINOR(mydev),&watchdog_remap_ops);
        printk(KERN_NOTICE"watchdog device major:%d,minor:%d\n",
        watchdog_major,MINOR(mydev));
        return 0;
    }
    //驱动模块卸载
    static void s3c2410_watchdog_exit(void)
    {
        cdev_del(&watchdog_cdev);
        unregister_chrdev_region(MKDEV(watchdog_major,0),1);
        printk("watchdog device uninstalled\n");
    }
    module_init(watchdog_init);
    module_exit(s3c2410_watchdog_exit);
```

编译后生成 mydriver.ko。

9.4.4 看门狗定时器测试程序

应用程序测试源码 wdt_test.c 如下:

```
    #include <stdio.h>
    #include <sys/types.h>
    #include <unistd.h>
    #include <fcntl.h>
    #include <time.h>
    #include <sys/ioctl.h>
    #define GPF4_ON    0x4800
    #define GPF4_OFF 0x4801
    #define WATCHDOG_START 0x4803
    #define WATCHDOG_STOP    0x4804
    #define WATCHDOG_GET        0x4805
    int main(int argc,char **argv)
    {
        int fd,num,i=0;
```

```
//打开看门狗
fd=open("./wtd",O_RDWR);
if(fd<0)
{
    printf("cannot open the watchdog device\n");
    return -1;
}
ioctl(fd,WATCHDOG_START,0);
while(1)
{
    num=ioctl(fd,WATCHDOG_GET,0);
    if(num == 7812/2)
        i==0 ? (ioctl(fd,GPF4_ON,0),i=1):(ioctl(fd,GPF4_OFF,0),i=0);
}
close(fd);
return 0;
}
```

编译后生成 wdt_test。

9.5　ADC 接口驱动

9.5.1　S3C2440 ADC 模块

　　S3C2440 的 COMS 模数转换器(ADC，Analog to Digtal Converter)可以接收 8 个通道的模拟信号输入，并将它们转换为 10 位的二进制数据(10 位分辨率)。在 2.5 MHz 的 ADC 转换时钟下，最大的转换速率可达 500 kSPS(SPS，Samples Er Second，每秒采样的次数)。ADC 模块原理图如图 9-14 所示。

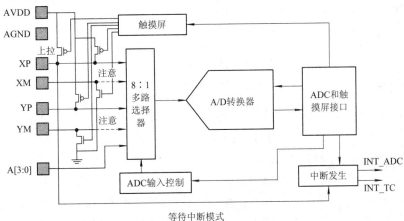

图 9-14　ADC 模块原理图

从图 9-14 中可以看出,可以通过设置寄存器来选择对哪路模拟信号(多达 8 路)进行采样。中断信号 INT_ADC 表示 ADC 转换器已经转换完毕并产生 AD 中断。

ADC 模块的启动方式有两种:手工启动和读结果时自动启动下一次转换。也有两种方法获得当前转换是否结束:查询状态位和转换结束时发出中断。

ADC 模块相关的寄存器介绍如下。

(1) ADC 控制寄存器 ADCCON,其定义如表 9-14 所示。

表 9-14 ADC 控制寄存器

寄存器	地址	读/写	描　述	复位值
ADCCON	0x5800000	读/写	ADC 控制寄存器	0x3FC4
ADCCON	位	描　述		初始状态
ECFLG	[15]	转换结束的标志(只读): 0=A/D 转换正在进行; 1=A/D 转换结束		0
PRSCEN	[14]	A/D 转换时钟使能: 0=禁止; 1=使能		0
PRSCVL	[13:6]	A/D 转换时钟预分频参数,数据范围为 0~255。 注意:ADC 频率应该设置为低于 PCLK 的 1/5		0xFF
SEL_MUX	[5:3]	选择需要进行转换的 ADC 信道: 000 = AIN 0　001 = AIN 1　010 = AIN 2　011 = AIN 3 100 = YM　　101 = YP　　110 = XM　111 =XP		0
STDBM	[2]	闲置模式选择: 0 = 正常工作模式; 1 = 闲置模式		1
READ_START	[1]	A/D 转换由读数据开始: 0 = 禁止由读操作开始转换; 1 =由读操作开始转换		0
ENABLE_START	[0]	该位启动 A/D 转换。如果 READ_START 没有被激活, 该值没有意义。 0 = 无操作; 1 = A/D 转换开始,并且开始后将该位清零		0

(2) ADC 触摸屏控制寄存器 ADCTSC,其定义如表 9-15 所示。

表 9-15 ADC 触摸屏控制寄存器

寄存器	地址		读/写	描 述	复位值
ADCTSC	0x5800004		读/写	ADC 触摸屏控制寄存器	0x58
ADCTSC	位		描 述		初始状态
UD_SEN	[8]		检测中断模式状态： 0：检测按下产生的中断信号； 1：检测释放产生的中断信号		0
YM_SEN	[7]		YM 开关使能： 0=YM 输出驱动器禁止； 1＝YM 输出驱动器使能		0
YP_SEN	[6]		YP 开关使能： 0=YM 输出驱动器禁止； 1＝YM 输出驱动器使能		1
XM_SEN	[5]		XM 开关使能： 0=YM 输出驱动器禁止； 1＝YM 输出驱动器使能		0
XP_SEN	[4]		XP 开关使能： 0=YM 输出驱动器禁止； 1＝YM 输出驱动器使能		1
PULL_UP	[3]		上位开关使能： 0=XP 上拉使能； 1＝XP 上拉禁止		1
AUTO_PST	[2]		自动顺序 X 方向和 Y 方向转换： 0：正常 ADC 转换； 1：自动顺序 X 方向和 Y 方向测量		0
XY_PST	[1:0]		手动测量 X 方向和 Y 方向： 00：无操作模式； 01：X 方向测量； 10：Y 方向测量； 11：等待中断模式		0

(3) ADC 数据转换寄存器 ADCDAT0, 其定义如表 9-16 所示。

表 9-16 ADC 数据转换寄存器

寄存器	地址	读/写	描 述	复位值
ADCDAT0	0x580000C	读	ADC 转换数据寄存器	—
ADCDAT0	位		描 述	初始状态
UPDOWN	[15]		选择中断模式的类型: 0:按下产生中断; 1:释放产生中断	—
AUTO_PST	[14]		X/Y 轴自动转换使能位: 0=正常 A/D 转换模式; 1=按顺序测量 X、Y 轴的坐标	—
XY_PST	[13:12]		选择 X/Y 轴自动转换模式: 00=不做任何操作; 01=X 轴测量; 10=Y 轴测量; 11=等待中断模式	—
保留	[11:10]		保留	—
XPDATA (正常 ADC)	[9:0]		X 轴转换过来的值(包括普通 ADC 转化的数值), 数值范围为 0~3FF	—

9.5.2 ADC 模块使用的步骤

(1) 设置 ADCCON 寄存器, 选择输入通道, 设置 ADC 转换的时钟:

$$ADC \text{ 时钟} = PCLK/(PRSCVL+1)$$

(2) 设置 ADCTSC 寄存器。使用时设为普通转换模式, 不使用触摸屏功能。对于普通的 ADC, 使用它的默认值即可, 或设置其位[2]为 0。

(3) 设置 ADCCON 寄存器, 启动 ADC 转换。如果设置 READ_START 位, 则读转换数据时即启动下一次转换, 否则, 可以通过设置 ENABLE_START 位再启动 ADC 转换。

(4) 转换结束时, 读取 ADCDAT0 寄存器获得数据值。使用查询方式, 则可以不断读取 ADCCON 寄存器的 ECFLG 位来确定是否结束: 0 为正在转换; 1 为转换结束。否则可以使用 INT_ADC 中断来判断, 即发生 INT_ADC 中断时表示转换结束。

例 9-2 ADC 模块使用的步骤示例。

假如外接可调电阻器接入 ADC 模块的输入引脚 AIN0、AIN1, 则测量可变电阻器的电压值的应用程序代码如下。

```
void test_adc(void)
{
    float vol0,vol1;
    int t0,t1;
    printf("mesuring the voltage of ain0 and ain1,press any key to exit\n\r");
    while(!awaitkey(0))                    //串口无输入则不断测试
```

```
        {
            vol0=((float)readadc(0)*3.3)/1024.0;              //计算电压值
            vol1=((float)readadc(1)*3.3)/1024.0;              //计算电压值
            t0=(vol0-(int)vol0)*1000;                         //计算小数部分
            t1=(vol1-(int)vol1)*1000;                         //计算小数部分
            printf("ain0=%d.%-3dv    ain1=%d.%-3dv\r", (int)vol0,t0,(int)vol1,t1);
        }
        printf("\n")
    }
```

上述函数中先调用 readadc 函数发起 ADC 转换。readadc 返回 10 为转换值(最大值为 1023)，然后计算实际的电压值(S3C2410/S3C2440，ADC 信号最大电压值为 3.3V)。

readadc 函数设置启动 ADC 获取转换结果，使用查询方式读取 ADC 转换值，代码如下。

```
    static int readadc(int ch)
    {
        //选择模拟通道，使能预分频功能，设置 ADC 转换的时钟=PCLK/(49+1)
        ADCCON=PRESCALE_EN?PRSCVL(49)/(ADC_INPUT(ch));
        //清除位[2],设置普通转换模式
        ADCTSC&=~(1<<2);
        //设置位[0]为 1，启动 ADC 转换
        ADCCON|=ADC_START;
        //当 ADC 转换真正开始时，位[0]会自动清 0
        while(ADCCON&ADC_START);
        //检测位[15]，当它为 1 时表示转换结束
        while(!(ADCCON&ADC_ENDCVT));
        //读取数据
        return(ADCDAT0&0X3FF);
    }
```

9.5.3　ADC 模块驱动代码

```
    #include <linux/module.h>
    #include <linux/kernel.h>
    #include <linux/init.h>

    #include <linux/sched.h>
    #include <linux/delay.h>

    #include <asm/uaccess.h>
    #include <linux/kernel.h>            //printk()
    #include <linux/slab.h>             //kmalloc()
```

```
#include <linux/fs.h>          //everything...
#include <linux/errno.h>       //error codes
#include <linux/types.h>       //size_t
#include <linux/mm.h>
#include <linux/kdev_t.h>
#include <linux/cdev.h>
#include <linux/delay.h>
#include <asm/io.h>
#include <asm/uaccess.h>
#include <linux/errno.h>
#include <linux/kernel.h>
#include <linux/module.h>
#include <linux/slab.h>
#include <linux/input.h>
#include <linux/init.h>
#include <linux/serio.h>
#include <asm/irq.h>
#include <linux/irq.h>
#include "s3c2440-adc.h"
#define DEVICE_NAME    "adc"
#define ADCRAW_MINOR        0
#define ADC_INPUT(x)    ((x)<<3)
#define PRSCVL(x)        ((x)<<6)

#define ADCCON      0x58000000
#define ADCTSC      0x58000004
#define ADCDAT0     0x5800000c
#define CLKCON      0x4c00000c
static int adc_major = 258;
static volatile unsigned int *adccon;
static volatile unsigned int *adcdat0;
static volatile unsigned int *clkcon;
typedef struct
{
    struct semaphore lock;      //声明一个信号量
    wait_queue_head_t wait;     //声明一个等待队列头
    int channel;                //选择哪一路 A/D 转换器
    int prescale;               //预分频值
}ADC_DEV;
```

```
static ADC_DEV adcdev;
//中断处理函数
static irqreturn_t adcdone_int_handler(int irq,void *dev_id)
{
    wake_up(&adcdev.wait);              //唤醒等待队列
    return IRQ_HANDLED ;
}
//对设备进行写操作, buffer 一定是用户空间的
static ssize_t s3c2440_adc_write(struct file *file，const char *buffer，size_t count，loff_t * ppos)
{
    int data;
    if(count!=sizeof(data)){
        printk(KERN_INFO"the size of  input data must be %d\n"，sizeof(data));
        return 0;
    }
    copy_from_user(&data，buffer，count);      //从用户空间拷贝数据到内核空间
    adcdev.channel=ADC_WRITE_GETCH(data);    //得到哪一路 A/D 转换器
    adcdev.prescale=ADC_WRITE_GETPRE(data);  //得到预分频值
    printk(KERN_INFO"set adc channel=%d,prescale=0x%x\n",adcdev.channel,adcdev.prescale);
    return count;
}
//对设备进行读操作，buffer 一定是用户空间的
static ssize_t s3c2440_adc_read(struct file *filp，char *buffer，size_t count，loff_t *ppos)
{
    int ret = 0;
    if (down_interruptible(&adcdev.lock))    //获得信号量
    return -ERESTARTSYS;
       //对 A/D 控制寄存器进行操作，具体参看 S3C2440 datasheet
        writel(readl(adccon) &(~1)，adccon);
    writel( (1<<14) | (255<<6) |(1<<0)|(1<<0)| ADC_INPUT(adcdev.channel)，adccon);
    sleep_on( &adcdev.wait );
    ret = readl(adcdat0);
    ret &= 0x3ff;
    printk(KERN_INFO"AIN[%d] = 0x%04x，%d\n"，adcdev.channel，ret，readl(S3C2440_
ADCCON) & 0x80 ? 1:0);
        copy_to_user(buffer，(char *)&ret，sizeof(ret));       //拷贝内核数据到用户空间
        up(&adcdev.lock);
        return sizeof(ret);
}
```

```
/*打开设备*/
static int s3c2440_adc_open(struct inode *inode，struct file *filp)
{
    int ret;
    printk("in adc open");
    ret = request_irq(IRQ_ADC，adcdone_int_handler，IRQF_DISABLED，DEVICE_NAME，
        NULL);                          //注册中断例程
    if (ret)
    {
        return ret;
    }
    init_MUTEX(&adcdev.lock);          //初始化一个互斥的信号量，并设置为1
    init_waitqueue_head(&(adcdev.wait));    //初始化等待队列
    adcdev.channel=0;
    adcdev.prescale=0xff;
    printk(KERN_INFO"adc opened\n");
    return 0;
}
//关闭设备
static int s3c2440_adc_release(struct inode *inode，struct file *filp)
{
    free_irq(IRQ_ADC，NULL);        //释放中断资源
    printk(KERN_INFO"adc closed\n");
    return 0;
}
//初始化并添加结构体 struct cdev 到系统之中
static void adc_setup_cdev(struct cdev *dev，int minor,struct file_operations *fops)
{
    int err，devno = MKDEV(adc_major，minor);
    cdev_init(dev，fops);                  //初始化结构体 struct cdev
    dev->owner = THIS_MODULE;
    dev->ops = fops;        //给结构体里的 ops 成员赋初值，这里是对设备操作具体的实现函数
    err = cdev_add (dev，devno，1);        //将结构体 struct cdev 添加到系统之中
    if (err)
        printk (KERN_NOTICE "Error %d adding adc %d"，err，minor);
}
static struct cdev AdcDevs;
//定义一个 file_operations 结构体，实现对设备的具体操作的功能
static struct file_operations adc_remap_ops = {
```

```
    owner:      THIS_MODULE,
    open:s3c2440_adc_open,
    read:       s3c2440_adc_read,
    write:s3c2440_adc_write,
    release:      s3c2440_adc_release,
};
```

/*初始化设备驱动模块，主要完成对字符设备结构体的初始化和添加到系统中，并得到一个设备的设备号*/

```
    static int    adc_init(void)
    {
//      writel(0,S3C2440_ADCTSC); //XP_PST(NOP_MODE);
        int result;
        dev_t dev = MKDEV(adc_major，0);
        /* Figure out our device number. */
        if (adc_major)
//静态注册一个设备，设备号提前指定好，并得到一个设备名，通过 cat /proc/device 来查看信息
            result = register_chrdev_region(dev，1，"adc");
        else
        {
            //如果主设备号被占用，则由系统提供一个主设备号给设备驱动程序得到主设备号
            result = alloc_chrdev_region(&dev，0，1，"adc");        adc_major = MAJOR(dev);
        }
        if (result < 0)
        {
            return result;
        }
        if (adc_major == 0)
            adc_major = result;
        //初始化和添加结构体 struct cdev 到系统之中
        adc_setup_cdev(&AdcDevs，0，&adc_remap_ops);
        //do ioremap
        adccon = ioremap(ADCCON，0x4);
        adcdat0 = ioremap(ADCDAT0，0x4);
        clkcon = ioremap(CLKCON，0x4);
        printk(KERN_INFO"adc clock = %d\n"，*clkcon & (0x1<<15));
        *clkcon |= 0x1 << 15; //open clock for adc
        printk(KERN_INFO"adc device installed，with major %d\n"，adc_major);
        return 0;
    }
```

```
/*卸载驱动模块*/
static void adc_cleanup(void)
{
    iounmap(adccon);
    iounmap(adcdat0);
    cdev_del(&AdcDevs);                    //删除结构体 struct cdev
    unregister_chrdev_region(MKDEV(adc_major，0)，1);  //卸载设备驱动所占有的资源
    printk(KERN_INFO"adc device uninstalled\n");
}
module_init(adc_init);                     //初始化设备驱动程序的入口
module_exit(adc_cleanup);                  //卸载设备驱动程序的入口
MODULE_LICENSE("Dual BSD/GPL");            //模块应该指定代码所使用的许可证
```

S3C2440-adc.h 的代码如下：

```
#ifndef _S3C2440_ADC_H_
#define _S3C2440_ADC_H_

#define ADC_WRITE(ch，prescale)    ((ch)<<16|(prescale))

#define ADC_WRITE_GETCH(data)    (((data)>>16)&0x7)
#define ADC_WRITE_GETPRE(data)   ((data)&0xff)

#endif /* _S3C2440_ADC_H_ */
```

9.5.4　ADC 模块测试代码

```
#include <stdio.h>
#include <unistd.h>
#include <sys/types.h>
#include <sys/ipc.h>
#include <sys/ioctl.h>
#include <pthread.h>
#include <fcntl.h>
#include "s3c2410-adc.h"

#define ADC_DEV        "/dev/adc"
static int adc_fd = -1;

static int init_ADdevice(void)
{   //打开设备
    printf(ADC_DEV);
```

```
        if((adc_fd=open(ADC_DEV,O_RDWR))<0){
            perror("open");
            return -1;
        }
    }
    static int GetADresult(int channel)
    {
        int PRESCALE=0XFF;
        int data=ADC_WRITE(channel，PRESCALE);
        write(adc_fd，&data，sizeof(data));      //对设备进行读操作
        read(adc_fd，&data，sizeof(data));       //对设备进行写操作
        return data;
    }
    int main(void)
    {
        int i;
        float d;
        if(init_ADdevice()<0)
            return -1;
        while( 1 )
        {
          d=((float)GetADresult(0)*3.3)/1024.0;
          printf("%8.4f\t",d);
          printf("\n");
          sleep(1);
          printf("\r");
        }
        close(adc_fd);//关闭设备
        return 0;
    }
```

9.6　按键中断接口驱动

9.6.1　按键接口原理图

按键的硬件原理图如图 9-15 所示。为了更好地测试按键中断，按键按下后，对应的
LED 的灯亮，其硬件原理图如图 9-16 所示。

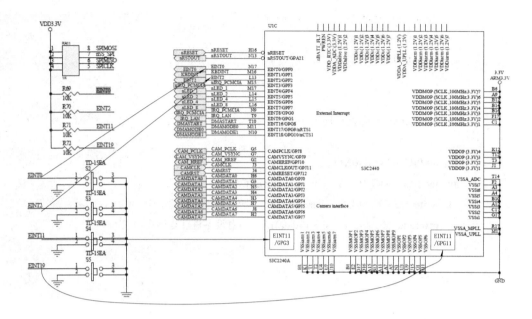

图 9-15　按键的硬件原理图

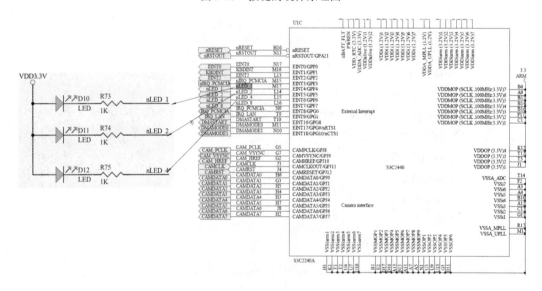

图 9-16　LED 硬件原理图

9.6.2　代码设计

当应用程序运行到 read 函数时会阻塞，当 EINT0 按下时产生中断，驱动程序在中断处理函数中唤醒应用程序读取数据，同时将 D10、D11 和 D12 灯点亮。

1. 按键中断驱动代码

```
#include "linux/kernel.h"
#include "linux/module.h"
```

```
#include "linux/init.h"
#include "linux/cdev.h" //struct cdev
#include "linux/kdev_t.h"
#include "linux/fs.h"
#include "asm/uaccess.h"
#include "linux/sched.h"
#include "linux/io.h"
#include "linux/irq.h"
#include "linux/interrupt.h"
MODULE_LICENSE("GPL");
int i = 0 ;
#define    GPFCON    0x56000050
#define    GPFDAT    0x56000054
struct cdev var;//int dev        struct   file_operations *ops
dev_t    d;
int major = 10;
int minor = 1;
struct file_operations k;
volatile unsigned int *gfd;
volatile unsigned int *gfc;
wait_queue_head_t    my_queue;
wait_queue_t node_var;
static char str[128] = {0};
static int can_read_flag = 0;// 0-> no data    1    ->data
struct timer_list    mytimer;
irqreturn_t handle(int id, void *name)
{
     printk(KERN_INFO "key down\n");
     *gfd &= (~(7 << 4));
     return IRQ_RETVAL(IRQ_HANDLED);
}
void    process_timer(unsigned long arg)
{
     int data;
     data = (*gfd);
     data = data & 1;
     if(data == 1)
     {
          (*gfd) |= (1 << 4);
```

```
        }
        else if(data == 0)
        {
            (*gfd) &= (~(1 << 4));
            str[0] = 1;
            can_read_flag = 1;
            wake_up_interruptible(&my_queue);
        }
        mod_timer(&mytimer,jiffies + HZ * 5);
        printk(KERN_INFO "process_timer run\n");
}
ssize_t myread(struct file *pf,char __user *buf,size_t len,loff_t *of)
{
    int ret;
    init_waitqueue_entry(&node_var,current);
    add_wait_queue(&my_queue, &node_var);// node_var --> myqueue
    wait_event_interruptible(my_queue,can_read_flag != 0); //
    ret = copy_to_user(buf,str,19);
    can_read_flag = 0;
    return 19 - ret;
}
ssize_t mywrite(struct file *pf,const char __user *buf,size_t len,loff_t *of)
{
    int ret;
    ret = copy_from_user(str,buf,len);
    printk(KERN_INFO "recv: %s\n",str);
    can_read_flag = 1;
    return len - ret;
}
int myopen(struct inode *pi,struct file *pf)
{
    printk(KERN_INFO "this is kernel open function run\n");
    return 0;
}
int myclose(struct inode *pi,struct file *pf)
{
    remove_wait_queue(&my_queue,&node_var);//delete queue
    printk(KERN_INFO "this is kernel close function run \n");
    return 0;
```

```
}
void mycdev_init(void)
{
    int ret;
    d = MKDEV(major,minor);
    ret = register_chrdev_region(d,1,"hello");
    if(ret != 0)
    {
        printk(KERN_INFO "dev can't use\n");
        ret = alloc_chrdev_region(&d,1,1,"hello");
        if(ret == 0)
        {
            major = MAJOR(d);
            printk(KERN_INFO "major = %d\n",major);
        }
        else if(ret == -1)
        {
            printk(KERN_INFO "alloc dev error\n");
            return ;
        }
    }
    else
    {
        printk(KERN_INFO "dev can use\n");
    }

    cdev_add(&var,d,1);//var.dev = d; // init struct cdev    -> dev
    k.open = myopen;
    k.release = myclose;
    k.read = myread;
    k.write= mywrite;
    cdev_init(&var,&k);//var.ops = &k;
    init_waitqueue_head(&my_queue);
    setup_timer(&mytimer,process_timer,jiffies + HZ *5);
    gfd = ioremap(GPFDAT,4); // y1 = f(x1)
    gfc = ioremap(GPFCON,4);
      (*gfc) &= (~(1 << 0));
      (*gfc) &= (~(1 << 1));
      (*gfc)   |=   (1 << 8);
```

```
        (*gfc) &= (~(1 << 9));
        (*gfd)   |=   (1 << 4) ;
        ret = request_irq(IRQ_EINT0, handle, IRQ_TYPE_EDGE_FALLING, "hello",NULL);
        if(ret == 0)
        {
            printk(KERN_INFO "register irq 0 success\n");
        }
        else
        {
            printk(KERN_INFO "register irq 0 error\n");
        }
        return ;
    }
    static int __init ABC(void)
    {
        i ++;
        mycdev_init();
        printk(KERN_INFO "ABC function exec, i = %d\n",i);
        return 0;
    }
    static void __exit DEF(void)
    {
        i = i + 2;
        printk(KERN_INFO "DEF function exec,i = %d\n",i);
        unregister_chrdev_region(d,1);
        cdev_del(&var);
        free_irq(IRQ_EINT0, NULL);
        return ;
    }
    module_init(ABC);// function pointer
    module_exit(DEF);
```

2. 按键中断测试代码

```
    #include "stdio.h"
    #include "fcntl.h"
    #include "stdlib.h"
    int main()
    {
        int fd;
```

```
        int len;
        char buf[128] = {0};
        fd = open("./mydriver.txt",O_RDWR,0777);
        if(fd == -1)
        {
            printf("open mydriver.txt error\n");
            return -1;
        }
        printf("open mydriver.txt success\n");
        len = read(fd,buf,128);
        printf("len = %d, buf = %s\n",len,buf);
        close(fd);
    return 0;
    }
```

本 章 小 结

　　本章讲述了工程中常用的接口 GPIO、IIC、看门狗、ADC 和按键中断的原理，依据原理和前面章节对应用层、硬件层和内核知识的讲解设计了接口驱动，并进行了应用程序的测试。

　　内核接口驱动开发是嵌入式 Linux 系统开发的核心内容，涉及的知识面广，不仅要掌握内核原理，还要为应用层提供服务和操作硬件，因此通过本章的学习可以培养读者的专业自信和敬业精神。

习 　 题

　　1．编写一个驱动程序 A 和一个应用程序 B，要求：A 实现阻塞机制，并定时 3 秒，在定时器处理函数中查询图 9-15 中的按键；B 调用系统调用函数 read 时会阻塞；当按键 EINT0 或 EINT2 或 EINT11 按下时，A 唤醒 B 进程，B 读取按键的值。

　　2．编写一个驱动程序 A 和一个应用程序 B，要求：A 实现异步 I/O 机制，并定时 3 秒，在定时器处理函数中查询图 9-15 中的按键；B 在信号处理函数中调用函数 read 读取按键的值；当按键 EINT0 或 EINT2 或 EINT11 按下时，A 异步通知 B 进程，B 读取按键的值。

　　3．编写一个驱动程序 A 和一个应用程序 B，要求：A 实现阻塞机制，在中断处理函数中查询图 9-15 中的按键；B 调用系统调用函数 read 时会阻塞；当按键 EINT0 或 EINT2 或 EINT11 按下时，A 唤醒 B 进程， B 读取按键的值。

　　4．编写一个驱动程序 A 和一个应用程序 B，要求：A 实现异步 I/O 机制，在中断处理函数中查询图 9-15 中的按键；B 在信号处理函数中调用函数 read 读取按键的值；当按键 EINT0 或 EINT2 或 EINT11 按下时，A 异步通知 B 进程，B 读取按键的值。

参 考 文 献

[1] 马小陆. 基于 ARM 9 的嵌入式 Linux 系统开发原理与实践. 西安：西安电子科技大学出版社，2011

[2] 梁庚，陈明，马小陆. 高质量嵌入式 Linux C 编程. 北京：电子工业出版社，2015

[3] 王学龙. 嵌入式 Linux 系统设计与应用. 北京：清华大学出版社，2001

[4] 李驹光，等.ARM 应用系统开发详解：基于 S3C4510B 的系统设计. 北京：清华大学出版社，2003

[5] 吴明晖. 基于 ARM 的嵌入式系统开发与应用. 北京：人民邮电出版社，2004

[6] 胡伟. ARM 嵌入式系统基础与实践. 北京：北京航空航天大学出版社，2007

[7] 胥静. 嵌入式系统设计与开发实例详解：基于 ARM 的应用. 北京：北京航空航天大学出版社，2005

[8] 杜春雷. ARM 体系结构与编程. 北京：清华大学出版社，2003

[9] 孙天泽，袁文菊. 嵌入式设计及 Linux 驱动开发指南：基于 ARM 9 处理器. 3 版. 北京：电子工业出版社，2009

[10] 罗苑棠. 嵌入式 Linux 驱动程序和系统开发实例精讲. 北京：电子工业出版社，2009

[11] 怯肇乾. 嵌入式图形系统设计. 北京：北京航空航天大学出版社，2009

[12] 滕英岩. 嵌入式系统开发基础:基于 ARM 微处理器和 Linux 操作系统. 北京：电子工业出版社，2008

[13] 王黎明，等. ARM 9 嵌入式系统开发与实践. 北京：北京航空航天大学出版社，2008

[14] 赵刚，等. 32 位 ARM 嵌入式系统开发技术：流程、技巧与实现. 北京：电子工业出版社，2008

[15] 孙弋. ARM-Linux 嵌入式系统开发基础. 西安：西安电子科技大学出版社，2015

[16] 黄智伟，邓月明，王彦. ARM 9 嵌入式系统设计基础教程. 北京：北京航空航天大学出版社，2008

[17] 张石. ARM 嵌入式系统教程. 北京：机械工业出版社，2008

[18] 马忠梅，等. ARM & Linux 嵌入式系统教程. 2 版. 北京：北京航空航天大学出版社，2008

[19] 李超，肖建. 嵌入式 Linux 开发技术与应用. 北京：电子工业出版社，2008

[20] http://www.embedded-linux.org/

[21] http://www.embed.com.cn/

[22] http://www.busybox.net/

[23] http://www.gnu.org/

[24] ftp://ftp.kernel.org/

[25] ftp://ftp.gnu.org/